《环境经济学：回顾与展望》作者

沈满洪　魏　楚　何灵巧　谢慧明　张兵兵　吴文博

郭立伟　张少华　黄文若　陈　锋　苏小龙　王隆祥

本书出版得到浙江省高校人文社科重点研究基地——浙江理工大学应用经济学基地的资助

生态文明论丛

沈满洪｜主编

环境经济学
回顾与展望

沈满洪　魏　楚⊙等著

ENVIRONMENTAL ECONOMICS:
REVIEW AND PROSPECT

中国环境出版社　·　北京

图书在版编目（CIP）数据

环境经济学：回顾与展望 / 沈满洪等著. —北京：
中国环境出版社，2014.10
（生态文明论丛）
ISBN 978-7-5111-2095-3

Ⅰ. ①环⋯ Ⅱ. ①沈⋯ Ⅲ. ①环境经济学—
研究 Ⅳ. ①X196

中国版本图书馆 CIP 数据核字（2014）第 029025 号

出 版 人　王新程
责任编辑　陈金华　王海冰
责任校对　唐丽虹
封面设计　陈　莹

出版发行　中国环境出版社
　　　　　（100062　北京市东城区广渠门内大街 16 号）
　　　　　网　　址：http：//www.cesp.com.cn
　　　　　电子邮箱：bjgl@cesp.com.cn
　　　　　联系电话：010-67112765（编辑管理部）
　　　　　　　　　　010-67113412（教材图书出版中心）
　　　　　发行热线：010-67125803，010-67113405（传真）
印　　刷　北京中科印刷有限公司
经　　销　各地新华书店
版　　次　2015 年 1 月第 1 版
印　　次　2015 年 1 月第 1 次印刷
开　　本　787×960　1/16
印　　张　15.5
字　　数　304 千字
定　　价　45.00 元

论文献综述（代序）

沈满洪

文献综述是学术研究的基本功。无论是学术论文的撰写还是课题研究的开展，无论是学术著作的撰写还是专业教材的编撰，都离不开文献综述。文献综述做得好，可以对研究起到事半功倍的效果；文献综述做得不好，可能对研究产生事倍功半的效果。但是，这一基本功并不是人人已经掌握。因此，结合笔者多年从事资源与环境经济学研究以及从事研究生学位论文指导的经验和体会，就文献综述的内涵、意义、要求、方法和禁忌等做一阐述，希望对读者有所裨益。

1 文献综述的内涵

1.1 文献综述的定义

文献综述是在对文献进行阅读、选择、比较、分类、分析和综合的基础上，研究者用自己的语言对某一问题的研究状况进行综合叙述的情报研究成果（王俊芳，2004）。文献综述是反映当前某一领域中某分支学科或重要专题的最新进展、学术见解和建议的，它往往能反映出有关问题的新动态、新趋势、新水平、新原理和新技术等（百度百科，2013）。因此，文献综述的性质是情报研究成果，文献综述的基本步骤包括：① 选定主题，选择一个与自己所要研究的对象最为贴切的主题；② 检索文献，根据选定主题，确定若干个关键词，据此检索文献；③ 阅读文献，广泛阅读与主题相关的国内外文献；④ 批评性研究和选择代表性文献，对于代表性文献进行精读；⑤ 对代表性文献进行评述和研究展望；⑥ 在前述工作基础上撰写文献综述。

作者简介：沈满洪，1963 年生，男，浙江省东阳市人，博士，教授，博导，宁波大学校长，浙江省生态文明研究中心主任，主要从事资源与环境经济学研究。

1.2 文献综述的内容

一篇完整的文献综述应该包括题目、摘要、关键词、引言、正文、结论和参考文献等基本要素。其中，最核心的要素是正文，其他要素也是不可或缺的。

关于题目。题目的选择要尽可能聚焦某个学术问题或学术方向。题目的文字表达要全面反映综述的内容。题目可以用"……文献综述"、"……理论述评"等直白方式表达，也可以用"……文献回顾"、"……研究进展"等隐晦方式表述。

关于摘要。摘要是对文献综述的核心观点、主要结论、创新思想的概括性提炼。需要注意的是，文献综述的摘要不是对别人的观点的提炼，而是对研究者自己评述的观点的提炼。原则上，文献综述的摘要不需要写研究意义，而要直接切入问题的本质，以抓住读者的眼球。

关于关键词。关键词的选定要简洁、通用，而且要少而精，一般 3～5 个。

关于引言。引言主要回答为什么做这个综述。立足点是综述的意义：研究成果已有积累，综述研究尚且空白或不足。文献综述的引言要防止与综述以后所做的深入研究的选题意义的混淆。

关于正文。正文要按照一定的逻辑进行编目，然后在每个相关部分先引用观点，再评述观点。在对各个部分进行评述后，也可以做综合性评述。文献综述的分层次评述是十分重要的，一定要避免"眉毛胡子一把抓"的现象。

关于结论。结论可能是某个领域研究成果的肯定意见，也可能是对未来研究的展望，还可能是对研究方法的改进等。

关于参考文献。按照一定的顺序（例如按照文献出现的先后，按照作者的姓氏笔画，按照作者姓名的英文字母顺序等）列举参考文献，参考文献的要素要列举齐全，以便读者顺藤摸瓜，追踪检索。

1.3 文献综述与其他综述的区别

文献综述不是会议综述。文献综述的思想来源是学术论著，会议综述的思想来源则是学术会议上学者们口头发表的观点。会议综述的基础是做好会议录音或记录。根据录音或记录来整理加工整个学术会议的总体基调、关注热点、不同思想、总体趋势等。会议综述引用的是学者发言的观点，因此，往往不需要列举参考文献。由于会议综述所涉及的思想是当下的，而文献综述所涉及的思想是至少一年、几年乃至几十年以上的，因此，会议综述也要高度重视。

　　文献综述不是政策综述。文献综述是对论著的观点进行评述，政策综述是对现行政策进行评述。文献综述的目的在于指明理论研究的方向以推进学术创新，政策综述的目的在于指明政策设计的方向以推进政策创新。两者是截然不同的。在做应用研究的文献综述时，经常可以发现，将政策综述混同于文献综述的现象。这是需要特别注意的。

　　文献综述不是实践综述。实践综述是对某个政策执行中的做法、效果、问题、原因等方面进行评述。在述评的基础上发现现实问题，再根据现实问题转化成科学问题。文献综述是从理论上把握研究基础，实践综述是从实践上把握研究基础。虽然两者都很重要，但是不能混同。

2　文献综述的意义

2.1　对学术研究的系统整理

　　文献综述是对某个学科、某个领域、某个方向的某一阶段的研究成果的一次系统梳理。通过梳理，可以把握学术发展的总体轨迹，可以把握学术创新的基本规律，可以把握学术研究的动态趋势。例如，沈满洪、何灵巧（2002）在《外部性的分类与外部性理论的演化》一文中，把马歇尔的"外部经济理论"、庇古的"庇古税理论"和科斯的"科斯定理"总结为外部性理论的三大里程碑，使得外部性理论的发展脉络十分清晰。如果说某一篇文献是一块砖，那么，一篇文献综述就是一栋楼；如果说论文写作是一个"分析"的过程，那么，文献综述是一个"综合"的过程。因此，文献综述同样是一个创新性工作，不可小觑。

2.2　对学术成就的充分肯定

　　学术研究是一项只有冠军、没有亚军的创新性工作。如何避免重复性劳动是文献综述所要解决的重要问题。文献综述的重要功能之一便是对研究成果中的核心范畴、基本原理、重大规律及研究方法等方面的创新性成果进行分析和评价。通过评述，明确其学术贡献，确立其学术地位。只有这样，才可能使后继学者站在巨人的肩膀上，做出更大的学术贡献。沈满洪、何灵巧（2002）在评述科斯定理时总结指出："科斯已经站在了巨人——庇古的肩膀之上"。因为，科斯将庇古的理论纳入自己的理论体系，使庇古理论成为科斯理论的一个特例。

2.3 对研究不足的深入揭示

文献综述的重要功能是揭示以往研究的不足。主要应该解释的不足有：① 哪些是应该研究而没有研究的，这就是研究空白；② 哪些研究是应该深入研究而尚未深入研究的，这就是研究深度不足；③ 哪些研究是应该通过理论研究解决实际问题而实际上存在理论和实际的"两张皮"现象的，这就是理论研究与实际应用的脱节；④ 哪些研究是应该在方法上首先突破而实际上尚未实现方法上的突破的，这就是方法创新不足。

2.4 对未来研究的方向把握

针对以往研究存在的不足，结合理论发展的自身规律和社会发展的外部要求，应该对未来研究的趋势做出展望。对未来研究的方向把握，需要关注下列三个问题：第一，理论假说的创新研究。主要回答：如何使得研究空白得到填补，如何使得研究程度得到深化等。第二，求证方法的创新研究。主要回答：如何借鉴自然科学、社会科学等研究的最新成果，在方法论上实现突破，使得求证工作更加高效科学。第三，成果转化的创新研究。主要回答：以现实问题为导向的应用研究和以学科规律为导向的基础研究如何实现更好的对接，做到基础理论研究为应用理论研究铺平道路，应用理论研究为成果转化研究扫除障碍。

总之，文献综述"不仅为科研工作者完成科研工作的前期劳动节省了用于查阅分析文献的大量宝贵时间，而且还非常有助于科研人员借鉴他人成果、把握主攻方向以及领导者进行科学决策"（苏敏，2005）。因此，文献综述不仅对综述者自身具有重要意义——找准自己的研究起点和方向，而且对读者具有重要参考价值——以更少的时间获取更多的信息并且据此进行科学判断。

3 文献综述的要求

3.1 文献综述的主题和内容

文献综述总是按照某个主题展开的。主题的大小根据研究工作的需要而定。下列主题是按照由大到小排列的：《生态文明理论综述》《环境经济学文献综述》《环境经济学十年回顾：2001—2010》《环境经济制度研究综述》《排污权制度理论综述》《排污权交易理论综述》《排污权定价理论综述》。这些主题中，后一个题目均是前一个主题的子集。

越是大的题目，越需要大家来把握。对于年轻学者，尤其是研究生而言，原则上要坚持"小题大做"的原则。这与学术论文、学位论文的选题原则是一致的。主题确定了，相应的内容也就随之而确定。以《环境经济制度研究综述》为例，至少包括两个方面的内容：一是环境财税制度研究，具体包括环境税、资源税、碳税等税收制度研究，生态补偿费、循环补贴费、低碳补贴费等补贴制度研究，以及押金—退款等制度研究；二是环境产权制度研究，具体包括水权、林权、矿权等自然资源产权制度，排污权、环境权等环境资源产权制度，以及碳权、碳汇等气候资源产权制度等。

3.2　文献综述的范围和边界

文献综述必须有明确的边界。边界的含义主要体现在两个方面：第一，是学科、领域或方向的边界。沈满洪、谢慧明（2009）在《公共物品问题及其解决思路——公共物品理论文献综述》一文的学科边界就是经济学（微观经济学、环境经济学、财政经济学等）和管理学（公共管理学等）。因此，物品的分类、公共物品的内涵及性质、公共物品导致的问题、公共物品的资源配置理论、公共物品的供给模式等文献均在检索范围之内。第二，是时间阶段的边界。例如，《环境经济学综述：2001—2010》。按照这样的题目，就需要对 2001—2010 年这 10 年内国内外关于环境经济学的文献进行系统梳理。也有一些综述是没有时间规定性的。例如，沈满洪、张兵兵（2013）的《交易费用理论综述》从理论渊源上一直追溯到亚里士多德，但是，综述的重点是新制度经济学诞生以来的文献。

3.3　文献综述的逻辑与框架

文献综述的正文要有自身内在的逻辑。这种逻辑是建立在分类的基础之上的。文献综述的分类尽可能按照问题的逻辑进行分析。例如，沈满洪、张兵兵（2013）在《交易费用理论综述》一文中，构建了下列框架：交易费用概念的渊源与提出、交易费用的内涵与构成、交易费用的测度与量化、交易费用理论的广泛应用、交易费用理论的研究展望。这样，使得所要综述的交易费用文献的脉络十分清晰。这一框架可以成为一个范本。需要防止的一个做法是按照国外文献与国内文献分类。在王俊芳（2004）论文的"例 2：农村中学学生自学方法研究"中，就是采取"国外的研究现状"和"国内的研究现状"的分类方式的。虽然我本人也曾经做过这样的分类，但是，随着国际化进程的推进，"学术研究无国界"趋势日益明显，因此，应该对国外、国内的文献一视同仁，按照同样的标准予以评判。

3.4　文献综述的引用与评述

　　文献综述的基本要求是在引用前人学术观点的基础上进行评述。文献综述的前提是在阅读以往文献的基础上，把最重要的、最有代表性的、最有创新性的观点进行摘录，予以引用。根据综述的谋篇布局，将这些观点安排在恰当的位置。不过，文献综述不是对已有文献观点的重复、罗列和堆积，而是对以往研究的优点与贡献、问题与不足予以评述。评述要做到恰如其分，要对文献做出公允的评价。既不要任意拔高已有成果的水平，防止相互吹捧；又不要随意贬低已有成果的水平，防止人身攻击。

3.5　文献综述的回顾与展望

　　文献综述不仅要"回头看"——对以往文献进行综述，而且要"向前看"——对未来研究进行展望。一篇优秀的文献综述往往是对以往研究成果进行系统评述的基础上，对未来研究趋势做出展望。而展望部分正是读者特别关注的。"展望"的内容包括：研究领域的拓展趋势、学科发展的交叉趋势、新兴学科的成长趋势、研究观点的创新趋势、研究方法的创新趋势等。这样，就可以使学者们尤其使年轻学者把准研究方向，使其少走弯路。

4　文献综述的方法

4.1　文献查阅的方法

　　查阅文献的方法很多。根据笔者的经验，至少包括下列方法：第一，关键词查阅法。现在的数据库容量极大，只要根据关键词就可以获取所需要的文献。例如，检索"外部性"就可以得到大量研究外部性问题的文献，检索"公共物品"就可以得到大量研究公共物品问题的文献，检索"交易费用"就可以得到大量研究交易费用问题的文献。第二，参考文献追溯法。规范的学术论著均列举了"参考文献"。根据参考文献就可以追溯到相关的重要文献。第三，重要期刊跟踪法。对于研究领域相对比较集中的选题，只要重点关注几本代表性期刊，就可以了解学术界的动态。另外，还有工具书查阅法。例如通过查阅百科全书、年鉴、手册等获取相关文献的信息。

4.2　文献选择的方法

　　文献综述在一定程度上讲是大海捞针。如何在众多文献中选择作为综述对象的文献是初学者的一个难题。郑召民、刘辉（2011）概括了文献选择的 4 个标准：能反映选题的发展阶段，反映里程碑式的成果；反映选题的理论和实践上的重大突破；结论成熟可靠，观点新颖而被广泛接受；反映不同的声音。这些观点不无借鉴意义。笔者认为，文献选择应该把握下列 4 个原则：第一，从重要性程度看：选择重要的，放弃次要的。经典的、具有里程碑意义的文献是必须选用的；否则，综述就缺乏权威性。第二，从代表性程度看：选择代表性文献，放弃雷同性文献。某些代表性的文献从重要程度上看未必，但是，其观点与众不同。这一类非同一般的文献是需要特别关注的。第三，从原创性时序看：选择早的文献，放弃近的文献。更早提出的创新性观点要首先得到尊重。第四，从创新性时效看，侧重新文献，略带旧文献。越是新近的文献越代表现在的状况和未来的趋势，因此，需要特别予以关注。

4.3　观点引用的方法

文献综述中的观点引用，可以是引用原作者的原始观点，也可以是综述作者消化后的概括性观点。前者相对容易，后者比较困难。在一篇文章中，有众多思想观点，到底引用什么观点？关键要看中心思想。中心思想把握准确了，综述也就成功了一半。沈满洪（2006）写作《水权交易与契约安排——以中国第一包江案为例》一文时，在介绍了案例后，将以往其他学者对该案例的研究观点概括为"政府补偿说"、"政府保护说"、"制度冲突说"和"排他成本说"，在此基础上提出自己的"契约不完全说"，而且把以往的观点看做自己的理论假说的一个特例。这样处理，使读者对以往的研究基础一目了然，同时，使自己的观点鹤立鸡群。

4.4　观点评述的方法

对已有观点的评述水平就是代表一篇综述的水平。观点评述，实际上就是学术批判。而学术批判要坚持实事求是的原则。在评述观点时，大致上有 3 种类型的评述：第一，肯定性评述。肯定性评述是对已有文献的赞赏、肯定和推介。这是发掘文献价值的重要内容。第二，否定性评述。否定性评述是对已有文献在理论假说、求证过程、分析方法、基本结论等方面存在的问题的揭示。这种揭示对于原作者而言是痛苦的，但是，十分有利于学术进步。第三，兼顾性评述。兼顾性评述是采取"两点论"的方法，既对以往文献的优点予以肯定，又对以往文献的缺点予以批判。这种方式相对比较温和，容易被人接受。到底采取哪一种评述方法，取决于文献本身的价值大小和问题多少，也取决于综述者的表扬与批评的偏好程度。

5　文献综述的禁忌

做文献综述不是一个简单的事情，而且面临众多禁忌。违反这些禁忌，会带来严重后果。我认为，主要包括下列五个禁忌：

5.1　禁忌只引用不注释

学术创新是一个艰苦的过程。学术界必须倡导学术创新，尤其要尊重原创思想的创新者。在有些文献综述中，出现"只引用，不注释"。这是严重的学术失范行为。既可以看做是不尊重原创作者的劳动，也可以认定为剽窃前人的研究成果。在阅读文献时，可以看到，发达国家包括文献综述在内的学术论著是比较规范的，大多在文后列举大量完整的参考文献，以便读者追踪检索和阅读；而在我国相对比较薄弱，近些年进步比较明显，但还是存在差距。做学术研究，必须养成这样的习惯：凡是在正文中被引用的，必须在参考文献中列举对应文献，并且在正文的引用处注明文献来源。

5.2　禁忌假列举不引用

在一次学位论文答辩中，我随机抽了 58 号英文文献，问答辩者该文献的基本内容，结果答辩者一无所知。原来答辩者根本没有阅读过该文献，也不知道该文献。列举这一英文文献，只是为了表面上好看。这种现象可以称为"假引"。假引是一种混淆视听，是一种投机取巧，是一种蒙混过关。在学术上，这是不允许的。做学术研究，必须养成这样的习惯：凡是在参考文献中列举的，必须是作者真正潜心阅读过的，必须在正文中有真正地引用。

5.3　禁忌抄袭文献综述

在学位论文的评审和答辩中曾经发现过师弟抄袭师兄的文献综述的现象。对此甚至有两种截然对立的观点：一种观点认为，师兄弟做导师的同一课题，文献综述当然是一样的；另一种观点认为，不同的读者阅读同样的文献，阅读的体会必然是不同的。笔者持后者的观点。不同的学者阅读同样的文献，阅读后的心得体会虽然可能有相似的部分，但必然有不同的部分。还有抄袭他人已经发表的文献综述的。文献综述的抄袭尤其是部分抄袭比一般观点的抄袭更难发现，具有更强的隐蔽性。但是，文献综述的抄袭同样属于抄袭，必须严厉打击。做学术研究，必须养成这样的习惯：文献综述中的观点的摘录、观点的评述和研究的展望必须真正属于自己。

5.4　禁忌冒充直接引用

　　文献引用可以分成直接引用和间接引用。前者是指通过自己对原始文献的阅读决定引用某一观点并加以评述；后者是指自己没有阅读过原始文献，只是根据他人引用原始文献的情况进行引用。有时，由于一时找不到原始文献，无法做到直接引用，那么，就老老实实注明是间接引用。但是，有的学者在做文献综述时为了"节省时间"或者"面子好看"，往往把间接引用冒充直接引用。如果引用得巧妙，也许不容易被发现；如果引用得拙劣，可能会贻笑大方。作为严谨的学术性工作，必须做到：老实做人，严谨治学。是间接引用就是间接引用，绝不能以间接引用冒充直接引用！

5.5　禁忌文献要素不全

　　在文献综述最后列举的参考文献是为了让读者据此继续去检索、去阅读用的。因此，参考文献的要素必须齐全。虽然各种期刊对于参考文献的列举方式有所不同，但是，基本信息的要求是相同的：例如，作者、文献题目、期刊名称或出版社名称、发表的期次或时间、文献的页码等都是必不可少的。但是，有的参考文献中缺少某个核心要素，有的参考文献中的某个要素没有书写正确，甚至出现把作者姓名也搞错了。这些都是极不严肃的。从事文献综述工作，必须做到：把参考文献的要素列举齐全，真正方便后学者的检索。

参考文献

[1]　王俊芳. 撰写文献综述的基本要求. 教育科学研究，2004（6）.

[2]　百度"百科名片"：文献综述，http：//baike.baidu.com/view/203 980.htm.

[3]　沈满洪，何灵巧. 外部性的分类与外部性理论的演化. 浙江大学学报，2002（1）.

[4]　苏敏. 如何撰写文献综述. 重庆中草药研究，2005（1）.

[5]　沈满洪，谢慧明. 公共物品问题及其解决思路——公共物品理论文献综述. 浙江大学学报，2009（12）.

[6]　沈满洪，张兵兵. 交易费用理论综述. 浙江大学学报，2013（2）.

[7]　郑召民，刘辉. 如何撰写文献综述. 中国脊柱脊髓杂志，2011（5）.

[8]　沈满洪. 水权交易与契约安排——以中国第一包江案为例. 管理世界，2006（2）.

目　录

第一篇　理论基础

环境经济学是现代经济学的重要分支，其核心范畴是外部性，其理论基础是外部性理论、公共物品理论和交易费用理论。沈满洪与何灵巧合作撰写的《外部性的分类及外部性理论的演化》、沈满洪与谢慧明合作撰写的《公共物品问题及其解决思路》、沈满洪与张兵兵合作撰写的《交易费用理论综述》全部发表于《浙江大学学报（人文社会科学版）》，正好与这3个方面的理论基础相对应。

《外部性的分类及外部性理论的演化》阐述了外部性的两类定义、廓清了外部性的7种分类、提出了外部性理论发展的三大里程碑以及外部性理论存在的争议。该文思路清晰，逻辑严密，气势磅礴，是《浙江大学学报（人文社会科学版）》引用率和下载率最高的论文之一。该文的缺点是囿于当时文献意识不够强，原始文献阅读不足，参考文献的列举不够齐全。

《公共物品问题及其解决思路》在阅读了数百篇原始文献的基础上，最终选用了57篇文献作为综述的思想来源。该文系统综述了经济物品的分类、公共物品的内涵、公共物品的资源配置问题、公共物品的资源配置模型、公共物品的典型供给方式等问题，进而做了该领域的研究展望。该文的特点是文献阅读广泛，文献引用规范，逻辑结构严谨，是《浙江大学学报（人文社会科学版）》引用率和下载率最高的论文之一，并被中国人民大学复印报刊资料《财政与税务》2010年第2期全文转载。该文的不足之处是引用观点的表述不够简洁流畅。

《交易费用理论综述》在阅读了数百篇原始文献的基础上，最终选用了62篇文献作为综述的思想来源。该文系统综述了交易费用概念的渊源与提出、交易费用的内涵与构成、交易费用的测度与量化、交易费用理论的广泛应用，进而做出了该领域的研究展望。该文的特点是文献阅读广泛，文献引用规范，逻辑结构严密，思想表达清晰，发表不久即被中国人民大学复印报刊资料《理论经济学》2013年第5期全文转载。该文可以作为文献综述的范文。

外部性的分类及外部性理论的演化

沈满洪　　何灵巧

［摘要］　从产生外部影响和接受外部影响的主体的不同，外部性有两类典型的定义。从外部性的表现形式看，可以从七个角度进行分类。外部性理论发展经历了马歇尔的"外部经济"、庇古的"庇古税"和科斯的"科斯定理"三个阶段。这三个阶段被称为外部性理论发展进程中的三块里程碑。张五常和杨小凯认为外部性概念是没有意义的。新兴古典经济学理论也许比外部性理论具有更强的解释力，但不一定能够彻底否定外部性理论。

［关键词］　外部性　分类　外部经济　庇古税　科斯定理　演化

外部性问题是经济学中一个经久不衰的话题。外部性不仅是新古典经济学的重要范畴，也是新制度经济学的重点研究对象。外部性问题不仅不断引发经济理论的创新，而且在环境保护等诸多实践活动中得到广泛的应用。因此，本文就外部性的分类及外部性理论的演化作一评述。

1　外部性概念的两类定义

外部性概念的定义问题至今仍然是一个难题。有的经济学家把外部性概念看做是经济学文献中最难捉摸的概念之一。所以，有的教科书干脆就不提外部性的定义，如斯蒂

［发表期刊］本文发表于《浙江大学学报（人文社会科学版）》2002 年第 1 期。
［基金项目］国家社科基金一般项目"生态建设及环境保护的经济手段研究"（99BJL015）。
［作者简介］何灵巧（1965—），女，浙江省江山市人，副研究馆员，主要从事环境法学和文献学研究。何灵巧现任浙江大学光华法学院图书馆馆长。

格利茨的《经济学》、范里安的《微观经济学：现代观点》等就是这样处理的。

　　但是不下定义来分析这一问题往往是困难的。因此，经济学家总是企图明确界定这一定义。但不同的经济学家对外部性给出了不同的定义。归结起来不外乎两类定义：一类是从外部性的产生主体角度来定义，另一类是从外部性的接受主体来定义。前者如萨缪尔森和诺德豪斯的定义："外部性是指那些生产或消费对其他团体强征了不可补偿的成本或给予了无须补偿的收益的情形。"[1]后者如兰德尔的定义：外部性是用来表示"当一个行动的某些效益或成本不在决策者的考虑范围内的时候所产生的一些低效率现象；也就是某些效益被给予，或某些成本被强加给没有参加这一决策的人。"[2]用数学语言来表述，所谓外部效应就是某经济主体的福利函数的自变量中包含了他人的行为，而该经济主体又没有向他人提供报酬或索取补偿。即：

$$F_j = F_j(X_{1j}, X_{2j}, \cdots, X_{nj}, X_{mk}) \qquad j \neq k$$

　　这里，j 和 k 是指不同的个人（或厂商），F_j 表示 j 的福利函数，X_i（$i=1, 2, \cdots, n, m$）是指经济活动。该函数表明，只要某个经济主体 j 的福利受到他自己所控制的经济活动 X_i 的影响外，同时也受到另外一个人 k 所控制的某一经济活动 X_m 的影响，就存在外部效应。

　　上述两种不同的定义，本质上是一致的。即外部性是某个经济主体对另一个经济主体产生一种外部影响，而这种外部影响又不能通过市场价格进行买卖。这就是本文作者对外部性的定义。前述两类定义的差别在于考察的角度不同。大多数经济学文献是按照萨缪尔森的定义来理解的。

2　外部性现象的七大分类

　　无论在自然科学还是在社会科学中，分类都是促使问题研究引向深入的基础。根据外部性表现形式的不同，外部性可以从下列 7 个不同的角度进行分类。

2.1　从外部性的影响效果分：外部经济与外部不经济

　　绝大多数经济学教科书都讲到，外部性可以分为外部经济（或称正外部经济效应、正外部性）和外部不经济（或称负外部经济效应、负外部性）。外部经济就是一些人的生产或消费使另一些人受益而又无法向后者收费的现象；外部不经济就是一些人的生产或消费使另一些人受益而前者无法补偿后者的现象。例如，私人花园的美景给过路人带来美的享受，但他不必付费，这样，私人花园的主人就给过路人产生了外部经济效果了。又如，隔壁邻居音响的音量开得太大影响了我的休息，这时，隔壁邻居给我带来了外部不经济效果。

2.2 从外部性产生的领域分：生产的外部性与消费的外部性

生产的外部性就是由生产活动所导致的外部性，消费的外部性就是由消费行为所带来的外部性。以往经济理论重视的是生产领域的外部性问题。20 世纪 70 年代以后，关于外部性理论的研究范围扩展至消费领域。

从外部经济与外部不经济、生产的外部性与消费的外部性两种分类出发，可以把外部性进一步细分成生产的外部经济性、消费的外部经济性、生产的外部不经济性和消费的外部不经济性 4 种类型。[3] 进一步进行细分，外部效应又可以分成 8 种类型：生产者对生产者的外部经济，如水果园园主与养蜂场场主的关系；生产者对消费者的外部经济，如花园式厂房对周围居民区居民的影响；消费者对生产者的外部经济，如居住环境的改善大大增加生产性投资；消费者对消费者的外部经济，如私人花园对过路人的影响；生产者对生产者的外部不经济，如上游的化工厂对下游渔场的污染；生产者对消费者的外部不经济，如建筑施工对夜间休息的居民的影响；消费者对生产者的外部不经济，如空调的噪声对隔壁牙医的看病带来的影响；消费者对消费者的外部不经济，如隔壁邻居放声高歌影响自己休息。

2.3 从外部性产生的时空分：代内外部性与代际外部性

通常的外部性是一种空间概念，主要是从即期考虑资源是否合理配置，即主要是指代内的外部性问题；而代际外部性问题主要是要解决人类代际之间行为的相互影响，尤其是要消除前代对后代、当代对后代的不利影响。可以把这种外部性称为"当前向未来延伸的外部性"。这种分类源于可持续发展理念。代际外部性同样可以分为代际外部经济和代际外部不经济。

现在的外部性问题已经不再局限于同一地区的企业与企业之间、企业与居民之间的纠纷，而是扩展到了区际之间、国际之间的大问题了，即代内外部性的空间范围在扩大。同时，代际外部性问题日益突出，生态破坏、环境污染、资源枯竭、淡水短缺等，都已经危及我们子孙后代的生存。

2.4 从产生外部性的前提条件分：竞争条件下的外部性与垄断条件下的外部性

鲍莫尔不仅对竞争条件下的外部性作了分析，还对垄断条件下的外部性作了考察，他认为竞争条件下的外部经济问题与垄断条件下的外部经济问题是不一样的。他举例道："当一个厂商扩大规模将会提高工业中一切厂商的运输效率时，这种扩大如果由一个厂商单独去做可能没有利益，但如果该工业为一个人所独占，那就仍然会获得利益。"[4]这就是说，竞争性部门中一个厂商的外部经济（或外部不经济），不一定就是垄断者的外部经济（或外部不经济）。

米德在他 1962 年发表的《竞争状态下的外部经济与不经济》一文中全面分析了在竞争条件下生产上的外部经济和外部不经济。[5]绝大多数的外部性理论都是在完全竞争的假设下进行阐述的，因此，鲍莫尔对竞争条件下和垄断条件下的外部性问题作了系统分析 10 年后，米德仍然就竞争条件下的外部性问题进行深入的分析。

2.5 从外部性的稳定性分：稳定的外部性与不稳定的外部性

关于外部性理论的文献绝大多数发表的是稳定的外部性。所谓稳定的外部性是指可以掌握的外部性，人们可以通过各种协调方式，使这种外部性内部化。

1978 年，格林伍德与英吉纳发表了《不稳定的外部影响、责任规则与资源配置》一文，[3]分析了不稳定的外部性。他们的分析方法是这样的：假定一个厂商对另一个厂商的影响是任意的，那么，在这种情况下，厂商就会遇到风险，厂商在考虑最大化问题时，就要把外部性的分担和对自己的风险态度都估计在内。于是，究竟采取协商方式来解决还是采取合并方式来解决，这取决于厂商对于风险的预期。

不稳定的外部性的另一种情况是科技成果的不确定性。科学技术的不确定性及其副作用的暴露需要一个潜伏期，往往会导致严重的生态环境问题。也就是说，人类很有可能被科学技术所带来的巨大威力所蒙骗。例如，DDT 的发明与使用。DDT 于 1874 年由瑞士化学家米勒合成，1938 年米勒发现了它的广谱高效杀虫能力，对农业虫害和居家杀虫能够发挥神奇的作用，1942 年开始大量生产并实用化。因此，1948 年的诺贝尔生理学和医学奖奖给了米勒。这时，它所带来的是极大的正外部性。但是，DDT 是一种难降解的有毒化合物，长期使用会在环境及生物体内积累，造成环境污染。研究表明，长期使用 DDT 的地方，其农产品、水生动物、家畜、家禽体内都有 DDT 残留，进入人体后会积累在肝脏及脂肪组织内，产生慢性中毒。这时，它所带来的却是巨大的外部不经济效应。正因为如此，各国都已经禁止这种农药的使用。[5]

2.6　从外部性的方向性分：单向的外部性与交互的外部性

在 OECD 编写的《环境管理中的经济手段》一书中提出了这一分类。[6]

单向的外部性是指一方对另一方所带来的外部经济或外部不经济。例如，化工厂从上游排放废水导致下游渔场鱼产量的减少，而下游的渔场既没有给上游的化工厂产生外部经济效果，也没有产生外部不经济效果，这时就称化工厂给渔场带来的单向的外部性。大量外部性属于单向外部性。

交互的外部性是指所有当事人都有权利接近某一资源并可以给彼此施加成本（通常发生在公有财产权下的资源上）。例如，所有国家都对生态环境造成了损害，彼此之间都有外部不经济效应。这就属于交互的外部性。

交互的外部性的一个特例就是双向外部性。双向外部性是指两个经济主体彼此都存在外部性，主要的形式有 3 种：① 甲方和乙方相互之间的外部经济；② 甲方和乙方相互之间的外部不经济；③ 甲方对乙方有外部经济效应而乙方对甲方有外部不经济效应，或者反之。例如，养蜂人与荔枝园园主之间的关系，蜜蜂要酿蜜，离不开花粉，也就是说荔枝园园主对养蜂人具有外部经济效果；相反，荔枝花开后要结果，离不开蜜蜂传授花粉，这时，养蜂人对荔枝园园主具有外部经济效果。当然，养蜂人与荔枝园园主之间给对所带来的外部经济效果的大小是不一定相等的。如果两者正好相等，就说明外部经济效果相互抵消。如果两者不相等，说明有的经济主体从中占了便宜，有的经济主体从中吃亏了。

2.7　从外部性的根源分：制度外部性与科技外部性

新制度经济学丰富和发展了外部性理论，并把外部性、产权以及制度变迁联系起来，从而把外部性引入制度分析之中。朱中彬把这种外部性称为"制度外部性"。[7]制度外部性主要有三方面的含义：① 制度是一种公共物品，本身极易产生外部性；② 在一种制度下存在、在另一种制度下无法获得的利益（或反之），这是制度变迁所带来的外部不经济或外部经济；③ 在一定的制度安排下，由于禁止自愿谈判或自愿谈判的成本极高，经济个体得到的收益与其付出的成本不一致，从而存在着外部收益或外部成本。我国谚语"一个和尚挑水喝、两个和尚抬水喝、三个和尚没水喝"就包含着制度外部性的意义。制度外部性实质上就是社会责任与权利的不对称。在改革过程中，制度外部性问题要解决的主要是如何在社会成员中分配制度变革所带来的新增利益的问题：① "搭便车"——为改革付出努力的人不能获得相应的全部报酬；② "牺牲者"——在改革中某些人承担了别人应该承担的成本。前一种情况使改革缺乏动力，后一种情况给改革增加阻力。

科技外部性是一个尚未被人使用的概念，但客观上已经普遍存在。它大致包含如下几个方面：① 科技成果是一种外部性很强的公共物品，如果没有有效的激励机制，就会导致这种产品的供给不足；② 科技进步往往是长江后浪推前浪，一项成果的推广应用能够为其他成果的研究、开发和应用开辟道路；③ 网络自身的系统性、网络内部信息流及物流的交互性和网络基础设施长期垄断性所导致的网络经济的外部性。

3　外部性理论发展进程中的三块里程碑

许多经济学家对外部性理论的发展作出了重要贡献，但具有里程碑意义的经济学家却不多见。论及外部性理论，三位经济学家的名字是不得不提及的，而且可以提到里程碑意义的高度。这三位经济学家的名字就是马歇尔、庇古和科斯。

3.1　第一块里程碑——马歇尔的"外部经济"理论

马歇尔是英国"剑桥学派"的创始人，是新古典经济学派的代表。马歇尔并没有明确提出外部性这一概念，但外部性概念源于马歇尔 1890 年发表的《经济学原理》中提出"外部经济"概念。

在马歇尔看来，除了以往人们多次提出过的土地、劳动和资本这三种生产要素外，还有一种要素，这种要素就是"工业组织"。工业组织的内容相当丰富，包括分工、机器的改良、有关产业的相对集中、大规模生产以及企业管理。马歇尔用 "内部经济"和"外部经济"这一对概念，来说明第 4 类生产要素的变化如何能导致产量的增加。

马歇尔指出："我们可把因任何一种货物的生产规模之扩大而发生的经济分为两类：第一是有赖于这工业的一般发达的经济；第二是有赖于从事这工业的个别企业的资源、组织和效率的经济。我们可称前者为外部经济，后者为内部经济。在本章中，我们主要是研究了内部经济；但现在我们要继续研究非常重要的外部经济，这种经济往往能因许多性质相似的小型企业集中在特定的地方——通常所说的工业地区分布——而获得。"[8]他还指出："本篇的一般论断表明以下两点：第一，任何货物的总生产量之增加，一般会增大这样一个代表性企业的规模，因而就会增加它所有的内部经济；第二，总生产量的增加，常会增加它所获得的外部经济，因而使它能花费在比例上较以前为少的劳动和代价来制造货物。""换言之，我们可以概括地说：自然在生产上所起的作用表现出报酬递减的倾向，而人类所起的作用则表现出报酬递增的倾向。报酬递减律可说明如下：劳动和资本的增加，一般导致组织的改进，而组织的改进增加劳动和资本的使用效率。"[8]

从马歇尔的论述可见，所谓内部经济，是指由于企业内部的各种因素所导致的生产费用的节约，这些影响因素包括劳动者的工作热情、工作技能的提高、内部分工协作的完善、先进设备的采用、管理水平的提高和管理费用的减少等。所谓外部经济，是指由于企业外部的各种因素所导致的生产费用的减少，这些影响因素包括企业离原材料供应地和产品销售市场远近、市场容量的大小、运输通信的便利程度、其他相关企业的发展水平等。实际上，马歇尔把企业内分工而带来的效率提高称做是内部经济，这就是在微观经济学中所讲的规模经济，即随着产量的扩大，长期平均成本降低；而把企业间分工而导致的效率提高称做是外部经济，这就是在"温州模式"中普遍存在的块状经济的源泉。

马歇尔虽然并没有提出内部不经济和外部不经济概念，但从他对内部经济和外部经济的论述可以从逻辑上推出内部不经济和外部不经济概念及其含义。所谓内部不经济，是指由于企业内部的各种因素所导致的生产费用的增加。所谓外部不经济，是指由于企业外部的各种因素所导致的生产费用的增加。

马歇尔以企业自身发展为问题研究的中心，从内部和外部两个方面考察影响企业成本变化的各种因素，这种分析方法给经济学后继者提供了无限的想象空间。① 如上所述，有内部经济必然有内部不经济，有外部经济必然有外部不经济，从最简单的层面可以发展马歇尔的理论。② 马歇尔考察的外部经济是外部因素对本企业的影响，由此自然会想到本企业的行为如何会影响其他企业的成本与收益。这一问题正是由著名的经济学家庇古来完成的。③ 从企业内的内部分工和企业间的外部分工这种视角来考察企业成本变化，自然会让我们想到，科斯的《企业的性质》与《社会成本问题》这两篇重要文献是不是受到马歇尔思想的影响。

3.2 第二块里程碑——庇古的"庇古税"理论

庇古是马歇尔的嫡传弟子，于 1912 年发表了《财富与福利》一书，后经修改充实，于 1920 年易名为《福利经济学》出版。这部著作是庇古的代表作，是西方经济学发展中第一部系统论述福利经济学问题的专著。因此，庇古被称为"福利经济学之父"。

庇古首次用现代经济学的方法从福利经济学的角度系统地研究了外部性问题，在马歇尔提出的"外部经济"概念基础上扩充了"外部不经济"的概念和内容，将外部性问题的研究从外部因素对企业的影响效果转向企业或居民对其他企业或居民的影响效果。

这种转变正好是与外部性的两类定义相对应的。

庇古通过分析边际私人净产值与边际社会净产值的背离来阐释外部性。他指出，边际私人净产值是指个别企业在生产中追加一个单位生产要素所获得的产值，边际社会净产值是指从全社会来看在生产中追加一个单位生产要素所增加的产值。他认为：如果每一种生产要素在生产中的边际私人净产值与边际社会净产值相等，它在各生产用途的边际社会净产值都相等，而产品价格等于边际成本时，就意味着资源配置达到最佳状态。但庇古认为，边际私人净产值与边际社会净产值之间存在下列关系：如果在边际私人净产值之外，其他人还得到利益，那么，边际社会净产值就大于边际私人净产值；反之，如果其他人受到损失，那么，边际社会净产值就小于边际私人净产值。庇古把生产者的某种生产活动带给社会的有利影响，叫做"边际社会收益"；把生产者的某种生产活动带给社会的不利影响，叫做"边际社会成本"。[9]

适当改变一下庇古所用的概念，外部性实际上就是边际私人成本与边际社会成本、边际私人收益与边际社会收益的不一致。在没有外部效应时，边际私人成本就是生产或消费一件物品所引起的全部成本。当存在负外部效应时，由于某一厂商的环境污染，导致另一厂商为了维持原有产量，必须增加诸如安装治污设施等所需的成本支出，这就是外部成本。边际私人成本与边际外部成本之和就是边际社会成本。当存在正外部效应时，企业决策所产生的收益并不是由本企业完全占有的，还存在外部收益。边际私人收益与边际外部收益之和就是边际社会收益。通过经济模型可以说明，存在外部经济效应时纯粹个人主义机制不能实现社会资源的帕累托最优配置。[10, 11]

需要注意的是，虽然庇古的"外部经济"和"外部不经济"概念是从马歇尔那里借用和引申来的，但是庇古赋予这两个概念的意义是不同于马歇尔的。马歇尔主要提到了"外部经济"这个概念，其含义是指企业在扩大生产规模时，因其外部的各种因素所导致的单位成本的降低。也就是说，马歇尔所指的是企业活动从外部受到影响，庇古所指的是企业活动对外部的影响。这两个问题看起来十分相似，其实所研究的是两个不同的问题或者说是一个问题的两个方面。庇古已经将马歇尔的外部性理论大大向前推进了一步。

既然在边际私人收益与边际社会收益、边际私人成本与边际社会成本相背离的情况下，依靠自由竞争是不可能达到社会福利最大的。于是就应由政府采取适当的经济政策，消除这种背离。政府应采取的经济政策是：对边际私人成本小于边际社会成本的部门实施征税，即存在外部不经济效应时，向企业征税；对边际私人收益小于边际社会收益的部门实行奖励和津贴，即存在外部经济效应时，给企业以补贴。庇古认为，通过这种征税和补贴，就可以实现外部效应的内部化。这种政策建议后来被称为"庇古税"。

庇古税在经济活动中得到广泛的应用。在基础设施建设领域采用的"谁受益，谁投资"的政策、环境保护领域采用的"谁污染，谁治理"的政策，都是庇古理论的具体应用。目前，排污收费制度已经成为世界各国环境保护的重要经济手段，其理论基础也是庇古税。

当然，庇古理论也存在一些局限性：① 庇古理论的前提是存在所谓的"社会福利函数"，政府是公共利益的天然代表者，并能自觉按公共利益对产生外部性的经济活动进行干预。然而，事实上，公共决策存在很大的局限性。② 庇古税运用的前提是政府必须知道引起外部性和受它影响的所有个人的边际成本或收益，拥有与决定帕累托最优资源配置相关的所有信息，只有这样政府才能定出最优的税率和补贴。但是，现实中政府并不是万能的，它不可能拥有足够的信息，因此从理论上讲，庇古税是完美的，但实际的执行效果与预期存在相当大的偏差。③ 政府干预本身也是要花费成本的。如果政府干预的成本支出大于外部性所造成的损失，从经济效率角度看消除外部性就不值得了。④ 庇古税使用过程中可能出现寻租活动，会导致资源的浪费和资源配置的扭曲。

3.3　第三块里程碑——科斯的"科斯定理"

科斯是新制度经济学的奠基人，因他"发现和澄清了交易费用和财产权对经济的制度结构和运行的意义"，荣获了 1991 年度的诺贝尔经济学奖。科斯获奖的成果在于两篇论文，其中之一就是《社会成本问题》。而《社会成本问题》的理论背景是"庇古税"。

长期以来，关于外部效应的内部化问题被庇古税理论所支配。在《社会成本问题》中，科斯多次提到庇古税问题。从某种程度上讲，科斯理论是在批判庇古理论的过程中形成的。科斯对庇古税的批判主要集中在以下几个方面：[12]

（1）外部效应往往不是一方侵害另一方的单向问题，而具有相互性。例如，化工厂与居民区之间的环境纠纷，在没有明确化工厂是否具有污染排放权的情况下，一旦化工厂排放废水就对它征收污染税，这是不严肃的事情。因为，也许建化工厂在前，建居民区在后。在这种情况下，也许化工厂拥有污染排放权。要限制化工厂排放废水，也许不是政府向化工厂征税，而是居民区向化工厂"赎买"。

（2）在交易费用为零的情况下，庇古税根本没有必要。因为在这时，通过双方的自愿协商，就可以产生资源配置的最佳化结果。既然在产权明确界定的情况下，自愿协商同样可以达到最优污染水平，可以实现和庇古税一样的效果，那么政府又何必多管闲事呢？

（3）在交易费用不为零的情况下，解决外部效应的内部化问题要通过各种政策手段的成本—收益的权衡比较才能确定。也就是说，庇古税可能是有效的制度安排，也可能是低效的制度安排。

上述批判就构成所谓的科斯定理：如果交易费用为零，无论权利如何界定，都可以通过市场交易和自愿协商达到资源的最优配置；如果交易费用不为零，制度安排与选择是重要的。这就是说，解决外部性问题可能可以用市场交易形式即自愿协商替代庇古税手段。

科斯定理进一步巩固了经济自由主义的根基，进一步强化了"市场是美好的"这一经济理念。并且将庇古理论纳入自己的理论框架之中：在交易费用为零的情况下，解决外部性问题不需要"庇古税"；在交易费用不为零的情况下，解决外部性问题的手段要根据成本—收益的总体比较，也许庇古方法是有效的，也许科斯方法是有效的。可见，科斯已经站在了巨人——庇古的肩膀之上。有的学者把科斯理论看作是对庇古理论的彻底否定，这是一种误解。实际上，科斯理论是对庇古理论的一种扬弃。

随着 20 世纪 70 年代环境问题的日益加剧，市场经济国家开始积极探索实现外部性内部化的具体途径，科斯理论随之被投入实际应用之中。在环境保护领域排污权交易制度就是科斯理论的一个具体运用。科斯理论的成功实践进一步表明，"市场失灵"并不是政府干预的充要条件，政府干预并不一定是解决"市场失灵"的唯一方法。

当然，科斯理论也存在局限性：① 在市场化程度不高的经济中，科斯理论不能发挥作用。特别是发展中国家，在市场化改革过程中，有的还留有明显的计划经济痕迹，有的还处于过渡经济状态，与真正的市场经济相比差距较大。例如，在上海市苏州河的治理过程中，美国专家不断推销他们的污染权交易制度，但试行下来效果不佳。② 自愿协商方式需要考虑交易费用问题。自愿协商是否可行，取决于交易费用的大小。如果交易费用高于社会净收益，那么，自愿协商就失去意义。在一个法制不健全、不讲信用的经济社会，交易费用必然十分庞大，这样，就大大限制了这种手段应用的可能，使得它不具备普遍的现实适用性。③ 自愿协商成为可能的前提是产权是明确界定的。而事实上，像环境资源这样的公共物品产权往往难以界定或者界定成本很高，从而使得自愿协商失去前提。

任何一种理论都不可能是完美无缺的，科斯理论也不例外。尽管如此，可以毫不夸张地说，科斯奠定了外部性理论发展进程中的第三块里程碑，而且其理论和实践意义远远不是局限于外部性问题，而是为经济学的研究开辟了十分广阔的空间。

4　外部性概念有没有意义

在著名新制度经济学家张五常教授和新兴古典经济学家杨小凯那里，多次提到外部性概念模糊不清、外部性概念同义反复、外部性概念没有意义等。

在张五常的著作中把外部性概念说成是"模糊不清"的一个概念。他说："如果外部性限于那些经济上很重要，但其行为权利没有清楚界定，因而并不在市场上交易的效应，那么它就非常模糊不清了。""庇古似乎说，各种外部性互不相同，但对为何不同却没有提供令人信服的理由。模糊不清自此成了'外部性'文献中的传统，而这个问题的性质却仍然不清楚。""外部性似乎集中于不同的'背离'情形，并忽视了牵涉的经济问题。'外部性'的概念是模糊不清的，因为每一种行为都有效应；这个概念也容易引起混乱，因为各种分类和理论互不相同，随意性很大，且都是特例。由于这些原因，由'外部性'概念而产生的各种理论就不可能是有用的。"[13]

那么，为什么"外部性"文献会大量涌现呢？张五常将其归因于3个方面：① 缺乏签约权；② 合约存在但条款不全面；③ 有些条款不知由于什么原因与一些边际等式不相符。因此张五常主张以合约理论取代外部性理论。张五常指出："不管合约外效应的总值多大，只要在私人极大化条件下边际合约外效应的边际值为零，就能满足帕累托条件。因而，合约外效应的存在就其本身来说，并不表示资源的错误配置，因此，私人成本和社会成本之间的背离，除非被认为与采取行动的边际明确有关，否则并不能说明需要政府采取矫正性行动。"[13]

可见，张五常对外部性理论的批判表现为3个方面：① 在产权没有明确界定的情况下谈外部性问题，这时，外部性概念是模糊不清的，到底是谁对谁产生外部性呢？② 之所以外部性概念模糊不清，是因为合约本身的不完全性或不完善性，之所以不完全或不完善是由于获取信息是需要支付成本的。③ 既然外部性概念是模糊不清的，以合约理论取代外部性理论更加符合真实世界，在张五常看来，所有经济活动都可以看作是一种合约安排。

杨小凯、张永生在《新兴古典经济学和超边际分析》一书中也多次涉及对外部性概念的评价。在该书中他们指出："张五常则认为，外部效果是没有意义的概念，问题的实质在交易费用。所谓外部效果，实质是界定产权的外生交易费用同不界定产权引起的内生交易费用之间的两难冲突。""外部性是没有意义的概念。以排污为例，外部性的程度是由界定排污权的费用（外生交易费用）和不界定排污权所造成的经济扭曲（内生交易费用）的两难折中决定的，市场上的自愿合约会自动找到社会最优的污染水平。"[14]

综观杨小凯等的《新兴古典经济学和超边际分析》，他们对外部性理论的批判主要反映在下列几点意见上：① 在交易成本为零的情况下，不同的产权安排都能导致资源配置的帕累托最优。既然交易成本为零，就不存在外部性，或者说外部性概念是没有意义的。如果存在外部性也只是想象中的初始状态，由于自愿协商马上就会离开这一初始状态。② 有了交易费用概念就不需要外部性概念，传统的外部性问题实质是交易费用问题，即节省界定产权的外生交易费用与节省产权界定不清引起的内生交易费用之间的两难冲突问题。③ 应该用内生交易费用与外生交易费用来替代外部性概念，或者说把外部性内生化。杨小凯把所有经济问题的本质都看做是交易费用问题。在杨小凯等的新兴古典产权经济模型中就内生了外部效果。

那么，外部性概念到底有没有意义呢？笔者认为，马歇尔、庇古、科斯的外部性理论是在古典经济学的基础上发展起来的，张五常的新制度经济学理论和杨小凯等的新兴古典经济学理论也是来源于古典经济学。它们是同根同源，但朝着不同的方向发展罢了。

以马歇尔为代表的新古典经济学，是研究稀缺资源在多种经济用途之间进行合理配置的学问，研究重心是在给定稀缺程度下资源的最优配置问题，运用了规模经济、外部性等概念，采用了边际分析等方法。

以杨小凯为代表的新兴古典经济学，继承古典经济学的传统，关注分工如何能够减少资源的稀缺程度，关注如何能够使一个国家更加富裕，运用专业化经济的概念，考虑各种交易费用的一般均衡，采用超边际分析方法。

如果把古典经济学看做是源头，那么新古典经济学和新兴古典经济学只是从中演化出来的两大分支。它们有各自的概念、范畴、方法和理论体系，都对经济学作出了贡献，都有各自适用的范围，外部性概念适用于边际分析，而专业化概念适用于超边际分析，虽然超边际分析可能包容边际分析，但难以彻底否定外部性理论。如果将超边际分析比喻为物理学中的爱因斯坦的相对论，将边际分析比喻为物理学中的牛顿力学，那么，爱因斯坦也没有去彻底否定牛顿力学。在很多情况下，牛顿力学的运用还是更为简洁方便。

当然，外部性概念是否会终结还取决于经济学理论的进一步发展。

参考文献

[1] 萨缪尔森，诺德豪斯. 经济学（第16版）. 北京：华夏出版社，1999：263.

[2] 兰德尔. 资源经济学. 北京：商务印书馆，1989：155.

[3] 厉以宁，吴易风，李链. 西方福利经济学述评. 北京：商务印书馆，1984：207，214-216，227-228.

[4] 鲍莫尔. 福利经济及国家理论. 北京：商务印书馆，1982：38.

[5] 祝大星. 诺贝尔科学奖与环境保护. 光明日报，1996-12-09（5）.

[6] OECD. 环境管理中的经济手段. 北京：中国环境科学出版社，1996：26，168.

[7] 朱中彬. 外部性的三种不同含义. 经济学消息报，1997-07-23（3）.

[8] 马歇尔. 经济学原理（上卷）. 北京：商务印书馆，1981：279-280，328.

[9] 庇古. 福利经济学. 北京：中国社会科学出版社，1999，英文版.

[10] 沈满洪. 庇古税的效应分析. 浙江社会科学，1999（4）.

[11] 沈满洪. 环境管理中补贴手段的效应分析. 数量经济技术经济研究，1998（8）.

[12] 科斯. 社会成本问题//科斯，阿尔钦，诺斯，等. 财产权利与制度变迁. 上海：上海三联书店，1998.

[13] 张五常. 经济解释. 北京：商务印书馆，2000：93，102，109，84，231.

[14] 杨小凯，张永生. 新兴古典经济学和超边际分析. 北京：中国人民大学出版社，2000：86，87.

公共物品问题及其解决思路

——公共物品理论文献综述

沈满洪　　谢慧明

[摘要]　狭义的公共物品是指具有非竞争性和非排他性的物品。广义的公共物品是指具有非排他性或非竞争性的物品，包括纯公共物品、俱乐部物品与公共池塘资源三大类。萨缪尔森、布坎南和奥斯特罗姆等指出广义公共物品面临的典型问题，如"搭便车"问题、排他成本问题、公地悲剧问题、融资与分配问题；并基于不同的物品分类及其面临的问题，提出了相应的理论模型，如纯公共物品理论、俱乐部理论和公共池塘资源理论。近期广义公共物品的研究重心转向了供给问题，政府供给、私人供给、自愿供给与联合供给及各供给方式的匹配与融合是广义公共物品的基本供给方式。研究表明，生态经济学、空间经济学、福利经济学等学科与公共物品理论的有机结合将是未来公共物品理论研究的新方向。

[关键词]　公共物品　搭便车　公地悲剧　供给方式

公共物品问题是导致市场失灵的根源之一。公共物品理论是经济理论热点之一。理论创新可为公共物品的有效供给提供理论指导。本文从经济物品的主要分类入手，综述了公共物品的内涵界定、公共物品的资源配置问题、公共物品的资源配置模型、公共物

[发表期刊] 本文发表于《浙江大学学报（人文社会科学版）》2009 年第 12 期，被中国人民大学复印报刊资料《财政与税务》2010 年第 2 期全文转载。

[基金项目] 系国家社科基金重点项目"生态文明建设与区域经济协调发展战略研究"（08AJY031）；教育部新世纪优秀人才支持计划（NCET-08-0497）。

[作者简介] 谢慧明，男，博士，主要从事环境经济学研究，现为浙江理工大学浙江省生态文明研究中心副教授。

品的典型供给方式，并指出了公共物品理论的研究方向。

1 经济物品的主要分类方法

物品分类的标准各不相同，有排他性与竞争性标准，有公共性标准，有相对成本标准等。如 J. G. Head 和 C. S. Shoup 发现相对成本原则可以区分公共物品与私人物品，该原则也被称为经济效率原则①。他们认为无论服务以何种方式被提供，只要它在非排他的情形下以更低的成本在特定的时间或地点被提供，那么它就是公共物品[1]。S. E. Holtermann 认为界定公共物品的标准是物品属性[2]。不同经济物品具有不同的公共性，对应不同的产权配置。巴泽尔认为由于存在信息成本，任何一项权利不可能完全被界定[3]。生态资源的一部分价值由于其权利界定的缺失而留在了"公共领域"。J. Hudson 和 P. Jones 也认为产权和技术的变化会引起该物品属性的变化，物品分类的唯一标准是公共性[4]。在臧旭恒、曲创[5]的文献中曾采用"N 分法（$N=2$，3）"讨论物品的分类，这里进一步将 N 扩展到 4，阐述下列 3 种物品分类方法：

1.1 两分法

基于对公共物品研究的简单化处理原则，P. A. Samuelson 先后提出了一系列两分的相对概念：私人消费物品与集体消费物品；私人消费物品与公共消费物品；纯私人物品与纯公共物品等[6, 7]。在萨缪尔森的两分法中，公共物品相对于私人物品具有显著的非排他性与非竞争性特征。J. M. Buchanan 等也采用两分法，将物品两分为纯私人物品与俱乐部物品[8]。而 T. Sandler 和 J. Tschirhart 在萨缪尔森私人消费向量的基础上，将公共物品变量修正为俱乐部物品变量。也就是说，居民消费物品由纯公共物品和纯私人物品的组合转变为由纯私人物品和俱乐部物品的组合[9]。

1.2 三分法

J. M. Buchanan 提出了物品分类的可分性标准[7]。据此，将物品分为不可分物品、部分可分物品与完全可分物品 3 类。Y. Barzel 提出了准公共物品的概念，认为它是纯公共物品与纯私人物品的混合[10]。因此，三分法是指将物品分成公共物品、混合物品和私人物品三大类。不同类别的物品具有不同的定义、特征、对象、需求曲线和供给原则等。

---

① 如果一种商品或服务既可以由市场提供，也可以由非市场提供，但若非市场提供更有效率，那么该种商品或服务即为公共物品。反之，若市场提供更有效率，那么该种商品或服务即为私人物品。

公共物品的社会需求曲线是对个体需求曲线的垂直加总，是效用加总；而联合生产私人物品的社会需求曲线与常见的完备的市场需求曲线无异，是水平加总、产量加总[11]。混合物品则更多地表现为兼有公共物品和私人物品的双重属性，在需求曲线上更多地体现出条件加总特性[1]。

1.3　四分法

伴随着 J. M. Buchanan、E. Ostrom 等研究的深入，混合物品又被区分为两类：一类是具有排他性和非竞争性的物品，即俱乐部物品，或自然垄断物品；另一类是具有非排他性和竞争性的物品，即公共池塘资源，或共有资源。当然，不同学者运用四分法各不相同。如曼昆在《经济学原理》中将物品四分为私人物品、自然垄断、共有资源和纯公共物品[12]；E.Ostrum 则以排他性和共同使用为标准将物品分为私益物品、收费物品、公共池塘资源与公益物品四大类[13]。E.Ostrum 等认为公共事物研究与公共物品研究是等价的，但是 T. Sandler 等却给出了这两类物品的具体差异（表 1）[14]。

表 1　四分法下的纯公共物品与公共池塘资源的分类比较

比较项目	纯公共物品	公共池塘资源
成本收益	收益共享，成本独担	成本共担，收益分享
博弈结果	每个人都参与是帕累托最优 但不是纳什均衡	每个人都不参与是帕累托最优 但不是纳什均衡
权利关系	"大的被小的剥削"，"搭便车"	"大的剥削小的"
补偿对象	给大的代理人补偿	给小的代理人补偿
解决办法	选择性激励机制	选择性惩罚机制

从经济物品分类可见，公共物品是指那些具有公共性的事物。公共性的事物可以指具有非排他性的事物，也可以指非竞争性的事物。具体包括 3 类：①具有非排他性且非竞争性的事物；②具有非竞争性但有排他性的事物；③具有非排他性但有竞争性的事物。第 1 类即为纯公共物品；第 2 类即为俱乐部物品；第 3 类即为公共池塘资源。

2　公共物品的内涵界定

从经济物品的分类可知，公共物品具有广义和狭义之分。狭义的公共物品是指纯公共物品，即那些既具有非排他性又具有非竞争性的物品。广义的公共物品是指那些具有非排他性或非竞争性的物品，一般包括俱乐部物品或自然垄断物品、公共池塘资源或共有资源以及狭义的公共物品 3 类。

目前被广泛接受的公共物品是，每个人消费这种物品不会导致别人对该物品消费的减少[5]，是指一定程度上共同享用的事物①。后来的研究进一步指出广义公共物品的另外两种定义。J. M. Buchanan 提出了俱乐部物品的概念，他认为俱乐部物品是指相互的或集体的消费所有权的安排[8]。E.Ostrum 认为具有非排他性和消费共同性的物品是公共池塘资源，是一种特殊的公共物品②。

然而，与 P. A. Samuelson 的非竞争性和非排他性，J. M. Buchanan 的不可分性、E.Ostrum 的共同性等特征相比，制度学派则认为政府提供的公共的或集体的利益通常被经济学家称作"公共物品"，那些没有购买任何公共或集体物品的人不能排除在对这种物品的消费之外[15]。张五常认为公共物品是一种制度安排，存在公有产权，其交易受交易成本的制约[16]。然而，相对于"私人物品私有产权，公有物品公有产权"的简单逻辑，公共产权的产生逻辑不仅停留在非竞争性和非排他性的消费特性上，也不仅仅归因于单一的"搭便车"困境，而应从外部性视角考察公共物品的概念属性③。

从上述定义可见，P. A. Samuelson、J. M. Buchanan、E.Ostrum 等都对公共物品进行了深入的分析，并给定了帕累托有效的经济或制度安排。但是 P. A. Samuelson 定义和非竞争性与非排他性的双重属性被一些学者所诟病，J. Margolis 认为无处寻找如 P. A. Samuelson 所定义的公共物品[17]。即便如灯塔一类的公共物品，R. H.Coase④等认为也可以通过建立产权以削减它的公共性质。G. Colm 也对 P. A. Samuelson 的公共支出理论提出了质疑，认为公共支出是由政府执行，但一些公共活动却可由私人代理[18]。总之，对于公共物品的内涵研究主要存在 3 个方面的争论：

（1）数量说。在 P. A. Samuelson 的定义中，个人消费物品 x 指物品本身，是从量定

---

① 在 1954 年的《公共支出理论》中，萨缪尔森定义的是集体消费物品，在 1955 年的《图解公共支出理论》中萨缪尔森提出了"公共物品"的概念。虽然他在定义时依然定义的是公共消费物品，但是从后文的论述来看，公共消费物品等价于公共物品，也等价于集体消费物品。

② 可以是地方性公共物品，也可以是代际公共物品，还可以是制度性公共物品。公共池塘资源的公共性主要考察的是自然资源配置过程中的制度安排，也只有在适当的制度安排中，才有可能成功避免奥斯特罗姆所提出的三大公共难题：公地悲剧、囚徒困境与集体行动的悖论。

③ 斯蒂格利茨. 公共部门经济学. 北京：中国人民大学出版社，2005：110-116. 公共物品实际上可以被视为外部性的极端情形。

④ 科斯. 社会成本问题//科斯，阿尔钦，诺斯，等. 财产权利与制度变迁. 上海：上海三联书店，上海人民出版社，2005：3-58.

义的私人消费束。也正因为如此，现实生活中很难找到如 P. A. Samuelson 所定义的此类公共物品，他的数量说也就不被学者广泛接受。

（2）效用论。物品的不可分性逐渐地被人们质疑。学者们认为公共物品的内涵并不是物品的物理属性，而是公共物品的效用属性，是指个人对该物品的效用评价[2]。也有学者认为公共物品是私人消费变量，公共物品和私人物品的转变也就体现在 x 从应变量转变为自变量的过程[19]。

（3）外部性。公共物品指的是个人在经济体中面临的外部性，它们可以是个人产出，也可以是个人投入。S. E. Holtermann 认为由于公共物品和外部性都存在严重的市场机制失灵情形，外部性物品经常被认为是公共物品，但是值得注意的是并非所有外部性物品都是公共物品，也不是所有的公共物品都是外部性物品[2]。这种关系主要取决于公共物品的范围和使用途径。如 W. Nordhaus 以二氧化碳为例，论证了该类公共物品在时间和空间两个纬度上均存在外部性[20]，但二氧化碳并不一定是公共物品。

无论是新古典学派关于公共物品的分析，还是制度学派关于集体物品的分析，俱乐部物品和集体物品并不属于纯公共物品研究范畴。但是，人们普遍把公共物品的概念拓展成为一个包含俱乐部物品、集体物品、混合物品、非纯粹的公共物品等相近物品在内的广义概念。正如《公共事务的治理之道》一书序中写道，"the Commons"是泛指与公共相关的事物，即除了私益物品之外的所有物品，如公益物品、公共池塘资源、收费物品（俱乐部物品）等。公共物品作为私人物品的对立面出现，公共物品的内涵研究实际上是非私人物品的研究[13, 21]①。

因此，排他性与竞争性的研究依然是公共物品研究的两大主流视角，广义公共物品的问题与对策研究是公共物品研究的核心内容。因为虽然公共物品非排他性意味着联合性，但公共物品并不是联合商品。虽然公共物品表现出一定的公共性，但它也可以通过私人供给、俱乐部供给等非公共手段进行提供。虽然公共物品表现出一定的契约性质，但是不同的产权配置会导致合作行为的不同配置收益，不同的产权体制会形成收入分配与生产水平上的差异。

---

① 持此类观点的还有 R. D. Auster（1977），他将物品分为两类：一类是私人物品，另一类是非私人物品的公共物品。基于此，公共物品的研究也就演变为非私人物品的研究。

3　公共物品的资源配置问题

3.1　"搭便车"问题

"搭便车"问题首先由 M. Olson[①]提出，它是指由于参与者不需要支付任何成本而可以享受到与支付者完全等价的物品效用。该问题影响着公共物品供给成本分担的公平性，影响着公共物品供给能否持续和永久。"搭便车"包含两种情形：① 享受到组织提供的种种权利后，丝毫不尽个人对组织的义务；② 在此时此处享受到组织提供的权利后，没有在此次此处尽义务，而是在其他时间或地点尽了义务[22]。"搭便车"问题的研究主要集中在解决方案的探讨上。虽然在"选择性激励"的条件下，多数集团不能向自己提供最优数量的集体物品，但是小集团成员间具有相互讨价还价的激励因素，最小的集团一定能够通过其成员的讨价还价而实现集体物品的最优供给[15]。另外，Hajime Hori 发现一些公共物品的消费总是与一定的私人物品消费联系在一起，如免费高速公路的使用与汽车与汽油的私人消费密不可分，利用司法系统的公正性与权威性也与自身所雇用的律师密切关联，因此人们可以通过个人对私人物品的偏好来刻画他们对公共物品的偏好[23]。"搭便车"问题的解决机制研究成果丰硕：Hurwicz 机制要求每个私人传递包括数量与价格的信息；Walker 机制要求每个私人传递服务于数量与价格的综合的单一信息；Tian 机制认为每个参与人的信息都是一个向量，包括参与人的私人物品财富、公共物品的价格、私人物品的价格与数量等信息；Bailey 机制是上述 3 种机制的替代性选择机制，是指单一拍卖商的林达尔税在真实的林达尔-帕累托最优框架下存在纳什均衡[24]。

3.2　排他成本问题

排他成本问题是公共物品非排他性的延续。由于排他成本高，因此纯公共物品与公共池塘资源具有不可排他性。非排他性的原因主要有 3 个：① 经济成本的不可排他；② 技术成本的不可排他；③ 制度成本的不可排他。然而 J. M. Buchanan 的俱乐部物品理论认为对于一些广义的公共物品可以做到有成本排他，即消费者能够而且愿意支付一定的费用以享用具有一定程度排他的物品。较之于非排他性公共物品的无限消费主体，俱乐部物品的消费主体是有限的。

---

① 奥尔森. 集体行动的逻辑. 陈郁，郭宇峰，李崇新，译. 上海：上海三联书店，上海人民出版社，1994：96-97，215.

3.3 公地悲剧问题

G. Hardin[①]最早提出公地悲剧问题："这是一个悲剧。每个人都被锁定进一个系统。这个系统迫使他在一个有限的世界上无节制地增加他自己的牲畜。在一个信奉公地自由使用的社会里，每个人追求他自己的最佳利益，毁灭是所有的人趋之若鹜的目的地"[②]。公地悲剧常被形式化为囚徒困境的博弈。在囚徒困境的博弈中，每一个参与人都有一个占优策略，博弈双方的占优策略构成了博弈的均衡结局，然而博弈均衡结果并不一定是帕累托最优结局。相反，个人理性的博弈过程与战略选择却导致了集体行动的悖论。E.Ostrum 认为，公地悲剧、囚徒困境和合成谬误[③]是公共事物治理所面临的三大难题，而且这些问题都是"搭便车"问题。如果所有人都参与"搭便车"，那么就不会产生集体利益；如果有些人可能提供集体物品，而另一些人"搭便车"，这就会导致集体物品的供给达不到最优水平。

3.4 融资与分配问题

在资金来源问题上，D. R. Russell 认为，一旦物品被融资供给，那么该物品无论是私人供给还是公共供给都是同一的，因为私人贡献可以用于资助公共物品的生产，而税收也可以用于资助私人物品的生产[25]。在分配决策中，H. Aaron 和 M. McGuire 指出公共物品与私人物品消费被概念化地区分为两个离散的步骤：① 税收与转移支付是对私人物品与收益的再分配；② 公共物品的购买其实就是税收支付过程，认为公共物品的收益分配取决于假定的效用函数，效用函数的选择对于分配结果十分关键，且税率应该满足

$$\sum t = \sum \mathrm{MRS}^{④}$$，其中 t 为税率，MRS 为物品的边际替代率[26]。P. A. Samuelson 则指出

了政府的两大功能：① 公共物品的供给；② 以收入再分配为目的转移支付[27]。其实，不同物品的不同特征决定了不同的公共物品资源配置问题。

---

① Garrett Hardin. The Tragedy of the Commons，*Science*，Vol.162，No.3859（1968）：1243-1248.

② E·奥斯特罗姆. 公共事物的治理之道——集体行动制度的演进. 余逊达，陈旭东，译. 上海：上海三联出版社，2000：11，17.

③ 《公共事物的治理之道》中描述的是集体行动逻辑的缺陷，萨缪尔森后来在《经济学》中采用了合成谬误的概念。

④ 在林达尔的税收路径中，要求 $t = \mathrm{MRS}$，这一要求较之于 $\sum t = \sum \mathrm{MRS}$ 更为严格，因此基于 $p = \mathrm{MRS}$ 定价策略下的林达尔市场均衡一定是有效的。

4　公共物品的资源配置模型

4.1　P. A. Samuelson 的纯公共物品模型

　　新古典经济学研究的纯私人物品的私人效用函数为：$U^i = U^i\left(x_1^i, x_2^i, \cdots, x_n^i\right)$，其中，$U$ 为私人效用函数，$\left(x_1^i, x_2^i, \cdots, x_n^i\right)$ 为私人 i 的 n 种私人物品。基于该私人效用函数假定，萨缪尔森通过定义从 $n+1$ 到 $n+m$ 的 m 种纯公共物品将私人效用函数拓展为 $U^i = U^i\left(x_1^i, x_2^i, \cdots x_n^i, x_{n+1}^i, \cdots, x_{n+m}^i\right)$，并且指出纯公共物品与纯私人物品的差异集中体现在物品的可加性与等价性之中。若 A 生产公共物品，B、C 可以共同享受这一公共物品带来的效用，即 $U_{x^A} = U_{x^B} = U_{x^C}$，那么，A 生产的便是纯公共物品。但是公共物品和私人物品的社会最优水平决定机制存在巨大差异。私人物品可以根据分散的价格决定机制形成最优数量和价格，而公共物品是通过投票或信号传递等机制来决定其社会最优状态。另外，P. A. Samuelson 以评价收费电视举措的好坏为例指出公共物品问题的最后解决方案应该包含价值判断[28]。

4.2　J. M. Buchanan 的俱乐部物品模型

　　J. M. Buchanan 提出的俱乐部物品模型也称为合作成员理论[7]。该理论指出布坎南的俱乐部物品可以穷尽私人物品、公共物品，或者是混合物品①。它包含着对决定消费所有权在不同数量成员间分配的研究，以弥补 P. A. Samuelson 在纯公共物品与纯私人物品之间的理论缺口。因此，J. M. Buchanan 在 P. A. Samuelson 效用函数假定的基础上加入"俱乐部规模"变量 N，并将俱乐部物品的效用函数最终拓展为：

$$U^i = U^i\left[\left(x_1^i, N_1^i\right), \left(x_2^i, N_2^i\right), \cdots, \left(x_n^i, N_n^i\right), \left(x_{n+1}^i, N_{n+1}^i\right), \cdots, \left(x_{n+m}^i, N_{n+m}^i\right)\right]$$

　　同理，俱乐部物品的生产成本函数为：

$$F^i = F^i\left[\left(x_1^i, N_1^i\right), \left(x_2^i, N_2^i\right), \cdots, \left(x_n^i, N_n^i\right), \left(x_{n+1}^i, N_{n+1}^i\right), \cdots, \left(x_{n+m}^i, N_{n+m}^i\right)\right]$$

　　根据"边际替代率等于边际转换率"的原则，在俱乐部物品下的社会最优条件转变为：

---

① 简言之，从俱乐部人数（或者称为组规模）来看，当俱乐部人数为 1，即仅对 1 个人开放时，这个物品即为纯私人物品；当俱乐部人数为无穷时，即既无排他性又无竞争性，该定义符合萨缪尔森定义的纯公共物品。

$$\begin{cases} u_j^i/u_r^i = f_j^i/f_r^i \\ u_{Nj}^i/u_r^i = f_{Nj}^i/f_r^i \end{cases}$$

最优条件表明，对于第 i 个人而言，第 j 类俱乐部物品与第 r 类俱乐部物品应满足两类物品间边际替代率等于边际转化率的要求，并且要求第 j 类俱乐部物品 x_j 的俱乐部规模 N 相对于第 r 类俱乐部物品 x_r 的边际替代率等于相应的两类变量的生产或交换比率。

M. N. McGuire 模型[29]放宽了 J. M. Buchanan 关于同质成员均分俱乐部成本和俱乐部使用效率固定的假设，认为俱乐部成本由成员承担，并将俱乐部规模从效用函数的变量中移至收入约束条件之中。这一处理既显示出了俱乐部物品的边际拥挤成本，也明确了边际供给成本。而 E. Berglas 模型[30]在效用函数和约束条件中加入了访问人口变量，对俱乐部的最优规模进行了研究，但是所有这些修正均未从根本上改变 P. A. Samuelson 的最优条件。

4.3 E. Ostrum 的公共池塘资源模型

具有竞争性和非排他性的公共池塘资源往往存在"拥挤效应"和"过度使用"问题，非正式制度安排下的无偿占有和"搭便车"激励下的无人供给使得公地悲剧在局部地区频繁出现。但是作者发现并非所有的公地都出现了过度开发。经案例研究发现，每一个案例都对应着一套规则，比如高山草场的伐木与保护规则、韦尔塔的用水规则、地下水的开采规则、渔场的作业规则。在这些规则背后，还有一系列的保障措施——惩罚措施、部落规则等。虽然此类规则非常脆弱，但是这些小组织内的成员还是努力推动着制度变迁，重构当地区域的制度供给体系，形成公共池塘资源高效、合理、可持续的发展格局[13]。一般而言，对于自主组织与自主治理案例的分析而言，作者主张从共有资源的占用和供给现状入手，多层次地分析区域的制度结构①，在正式和非正式的集体选择论坛中明确共有资源的操作细则。

基于俱乐部物品理论的效用函数，公共池塘资源的个人效用函数可以修正为：

$$U^i = U^i\left[\left(x_1^i, p_1^i\right), \left(x_2^i, p_2^i\right), \cdots, \left(x_n^i, p_n^i\right), \left(x_{n+1}^i, p_{n+1}^i\right), \cdots, \left(x_{n+m}^i, p_{n+m}^i\right)\right]$$

---

① 主要包含宪法选择、集体选择和操作选择 3 个层次，见《公共事物的治理之道》，第 85 页。

相对于俱乐部物品而言，由于公共池塘资源具有非排他性，因此俱乐部规模对于个人效用函数而言并非关键因素；反而公共池塘资源的竞争性要求每种公共池塘资源每个消费者的支付意愿存在差异。如以渔业资源的开采为例，对于不同捕捞点的不同竞价和不同的工作努力程度均体现了流域居民对公共池塘资源的支付意愿。因此公共池塘资源个人效用函数中的 p 可以指价格，而更一般的含义应该是支付意愿。因而公共池塘资源问题可以转化为俱乐部问题进行处理。然而并不是所有的池塘资源问题均可转化为俱乐部问题处理。当公共池塘资源具有使用者规模小、相应产权容易界定或者奖惩机制可以有效地运行等特征时，公共池塘资源可以转化为私人物品进行处理，即可交易的公共池塘资源。当公共池塘资源使用者规模巨大，但是可以有效排他时，公共池塘资源可以转化为俱乐部物品进行处理。

5 公共物品的典型供给方式

5.1 公共物品的政府供给

政府与市场具有一定程度的可替代性，市场失灵的公共物品领域往往要求政府干预，即政府提供公共物品。正如 R. A. Musgrave 认为的，由于市场存在失灵，公共物品和有益物品应由政府提供[31]。政府供给的主要手段是税收融资[32]。R. Wendner 和 L. H. Goulder 认为，私人效用和其他个人的消费存在相互依赖性，消费税和劳动力税不再是纯粹的扭曲性税种，而具有矫正功能[33]。然而公共物品与有益物品的政府提供往往并不遵循个人偏好和个人意愿，甚至是违背个人偏好而进行强制消费。因此，Brennan 和 Lomasky 提出了多元个人偏好，即一个人可能有一个以上的偏好顺序，包括市场偏好、反映偏好和政治偏好：单一的功利主义个人偏好即为市场偏好，也是主流经济学关注的唯一偏好；反映偏好是个人主观评价，即个人想……；政治偏好是个人的规范评价，即社会应该……[34]反映偏好可以通过个人谈话等形式表现出来，而政治偏好可以通过投票行为等活动表现出来，但是两者均很难利用市场机制表现出来，反而为政府行政机制的发挥创造了空间。

5.2 公共物品的私人供给

公共物品私人供给的实质在于公共物品的交易机制。公共物品交易的结果是所有参与交易的人通过某种集体决策规则就其共享和共同消费的物品数量达成一致。而且要达到通常意义上有效率的结果，交易者只能就其价格而不是数量作出个人调整。从私人供给角度出发，H. Demsetz 基于个人需求曲线的垂直加总特征，通过沉没成本的分析方法，认为如果给定私人生产者有能力排除非买主，那么他就能有效地生产公共物品；在排他成本可以忽略的情形下，公共物品的私人生产与私人物品的市场生产结构一致，均存在竞争均衡的结局[35]。R. D. Auster[①]认为，完全垄断者一般不可能生产出最优水平的公共物品，并且在长期均衡中，公共物品的竞争性生产方式恰恰能够实现此类物品的最优供给。如果一些相应的排他成本可以被忽略的话，那么公共物品或准公共物品可以被转化为私人物品进行处理[36]。而且公共物品私人供给应在政府资金支持下、在政府协助削减交易费用的条件下，通过成本分担的自由市场谈判方式来完成公共物品的私人生产[37]。

5.3　公共物品的自愿供给

公共物品的自愿供给与公共物品私人供给不同，是自主组织与自主治理的过程。D. J. Young[38]认为个人会为自愿组织进行捐赠，且个人捐赠往往具有三大动机：① 个人经济利益；② 个人物质利益；③ 个人精神利益。J. Falkinger 等[39]也指出现实生活中不乏自愿合作提供公共物品的情形，自愿供给公共物品的案例不胜枚举。Debraj Ray 和 Rajiv Vohra[40]则指出在分析均衡效率时，允许联合成员间可以交换是公共物品供给高效率的重要途径，不成文的协议有利于解决前期的一系列外部性问题，包括对重新谈判的相关规定。此外，E. Buchley 和 R. Croson 基于经验的研究发现，财富多少或者说收入中财富占比多少决定了他们所提供的公共物品的绝对数量是相同的[41]。Anandi Mani 和 Sharun Mukand 认为"可视效应"影响政府在多种公共物品投资的资源分配；民主化进程扩大了可视公共物品与弱可视公共物品在获得政府资源分配上的差距，而且弱可视公共物品在政府资源分配问题上表现出多重均衡[42]。然而，由于自愿交易理论的同质假设、竞争性定价假设以及衍生的税收公平性问题使基于自愿供给理论来描述的收入-支出过程并不被普遍接受。马斯格雷夫也不赞成用该理论来解释收入-支出过程，他认为该理论只是为真实的收入-支出政策提供偏好标准，真实的收入-支出过程更为错综复杂[43]。

5.4　公共物品的联合供给

J. M. Buchanan 认为公共物品理论是马歇尔联合供给理论的延伸[44]，解决此类外部性问题，或者说是公共物品问题，有两条可供选择的路径：① 当交易双方规模较小时可

---

① R. D. Auster. Private Markets in Public Goods. The Quarterly Journal of Economics，Vol.91，No.3，1977：419-430.

以通过一般的交易过程实现帕累托最优；② 当交易双方规模较大时可以通过政治过程的运转来达到最优状态[45]。H. Demseta 在公共物品和私人物品规范与实证的分析中也指出联合供给模型依然非常有用，该模型在两类物品间的均衡分析中占据同等重要的地位[35]。公共物品供给问题的研究应充分重视政府支持者的动机与决策，政府的定位取决于政治体制，政府的完全歧视在现实中并不可行，消费和投票者的联合行动是解决公共物品供给的关键[46]。根据科斯定理，如果大多数人联合起来仅依靠他们自身的资源来进行公共物品的生产，且单方支付并不可行，那么公共物品的供给方式就会影响最优产出，或者是影响公共物品的选择。但是 R. J. Aumann 等[47]指出，单方支付即使不可行，也不会影响公共物品的选择，对交易比率进行适当的调整即可实现最优产出。此外，近年来实验经济学的发展充分表明，私人间存在的合作供给方式是公共物品供给的有效途径。在现实生活中，并不是所有人在公共物品的供给问题上都一毛不拔，从平均数据来看，每个人会贡献自身财富的 15%～25%投资于公共物品①。不过，一般而言，边际收益越大，人们越愿意合作；组织规模越大，人们越愿意合作；当公共物品存在正外部性时，人们更愿意合作。J. Andreoni 的实验结果也表明有 75%的人选择合作，而其中一半是一时兴起，一半是出于善心[48]。

总之，公共物品不一定非要由政府来提供，一些组织或私人也可以提供[22]。排他性公共物品的特性之一是价格排他[49]，价格的排他决定了该类公共物品具有市场供给的特征。不过 C. D. Fraser 认为，决定强制性与自我选择两类供给方式是两股力量共同作用的结果：范围经济效应与平均主义势力[50]。在特定的情形中，"搭便车"问题并不重要，人们可以通过支付随机的一次性价格来融资提供非竞争性的物品。现实生活中公共物品供给方式更多地表现为政府供给、联合供给、私人供给和自愿供给方式的匹配与融合。对于不同的广义公共物品而言，存在着不同的理论解说，但存在着主导性的供给方式（表2）。

表 2　物品分类与分类供给

广义公共物品	代表性人物	主导性供给方式
纯公共物品	P. A. Samuelson	政府供给，联合供给
俱乐部物品	J. M. Buchanan	联合供给，私人供给
公共池塘资源	E. Ostrum	政府供给，联合供给，自愿供给

① Isaac R M and Walker J M. Group Size Effects in Public Goods Provision: the Voluntary Contributions Mechanism. The Quarterly Journal of Economics. Vol.103，No.1，1988：179-200.

6 公共物品理论的研究展望

公共物品的研究是一个渐进过程，从私人物品出发，依次经历了纯公共物品、俱乐部物品与公共池塘资源 3 类物品的阶段性研究。虽然广义公共物品的经典理论解释为后来学者所诟病，但是他们基础性的研究开辟了不同的公共物品研究领域。诚如 R. A. Musgrave 关于公共物品的研究宗旨所述，他旨在提供一种能够直接应用于复杂情形和解决给定时间和地点的实际问题的理论[51]。

（1）公共物品的分类研究具有理论的延续性。从外部性理论来看，企业 1 对企业 2 产生了外部性的同时，企业 2 对企业 1 也产生了一定的外部性，但这两类外部性是可以分离的，可以进行分别独立的处理[52]。即使不可以独立处理，根据 A. D. Otto 和 A. Whinston 的观点，合并可以消除外部性，技术外部性可以分为可分和不可分两类[53]。基于此，G. E. Nunn 和 A. Watkins 区分了两类公共物品，即可分公共物品与不可分公共物品[54]。物品的分类是一项基础性工作，基于可分性标准的物品分类实质上与公共物品领域的市场化改革如出一辙，也为可交易的公共物品理论提供了理论基础。

（2）公共物品理论在生态经济领域具有广泛的应用价值。生态资源属于广义公共物品范畴，具有公共物品的典型特征。诸如山河湖泊、水权、排污权等均是生态公共物品。对于此类物品的研究或可基于 S. C. Craig、J. Hudson 和 P. Jones 的公共性判定系数模型[55, 4]，对不同公有生态资源的公共性进行区分研究和对生态资源的可交易性进行深入的研究均构成了生态公共物品研究的新领域。与此同时，将可交易公共物品理论应用于生态公共物品的交易将是生态经济学与福利经济学交叉性研究的重要方向。碳交易、排污权交易和生态补偿等实践的理论渊源之一便是区域性公共物品的交易理论。

（3）公共物品研究可以具有空间视角。公共物品的简单交换理论、多人—多种私人物品模型、多人—多人公共物品模型都在埃奇沃斯盒分析的框架下得到了较为完备的解释[56]。基于布坎南俱乐部理论模型所进行的空间拓展也是一大主流的研究领域。比如在 Sandler 和 Tschirhart 的俱乐部模型[8]中，个人效用函数 $U^i = U^i\left(X^i, Y^i, s\right)$ 中的 s 由组织中的人口规模拓展为空间距离，那么公共物品的空间消费也就有了新的理论解释，该解释为俱乐部物品研究由人口规模向空间规模拓展开辟了崭新的研究方向。

此外，跨期迭代模型（OLG）和可计算一般均衡模型（CGE）的逐步兴起[57]，为人们研究公共财政与公共物品问题提供了新的分析工具。

参考文献

[1] J G Head and C S Shoup. Public Goods，Private Goods，and Ambiguous Goods. The Economic Journal，1969，79（15）：567.

[2] S E Holtermann. Externalities and Public Goods. Economica，1972，39（153）：78-87.

[3] 巴泽尔. 产权的经济分析. 费方域，段毅才译. 上海：上海人民出版社，2006.

[4] J. Hudson and P. Jones. Public Goods：An Exercise in Calibration. Public Choice，2005，124（3/4）：267-282.

[5] 臧旭恒，曲创. 从客观属性到宪政决策——论"公共物品"概念的发展与演变. 山东大学学报：人文社会科学版，2002（2）：37-44.

[6] P A Samuelson. The Pure Theory of Public Expenditure. The Review of Economics and Statistics，1954，36（4）：387-389.

[7] P A Samuelson. Diagrammatic Exposition of a Theory of Public Expenditure. The Review of Economics and Statistics，1955，37（4）：350-356.

[8] J M Buchanan. An Economic Theory of Clubs. Economica，1965，32（125）：1-14.

[9] T Sandler and J. Tschirhart. Club Theory：Thirty Years Later. Public Choice，1997，93（3/4）：335-355.

[10] Y Barzel. The Market for a Semipublic Good：The Case of the American Economic Review. The American Economic Review，1969，61（4）：665-674.

[11] P A Samuelson. Contrast between Welfare Conditions for Joint Supply and for Public Goods. The Review of Economics and Statistics，1969，51（1）：26-30.

[12] 曼昆. 经济学原理. 北京：机械工业出版社，2001：232.

[13] E·奥斯特罗姆. 公共事物的治理之道——集体行动制度的演进. 余逊达，陈旭东译. 上海：上海人民出版社，2000.

[14] T Sandler，Daniel G. and Arce M. Pure Public Goods versus Commons：Benefit- Cost Duality. Land Economics，2003，79（3）：355-368.

[15] 奥尔森. 集体行动的逻辑. 陈郁，郭宇峰，李崇新译. 上海：上海人民出版社，1994：13-16，64-74，215.

[16] 张五常. 经济解释. 北京：商务印书馆，2001：427-431.

[17] J Margolis. A Comment on the Pure Theory of Public Expenditure. The Review of Economics and Statistics，1955，37（4）：347-349.

[18] G Colm. Comments on Samuelson's Theory of Public Finance. The Review of Economics and

Statistics，1956，38（4）：408-412.

[19]　D F Bradford. Joint Products，Collective Goods，and External Effects：Comment. The Journal of Political Economy，1971，79（5）：1119-1128.

[20]　W Nordhaus. How Fast Should We Graze the Global Commons？The American Economic Review，1982，72（2）：242-246.

[21]　F Forte，P. A. Samuelson. Should Public Goods Be Public？Papers on Non-market Decision Making，1967，3（1）：39-47.

[22]　王广正. 论组织和国家中的公共物品. 管理世界，1997（1）：209-212.

[23]　H Hori. Revealed Preference for Public Goods. The American Economic Review，1975，65（5）：978-991.

[24]　M J Bailey. Lindahl Mechanisms and Free Riders. Public Choice，1994，80（1/2）：35-39.

[25]　 D R Russell. Financing Public Goods. The Journal of Political Economy，1987，95（2）：420-437.

[26]　H Aaron and M McGuire. Public Goods and Income Distribution. Econometrica，1970，38（6）：907-920.

[27]　P A Samuelson. Pitfalls in the Analysis of Public Goods. Journal of Law and Economics，1967，10：199-204.

[28]　P A Samuelson. Public Goods and Subscription TV：Correction of the Record. Journal of Law and Economics，1964，7：81-83.

[29]　M N McGuire. Group Segregation and Optimal Jurisdictions. Journal of Political Economy，1974，82（1）：112-132.

[30]　E Berglas. On the Theory of Clubs. American Economic Review，1976，66（2）：116-121.

[31]　布坎南，马斯格雷夫. 公共财政与公共选择：两种截然对立的国家观. 类承曜译. 北京：中国财政经济出版社，2000：1.

[32]　M S Michael，Panos Hatzipanayotou. Welfare Effects of Migration in Societies with Indirect Taxes，Income Transfers and Public Good Provision. Journal of Development Economics，2001，64：1-24.

[33]　R Wendner，L H Goulder. Status Effects，Public Goods Provision and Excess Burden. Journal of Public Economics，2008，92：1968-1985.

[34]　余英. 有益品理论：回顾与思考. 财经科学，2008，12：58-65.

[35]　H Demsetz. The Private Production of Public Goods. Journal of Law and Economics，1970，13（2）：293-306.

[36]　R J Staaf. Privatization of Public Goods. Public Choice，1983，41（3）：435-440.

[37] M R Montgomery，R. Bean. Market Failure，Government failure，and the Private Supply of Public Goods: the Case of Climate-Controlled Walkway Networks. Public Choice，1999，99（3/4）: 403-437.

[38] D J Young. Voluntary Purchase of Public Goods. Public Choice，1982，38（1）: 73-85.

[39] J Falkinger，E Fehr，S Gachter，et al. A Simple Mechanism for the Efficient Provision of Public Goods: Experimental Evidence. The American Economic Review，2000，90（1）: 247-264.

[40] D Ray，R Vohra. Coalitional Power and Public Goods. The Journal of Political Economy，2001，109（6）: 1355-1384.

[41] E Buchley，R Croson. Income and Wealth Heterogeneity in the Voluntary Provision of Linear Public Goods. Journal of Public Economics，2006，90: 935-955.

[42] A Mani，S Mukand. Democracy，Visibility and Public Good Provision. Journal of Development Economics，2007，83: 506-529.

[43] R A Musgrave. The Voluntary Exchange Theory of Public Economy. The Quarterly Journal of Economics，1939，53（2）: 213-237.

[44] J M Buchanan. Public Goods in Theory and Practice: A Note on the Minasian-Samuelson Discussion. Journal of Law and Economics，1967，10: 193-197.

[45] J M Buchanan. Joint Supply，Externality and Optimality. Economica，1966，33（132）: 404-415.

[46] W Hettich. Bureaucrats and Public Goods. Public Choice，1975，21: 15-25.

[47] R J Aumann，M Kurz，A Neyman. Voting for Public Goods. The Review of Economic Studies，1983，50（4）: 677-693.

[48] J Andreoni. Cooperation in Public-Goods Experiments: Kindness or Confusion? The American Economic Review，1995，85（4）: 891-904.

[49] M E Burns，C Walsh. Market Provision of Price-excludable Public Goods: A General Analysis. Journal of Political Economy，1981，89: 166-191.

[50] C D Fraser. On the Provision of Excludable Public Goods. Journal of Public Economics，1996，60: 111-130.

[51] C S Shoup. The Theory of Public Finance. The American Economic Review，1959，49（5）: 1018-1029.

[52] J M Buchanan，W Craig Stubblebine. Externality. Economica，1962，29（116）: 371-384.

[53] O A Davis，A Whinston. Externalities，Welfare and the Theory of Games. The Journal of Political Economy，1962，70（3）: 241-262.

[54] G E Nunn，T H Watkins. Public Goods Games. Southern Economic Journal，1978，2: 598-606.

[55] S C Craig. The Impact of Congestion on Local Public Good Production. Journal of Public Economics，

1987，32：679-690.

[56] 布坎南. 公共物品的需求与供给. 马珺 译. 上海：上海人民出版社，2009：47，67，129，157.

[57] P Diamond. April 2002 Symposium Public Finance Theory——Then and Now. Journal of Public Economics，2002，86：311-317.

交易费用理论综述

沈满洪　张兵兵

[摘要]　交易费用概念由科斯创立并成为新制度经济学的核心范畴。交易费用的内涵有交易分工说、交易合约说、交易维度说、制度成本论、交易行为说等典型观点。交易费用的构成主要包括搜寻信息、达成合同、签订合同、监督合同履行和违约后寻求赔偿的费用。宏观和微观层面的交易费用测度结果表明，降低交易费用是一个重大的经济研究课题。因而，交易费用理论在国家理论、产业理论和企业理论中均得到广泛运用。交易费用的测度、交易费用理论对转型国家的解释、交易费用理论指导中国的改革等方面的研究均有可能获得创新性成果。

[关键词]　交易费用　文献综述　研究展望

交易费用概念的提出是对新古典经济学的一种挑战，它为分析经济理论及经济现象提供了全新的视角。以交易费用理论为核心的新制度经济学已经发展成为现代经济学的重要分支，它对经济现象尤其是转型国家的经济问题具有极强的解释力，因此，交易费用理论成为一个长盛不衰的经济学研究热点。对交易费用理论进行评述，有助于推动该理论的进一步发展和完善。

[发表期刊]　本文发表于《浙江大学学报（人文社会科学版）》2013 年第 2 期，被中国人民大学复印报刊资料《理论经济学》2013 年第 5 期全文转载。

[基金项目]　国家社会科学基金重点项目"我国工业节水战略研究"（12AJY003）；浙江省重点创新团队（文化创新类）"生态经济研究团队"（20120303）。

[作者简介] 张兵兵，女，浙江大学经济学院博士研究生，主要从事资源经济学研究。

1 交易费用概念的渊源与提出

1.1 古典哲学意义上的交易

古希腊哲学家亚里士多德最先使用"交易"这一概念，并将其分为商业交易、金融货币交易和劳动力交易 3 个部门的交易[1]。虽然这与新制度经济学中的交易有很大不同，但其将交易与生产区分开，定义交易为"人与人之间的关系"，为交易及交易费用理论的发展奠定了坚实的基础。

1.2 旧制度经济学意义上的交易

将交易引入比较严格的经济学范畴的是制度经济学家康芒斯，他定义交易为人类活动的基本单位，是制度经济学的最小单位[2]。康芒斯进一步将交易分为买卖的交易、管理的交易和限额的交易 3 种类型。虽然康芒斯对交易作了严格的分类，但是忽视了交易是需要成本的，没有把交易与成本结合起来，而零成本的交易与经济现实大相径庭。

法国著名数学家古诺发现，交易过程中的损耗是不可避免的，交易各方都需要克服摩擦，而商业范围的扩张和商业设施的发展可以使摩擦减少并趋于理想的状况[3]。马克思认为，商业的专门化节约了用于商品买卖的资本，但却招致了流通费用，包括纯粹的流通费用、保管费用和运输费用等[4]。这里马克思所讲的流通费用实质上就是交易费用，当然并不是现代意义上的交易费用，但当时马克思对交易费用的论述已是十分深刻了。

1.3 新制度经济学意义上的交易与交易费用

科斯在其经典论文《企业的性质》中指出使用价格机制是有代价的[5]。随后在其《社会成本问题》中，他围绕契约的流程发现了在契约的签订和实施过程中，一些额外的支付是不可避免的，并将交易费用的思想具体化，指出"为了进行一项市场交易，有必要发现和谁交易，告诉人们自己愿意交易及交易的条件，要进行谈判、讨价还价、拟定契约、实施监督来保障契约的条款得以按要求履行"[6]。这样，交易费用的思想已经昭然若揭。但科斯并未使用"交易费用"这一名词，而是阿罗在研究保险市场的逆向选择行为和市场经济运行效率时首次提出这一名词，将其定义为市场机制运行的费用[7]。但阿罗与科斯一样，对交易费用的描述和定义并不具有可操作性。

2 交易费用的内涵与构成˙

2.1 交易费用的界定

2.1.1 交易分工说

科斯在提出交易费用的概念后，又指出不仅市场有交易费用，企业本身会产生的如行政管理费用、监督缔约者费用、传输行政命令费用等组织费用也可以看成是企业内部的交易费用[5]。当企业扩大时，企业内部的交易费用也随之扩大，当其扩大到与市场上的交易费用相当时，企业的规模便不再扩大。企业或其他组织在社会分工中作为一种参与市场交易的单位，其经济作用在于把若干要素的所有者组织成一个单位参与市场交换，以减少市场交易者的数量，降低信息不对称的程度，最终减少交易费用。因此，交易源于分工，交易费用是一种源于分工的制度成本。诺斯在研究交易费用的决定因素时也指出了交易费用的产生和分工与专业化程度的提高有关[8]。张五常[9]、杨小凯[10, 11]分别从劳动力交易和中间产品交易角度区分了企业和市场，指出企业是劳动市场替代中间产品市场，而非市场组织之间的替代，另外企业与市场的边际替代关系取决于劳动力交易效率和中间产品交易效率的比较。盛洪在研究中也指出，现实中的人都需要综合考虑生产费用与交易费用两种费用，而分工程度揭示出生产活动和交易活动的经济特征，以及两者之间的比例关系，同时生产方式和交易方式以及两者之间的交互关系和互动过程又决定了分工程度及其发展[12]。因此，想要研究分工问题就要到交易活动中寻求答案，同时交易费用也在研究分工的过程中变得明了。

2.1.2 交易合约说

德尔曼以契约过程为主线，研究认为契约签订前，交易双方相互了解交易意愿等需要耗费时间和资源；决定签约时，需对交易条件的决定支付成本；契约签订之后，还需对执行契约以及控制、监督对方履约支付成本[13]。张五常强调了产权交换对契约安排的依赖关系，以及交易费用对契约选择的制约关系，指出在市场经济中，每一个要素所有者都面临 3 种选择：自己生产和销售商品；出售全部生产要素；引入契约安排方式，采用委托代理的方式把生产要素的使用权委托给代理人以获得一定的收入[9]。前两种选择的交换实际上也是通过契约安排来进行的，它们与第三种选择的区别在于：① 由原所有者掌握控制权，决定如何使用要素进行生产及出售商品；② 由新的所有者掌握控制权，决定要素的使用及商品的出售；③ 有限的使用权委托。企业的产生与第三种选择有关：企业家或代理人是根据委托代理中的契约所规定的生产资料的有限使用权来安排生产活动的。威廉姆森也曾指出隐形契约是十分重要的，并将交易费用分为事前和事后两部分[14]。从契约的角度研究交易费用，将交易作为经济分析的基本单位，这确实给出了一个很好的研究视角，但从契约的角度并不能让我们深入研究交易费用本身的性质以及交易费用的测量问题。

2.1.3　交易维度说

威廉姆森在交易费用理论的发展上作出重大贡献，他认识到交易的3个基本维度：交易频率、不确定性和资产的专用性[14]。交易频率指交易发生的次数。交易频率可以通过影响相对交易成本而影响交易方式的选择。交易的不确定性包括偶然事件的不确定性、信息不对称的不确定性、预测不确定性和行为不确定性等。资产的专用性指在不牺牲生产价值的条件下，资产可用于不同用途和由不同使用者利用的程度。这3个维度是区分各种交易的主要标志，也是使交易费用经济学与解释经济组织的其他理论相区别的重要特点，尤其是资产专用性[15]。在不确定性的环境下，为达到节约交易费用的目的，决策必须是应变性的、过程性的。而资产专用性使事后机会主义行为具有潜在可能性，资产专用程度越高，事后被"敲竹杠"或"要挟"的可能性越大，通过市场完成交易所耗费的资源比一体化内部完成同样交易所耗费的资源要多[16]。威廉姆森在研究中强调有限理性、机会主义和资产专用性，因为假如这3个因素没有同时出现，交易费用就不会存在。威廉姆森基于交易维度的研究很好地解释了交易费用存在的成因，但并不能为交易费用的量化即实际测度提供依据。

2.1.4　制度成本说

张五常在研究中选取了鲁滨逊·克鲁索经济作对比，对现实世界中的交易费用进行描述①[17]。他指出，交易费用不可能发生在一个人的、没有产权、没有交易、没有任何一种经济组织的经济体中。他认为在实际生活中，很难把不同种类的交易费用加以区别，所以他所定义的交易费用是广义的，包括信息费用、监督管理费用和制度结构变化引起的费用。张五常认为，只要是一个人以上的社会，就会需要约束个人行为的规则，即需

---

① 张五常的这种思想在其文章中多次被提及，但首次提出是在 1987 年。

要制度。从广义的角度讲，制度是因为交易费用产生的，所以交易费用也可以叫做制度成本。张五常的交易费用主要指发生在人与人的社会关系之中的费用。在张五常的研究中，鲁滨逊•克鲁索经济的引入使我们更深刻地了解到现实世界中交易费用的存在，然而，他定义的广义的交易费用引入超现实的东西，并将其定义为如此大的一个范围，势必在应用上引起混乱。

2.1.5　交易行为说

诺斯在张五常关于一个人的社会不可能存在交易费用的认识基础上，建立了完善的人类行为理论。他从对人类社会分工的分析入手，将人类的社会行为分成交易行为和转化行为[8]。其中，交易行为指购买投入品、中间投入、协调生产过程、获取信息、进行市场营销、产权保护等行为；转化行为指对自然物质的开发研究、变换和位移、服务的生产等行为。交易费用是与交易行为相关的费用，是为交易行为而花费的资源；转化费用就是为转化行为而花费的资源。诺斯所讲的转化费用就是前面所述的生产费用，只不过诺斯认为交易行为和转化行为都具有"生产性"功能，不能抛开交易费用而仅把转化费用称为生产费用。诺斯对交易费用和转化费用的区分叫"法自然"，能够让我们看到交易活动的"生产性"功能，让我们对交易费用有另一种新的认识，但这也容易引起人们对交易费用、生产费用及转化费用的混淆。

2.2　交易费用与相关概念的关系

2.2.1　交易费用与生产费用

马克思在《资本论》中描述了价值增值及其实现过程，区分了生产与非生产，认为生产过程中的劳动创造了价值[4]。在创造价值的生产过程中，生产者必然要支付消耗的生产资料并支付劳工劳动报酬，这两部分的和就是生产费用。而交易费用是伴随着交换过程中的讨价还价、签订合约、监督合约履行产生的。所以交易费用与生产费用是属于两个不同领域的概念，有着严格且明显的不同。

2.2.2　交易费用与流通费用

流通费用与交易费用都是相对于生产费用而言的非生产费用，它们有相同之处，也有不同之处[18]。马克思在《资本论》中也指出在价值规律的作用下，在生产过程中劳动创造的价值需要在流通领域得到实现，商品在流通领域的运行会产生一定的费用，这些费用就是流通费用[4]。在内涵上，流通费用和科斯早期提出的"利用市场机制的费用"是相同的，但随着交易费用概念的发展，它更多地与契约关系和制度决定联系在一起，与流通费用的差异越来越大；在外延上，流通费用与交易费用都以人的有限理性和机会主义为假定前提，但由于研究切入的角度不同，它们各自所包含的具体费用项目是有所不同的；在性质上，流通费用是一种资本形态，可以用价值或价格来计量，而交易费用概念模糊，很难明确其具体内容，在计量上存在一定的困难。交易费用与流通费用具有一定的相通之处，所以很容易混淆。

2.2.3 交易费用与交易成本

交易成本与交易费用都是由 transaction cost 翻译而来的，在研究交易费用理论时一般不加以区分。但蒋影明指出交易成本与交易费用是有区别的，交易成本是总体上的概念，而交易费用是局部上的概念，交易成本是交易费用之和，并且在市场作用下，交易成本往往在配置到交易参与者时形成不均匀的交易费用[19]。交易成本与交易费用是由同一英文翻译而来的，两个词语本身并没有被赋予总体或局部的意义，即使在理论中存在总体上和局部上的差异，也只需要在研究成果中指出即可。

2.3 交易费用的构成

科斯指出围绕契约的签订和实施过程，交易费用包括进行谈判、讨价还价、拟定契约、实施监督来保障契约的条款得以按要求履行等多种费用[5]。德尔曼指出交易费用包括搜索信息的费用、协商与决策费用、契约费用、监督费用、执行费用和转换费用[13]；威廉姆森将交易费用分为事前和事后两部分，其中事前的交易费用指草拟合同、就合同内容进行谈判以及确保合同得以履行所付出的成本，事后的交易费用则是解决契约本身存在的问题时从改变条款到退出契约花费的成本，包括不适应成本、讨价还价成本、建立及运转成本和保证成本[14]。张五常将交易费用理解为识别、考核与测度费用，以及讨价还价与使用仲裁机构的费用等[17]。虽然不同学者指出的交易费用具体构成不同，但事实上都是交易发生时伴随整个交易过程所发生的全部费用，包括搜寻信息的费用、达成合同的费用、签订合同的费用、监督合同履行的费用和违约后寻求赔偿的费用。

3　交易费用的测度与量化

3.1　交易费用测度与量化的难点

对交易费用的测度一直存在争议。有些学者认为交易费用中搜集信息、谈判和签约等费用会涉及人的时间和精力的耗费，很难用货币衡量，要准确地计算交易费用是不可能的。交易费用的测度确实存在很多障碍，如两位贝纳姆列举的：缺少普遍认可的定义，对交易费用内涵的表述不一，不能够形成被广泛接受的具有操作性的统一标准；如果交易费用非常高，许多交易根本不会发生；一价定律在此并不适用[20]。另外，马格丽特指出交易费用与国家的政治制度、文化习俗等有关，这也让交易费用很难量化①。另一些学者则认为，虽然不能够精确地计算交易费用，但还是可以通过间接的方法对交易费用进行近似计算。J. J. Wallis 和 D. C. North 采用绝对量计算了美国经济中交易费用占资源耗费总额的比重[21]；而威廉姆森提出了采用序数比较的方式来测度交易费用[14]；张五常也指出测度分为基数测度和序数测度，原则上交易费用是可观察到的，可以采用基数进行测度，但实际测度却存在困难，测度本身的费用很高，而采用序数测度便可以解决这个问题[22]。

3.2　宏观层面交易费用的测度

J. J. Wallis 和 D. C. North 研究中首次对交易费用进行测度[21]。在他们的研究中，整个经济部门被分为交易部门和转换部门，交易费用来源于两部门的交易费用之和，而交易部门的交易费用以该部门所利用的资源的总价值表示，转换部门的交易费用以该部门从事交易服务的职员人数和薪水的乘积来计算。最终他们计算出美国的交易费用占国民生产总值的比重由 1870 年的 24.9%～26%增加到 1970 年的 46.66%～54.71%。J. J. Wallis 和 D. C. North 提出的方法随后在交易费用的测度上被广泛使用：B. Dollery 和 W. H. Leong 计算了 1911—1991 年澳大利亚的交易费用比重[23]；M. Ghertman 利用 OECD 数据计算了 1960—1990 年美国、日本、德国和法国交易费用比重②；J. M. Dagnino-Pastore

---

① 转引自笪凤媛、张卫东：《交易费用的含义及测度：研究综述和展望》，载《制度经济学研究》，2010（1）：225-241.
② M Ghertman. Measuring Macro-economic Transaction Costs：A Comparative Perspective and Possible Policy Implications. Paper presented at the Second Annual Meeting of the International Society for New Institutional Economics，Paris，1998.

和 P. E. Farina[①]、T. Hazledine[24]、G. Chobanov 等[②]也分别对阿根廷、新西兰以及保加利亚交易费用比重进行了测度；张五常通过计算得到中国香港交易费用比重高达 80%以上的结论[③]；缪仁炳和陈志昂[25]、金玉国和张伟[26]也分别对中国的交易费用比重进行了测度。从测度结果（表 1）可见，随着时间的推移，各国交易费用的比重基本呈现递增趋势，只有 1991—1996 年新西兰交易费用的比重呈现出下降趋势，并且作者在研究中指出新西兰 1991 年交易费用比重如此之高很可能与当时新西兰正处于严重的经济萧条及失业率严重上升有关。G. Chobanov 等在研究中将交易费用比重的增加归因于劳动力的专业化和多样化的提高。事实上，在经济增长的过程中，劳动力的专业化和多样化确实起到很大的作用，而劳动力需要通过学习语言、掌握规则等来提高专业化和多样化程度，这必然会带来资源的耗费，以致交易费用的增加。

表 1 宏观层面交易费用测度相关文献梳理

作者	测量国家	测量年份	交易费用占 GDP 比重
B Dollery，W H Leong（1998）	澳大利亚	1911—1991	由 1911 年 32%上升至 1991 年 60%
M Ghertman（1998）	美国	1960—1990	由 1960 年 55%上升至 1990 年 62%
	日本		由 1960 年 40%上升至 1990 年 56%
	德国		由 1960 年 38%上升至 1990 年 52%
	法国		由 1960 年 34%上升至 1990 年 63%
J M Dagnino-Pastore，P E Farina（1999）	阿根廷	1960—1990	由 1960 年 29%上升至 1990 年 35%
T Hazledine（2001）	新西兰	1956—1996	由 1956 年 36%上升至 1991 年 86% 由 1991 年 86%下降至 1996 年 68%
G Chobanov，H Egbert，A Giuredzheklieva（2007）	保加利亚	1997—2003	由 1997 年 37%上升至 2003 年 52%
缪仁炳、陈志昂（2002）	中国	1978—2000	非交易部门交易费用从 13.5%上升至 23.1%，交易部门从 28.4%上升到 43.2%
金玉国、张伟（2005）	中国	1991—2002	各年份交易费用围绕 20.13%上下波动

① J M Dagnino-Pastore & P E Farina. Transaction Costs in Argentina. Paper presented at the Third Annual Conference of the International Society for New Institutional Economics，Washington，1999.

② G Chobanov，H Egbert & A Giuredzheklieva，The Transaction Sector in the Bulgarian Economy. Paper presented at the Conference of the International Society for New Institutional Economics，Reykjavik，2007.

③ 张五常在《交易费用的范式》(《社会科学战线》1999 年第 1 期第 2 页)中提及"在今天的香港，GDP 中至少有 80%来自交易费用"。

但有学者指出 J. J. Wallis 和 D. C. North 计算出来的交易费用仅仅是交易部门的交易费用，即流通于市场的那部分交易费用，而忽视了非市场的交易费用，所以此方法存在一定局限性。想要更准确地计算交易费用，就必须想办法计算出非市场交易费用。钟富国采用因素分析法萃取交易效率的组成层面，并通过面板数据验证了影响交易效率的制度、资讯通信科技、教育等影响各国经济表现的重要因素[1]。赵红军借鉴钟富国的方法，运用因素分析法对中国 1997—2002 年的平均交易效率进行了直接衡量，对交易效率变量的累积效率达到 73.26% 左右[27]。除了通过构建指标衡量某一经济体的交易效率来间接测度非市场交易费用的方法外，笪凤媛和张卫东利用结构方程模型的思想构建了多指标多原因模型，首次建立我国非市场交易费用体系，间接测度出我国 1978—2007 年的非市场交易费用相对于 GDP 的比重降低了约 3.5 个百分点，表明我国改革开放以来有效的体制转型和基础设施水平的完善均显著降低了我国非市场交易费用的规模[28]。非市场交易费用可以被间接测度出来，但验证已有方法的合理性或寻找测度非市场交易费用的新方法也是十分有必要的。

3.3　微观层面的交易费用测度

微观层面的交易费用测度包含公共部门以及行业或企业交易费用的测度，当然有时在公共部门公共政策实施的交易费用的测算上，也会涉及个人交易费用的测算[29]。

公共部门政策的效率对该政策的评价至关重要，而在研究政策的效率时应该将实施该政策的交易费用考虑进去。L. McCann 和 K. W. Easter 利用国家资源保护服务部门所收集的数据，对减少非点源污染政策的交易费用进行了测度。结果显示其交易费用占总资源保护成本的 38%，验证了作者提出的将交易成本作为评判政策的经济效率指标的假设[29]。虽然公共部门政策的交易费用在一定程度上可以被显示出来，如 E. Mettepenningen 等采用普通调查法对包括交易费用在内的多种农业环境计划所包含的成本进行对比，并采用一年登记法对具体的成本值进行测度，最终显示交易费用占农业环境计划总成本的 14%，占补偿支付的 25%[30]，然而测度结果存在一定的误差，并且有些政策的交易费用很难甚至不可测度，尤其是在中国。

行业或企业的交易费用测度较之于宏观层面及公共部门的交易费用测度是更容易的，相关研究也是更多的。金融行业作为第三产业中的一种，一般来说交易费用较高。H. R. Stoll 和 R. E. Whaley 采用价差加佣金直接作为证券市场交易费用的方法对证券交

---

① 钟富国：《交易成本对经济表现之影响：两岸三地之比较》，国立中山大学大陆研究所硕士学位论文，2003 年。

易市场的交易费用进行了测度，得到纽约证券交易所的交易费用占市场价值的 2%，而其他较小的证券交易所交易费用占市场价值的 9%[31]。J. M. Karpoff 和 R. A. Walking[32]、R. Bhushan[33]分别构造价格、交易额、公司规模、已发行股票额为代理变量，假定代理变量与交易费用呈负相关，进而通过代理变量法测度了证券市场的交易费用。M. M. Polski 采用 J. J. Wallis 和 D. C. North[21]的方法将商业银行利息支出和非利息支出之和作为交易费用，对商业银行的交易费用进行了测度，得出美国银行业的总交易费用占总收入的比重从 1934 年的 69%上升到了 1989 年的 85%，而到 1998 年则下降为 77%[34]。在其他领域，A. Benham 对公寓转让的交易费用进行测度，并对开罗和圣路易斯进行对比，开罗的费用是圣路易斯的 8 倍①；E. Z. Gabre-Madhin 对埃塞俄比亚谷物市场进行研究，测度结果是谷物交易双方面临的交易费用占总成本的 19%[35]。Royer 对牛奶市场的交易费用进行了测度，但与前人不同，他对比了市场与合约条件下信息、谈判、强化成本分别占交易费用的比重。结果显示在市场条件下，三者占交易费用比重分别为 16%、50%、34%；在合约条件下，三者占交易费用的比重分别为 1%、1%、98%，表现出了不同条件下交易费用构成的不同[36]。

除了采用基数方式测度交易费用外，采用序数比较的方式对交易费用进行测度也是可行的，并且可以解决交易费用中某些内容不容易量化的难题。威廉姆森最早指出，尽管直接测度"事前"和"事后"的交易费用很困难，但可以通过制度的比较，把一种合同与另外一种合同进行比较来测度交易费用[14]。如 H. de Soto 开创性地考察了在秘鲁依法开办企业所需的成本，他的团队在不行贿、不利用政治关系的情况下完成所有法定程序的时间是 289 天，而在美国佛罗里达州这个时间是 2 个小时，反映出了两国之间交易费用的差异[37]；S. Djankov 等对 85 个国家的商业进入管制程度进行了调查研究，估计了差异较大的各国商业进入的管制程度等[38]。

微观层面交易费用的测度涉及的领域很广，而采取的方法也因不同主体的特有性质变得多种多样，交易费用测度方法难以标准化。对公共部门政策交易费用的测度是十分有意义的，但实际上现有的研究却不多，而国内几乎没有。相比之下，对行业或企业交易费用的测度研究较多，但由于量化困难，有些交易费用只能通过调查对比得到，而不能得到直观的数值。另外，对微观层面交易费用的测度方面的研究大多集中在国外，我国对这方面的研究极少。

---

① A Benham and L Benham，The Cost of Exchange：An Approach to Measuring Transaction Costs. The Ronald Coase Institute and Washington University，1998.

4　交易费用理论的广泛应用

4.1　在国家理论中的应用

交易费用理论兴起后很快成为新制度经济学家的分析工具，它以交易为基本研究单位，将交易费用和治理结构模式相结合，提供了产权合约安排的量化尺度。经济史作为研究过去的、我们仍不认识或认识不清楚的经济实践，只能以历史资料为依据，其他都属于方法论[39]。经济学理论是从历史的和当时的社会实践中抽象出来的，但反过来并不能从这种抽象中还原历史的和当时的实践，同样只能作为经济史的研究方法。

制度变迁理论是新制度经济学的重要理论分支，也是经济史中的方法论之一。它研究的重点集中于经济结构和制度对经济增长的影响以及经济制度的发展演化规律，既要阐明制度的内涵及其功能，又要研究制度变迁的动因及规律，而有效的制度是刺激经济增长的关键。诺斯在《西方世界的兴起》中指出，新古典经济学中强调的经济增长的诱因如创新、规模经济、教育、资本积累等因素并不是经济增长的原因，而是经济增长本身[40]。若想达到经济增长的效果，就需要一个有效率的组织，而有效率的组织需要在制度上作出安排和确立所有权以便造成一种刺激，将个人的经济努力变成私人收益率接近社会收益率的活动。随后，诺斯在《经济史中的结构与变迁》中具体地提出了制度变迁的三块基石：描述体制中激励个人和集团的产权理论，界定实施产权的国家理论和影响人们对客观存在变化的不同反应的意识形态理论[41]。诺斯沿用了新古典经济学理性人的假设，利用交易费用理论，指出产权对经济增长的重要性，而产权又是国家界定的，同时一个国家的经济绩效也取决于产权的有效性。意识形态是一种行为方式，意图使人的经济行为受一定的习惯、准则和行为规范约束，这就解释了新古典增长模型中的非理性行为和资源配置的非市场形式的增多等问题。诺斯理论与以往理论不同的是，诺斯使用了交易费用理论，注意到了制度以及产权等的重要性，采用新的视角有效地解释了国家理论，推动了制度变迁理论的发展。

在诺斯制度变迁理论及国家理论研究的基础之上，中国的部分学者也开始对制度变迁理论进行研究，并将其运用到中国的改革当中。汪丁丁对制度创新的一般理论进行了概述[42]；林毅夫提出了强制性变迁与诱致性变迁的制度变迁分析框架[43]；杨瑞龙又提出了中间扩散性制度变迁，进而将中国向市场经济过渡的制度变迁方式的转换过程划分为供给主导型、中间扩散型和需求诱致型 3 个阶段[44]；许明政和牛树莲[45]、温洪涛[46]等也都利用交易费用理论对制度变迁进行解释，揭示了节约交易费用和提高资源分配效率对制度变迁的作用。金玉国基于 1991—2002 年的数据实证分析了体制转型对交易费用的节约效应，并利用 2001 年各省（市、区）的截面数据对经济增长、体制转型与交易费用进行回归分析，得到从交易费用角度来讲我国体制转型绩效显著等结论[47]。

4.2　在产业理论中的应用

威廉姆森在《市场和等级组织》中曾指出："在以完全竞争市场和一体化的企业为两端，中间性体制组织介于其间的交易体制组织系列上，分布是两极化的。"[48]他不仅肯定了介于市场和企业之间的中间性组织，还指出它具有一定的稳定性。产业集群和产业组织都是典型的中间性组织，它们介于市场和企业之间，在规模上介于国家和企业之间，在一定条件下可以节约交易成本、提高资产专用性水平和企业创新能力[49]。

产业集群是区域产业组织的形式，是某种特定产业及其相关支撑产业或不同类型的产业部门在一定区域范围内的经济活动的地理集中。在微观经济学中，企业的组织形式通常被忽略，市场中企业的内部结构成为"黑箱"，而企业理论一般仅限于研究市场与企业之间的关系，所以产业集群现象的出现对传统的微观经济学理论及现代企业组织理论提出了挑战[50]。但亚当·斯密在《国民财富的性质和原因的研究》中指出产业集群是由具有分工性质的企业为完成某种产品生产而联合成的群体，这为产业集群的研究提供了很好的角度[51]。马歇尔、阿林·杨格以及马克思的劳动分工理论都从分工的角度对产业集群的形成及发展进行了解释①。根据科斯提出的交易费用理论，分工必然会带来交易费用，且分工越细，交易费用越高。科斯用交易费用理论分析了组织的界限问题，也说明了企业或其他组织作为一种参与市场交易的单位，其经济作用在于把若干要素所有者组织成一个单位参与市场交换，以减少市场交易者的数量，降低信息不对称的程度，最终减少交易费用。威廉姆森在研究的基础上指出交易费用的影响因素主要是环境的不确定性、小数目条件、机会主义及信息的不对称等。但这些是构成市场与企业之间转换关系的因素，若利用其解释产业集群现象还需对其进行适当的拓展。

产业组织理论以市场与企业为研究对象，从市场角度研究企业行为或从企业角度研究市场结构[52]。其源头可追溯到新古典经济学，但其发展主要是哈佛学派、芝加哥学派及新制度学派。哈佛学派的代表人物是梅森和贝恩，该学派建立了完整的 SCP 理论范式，揭示了市场结构决定市场行为，而市场行为决定市场绩效水平的三者间的单向因果关

---

① 转引自陈柳钦：《产业集群：一个基于交易费用的解释》，载《中共南京市委党校南京市行政学院学报》，2007（2）：40-45.

系。芝加哥学派代表人物施蒂格勒、德姆塞兹、波斯纳等从价格理论基本假设出发，讨论了市场结构、市场行为与市场绩效之间的非直接相关性，强调经济自由主义和绩效主义，并修正了哈佛学派的 SCP 范式，提出了只要有自由进入和技术进步就足以决定市场结构，甚至自由进入本身就可以实现良好的企业行为和市场绩效，而绩效或行为可以决定结构。以上两个学派在研究产业组织理论时都没有考虑利用市场机制的成本问题，但显然研究产业组织问题是不应该忽略交易费用的。新制度学派将交易费用理论及产权理论等新理论引入产业组织理论的研究，彻底改变了只从技术角度考察企业和只从垄断竞争角度考察市场的传统观念，将经济活动看成是一种交易，进而将交易看成是一种契约，不同的契约关系适用于不同的交易，同时不同的交易也需要不同的契约关系。另外，交易费用理论确实能够很好地解释产业组织中的很多问题。如 K. D. Brouthers 和 L. E. Brouthers 利用交易费用理论解释了制造业与服务业进入方式不同的原因，他们指出对于投资密集型的制造业来说，环境的不确定性及风险倾向更能影响制造商的模式选择，而对于人力密集型的服务业来说，行为的不确定性及信任倾向更能影响服务提供商的模式选择[53]；P. Ciaian 等解释了中欧及东欧国家合作农场与家庭农场并存，而不是像西欧及美国等发达国家那种家庭农场主导农业的模式的原因，指出改变农场组织形式的高交易费用使农场更倾向于调整生产结构而非农场组织形式等[54]。交易费用理论使产业组织理论的理论基础、分析手段和研究重点都取得了实质性的突破，并拓宽了其解释范围，增强了其解释力，推动了产业组织理论的发展。

4.3　在企业理论中的应用

新古典企业理论将厂商视为一种原子研究，不研究其组织效率[55]。新古典企业理论并没有指出企业存在的原因及企业的本质等，交易费用理论产生后企业理论才得到革命性的进展。科斯从节约交易费用的角度解释了企业产生的原因及企业的边界问题，指出市场和企业是资源配置的两种可相互替代的手段，为企业理论的研究提供了很好的研究思路[5, 6]。威廉姆森和克莱茵等对企业理论进行了开创性的研究，泰格勒、格罗斯曼哈特和莫尔等也对其进行了进一步发展，他们将企业看成是连续生产过程不完全合约所导致的纵向一体化实体，认为企业之所以会出现，是因为当合约不可能完全时，纵向一体化能够消除或至少减少资产专业性所产生的机会主义问题[56]。张五常指出企业并非是为取代市场而设立的，而仅仅是用要素市场取代产品市场，或者说是一种合约取代另一种合约，并强调了契约在企业理论研究中的重要性及产权交换对契约安排的依赖关系和交易费用对契约选择的制约关系[9]。杨小凯和黄有光建立了一个关于企业的一般均衡的契约模式，并指出企业作为促进劳动分工的一种形式，与自给经济相比，也许会使交易费用增加，但只要劳动分工的经济收益的增加超过交易费用的增加，企业就会出现[11, 57]。杨小凯和黄有光在《专业化与经济组织》中将企业定义为贸易伙伴之间的一种剩余权结构，它使得一方有支配另一方劳动的权利，并拥有双方合约的剩余权，企业以间接定价的方式来降低交易费用，在一定程度上弥补了市场的不足和低效[58]。

交易费用理论在企业理论中的应用还体现在对现实企业行为的解释上，如企业是否应该存在，或某项活动是企业来做还是市场来做会更有效等。利用交易费用理论，Canbäck 解释了咨询企业存在的原因[59]，U. Arnold[60]、B. A. Aubert 等[61]分别研究了外包及技术外包存在的原因，E. Anderson 分析了企业销售人员到底要外包还是雇佣等[62]。交易费用理论不仅促使企业理论形成，在企业理论发展的过程中也得到进一步的应用与发展，成为解释现实企业行为的良好工具，也成为企业理论研究的核心。

5 交易费用理论的研究展望

5.1 交易费用度量方法及具体测度研究

交易费用的度量方法一直没有形成定论。这既与交易费用概念本身缺乏一致认可的标准化定义有关，又与交易费用自身的构成及度量的复杂性有关。鉴于能否准确测度交易费用的大小直接影响交易费用理论对现实的解释能力，研究交易费用的度量方法并将其运用于具体测度是十分重要的。已有理论表明，交易费用的度量方法有两类：一类是基于序数的度量，这种方法相对来说更容易，但仅限于多国或地区间交易费用对比时使用；另一类是基于基数的度量，这种方法可以让人们更直观地感受到交易费用的大小。在度量方法上，应该更侧重于基于基数的度量方法的研究，以便更准确地得到交易费用的大小，并基于实证来验证交易费用与经济增长、制度变迁的关系。在具体的测度上，不但要注重宏观层面交易费用的测度，更要注重中微观层面公共部门、不同行业、不同企业的交易费用的测度。同时，就交易费用大小进行中外比较，提出降低交易费用的构想与具体措施，也是令人关注的。

5.2 交易费用理论的深化研究

已有的交易费用理论有待进一步完善，有些学者提出的机会主义假设不完善、不考虑企业异质性等对交易费用理论的质疑仍没有得到令人满意的解决，需要学者们创新思想，努力使交易费用理论得到进一步开拓。交易费用缺乏统一性的概念是许多学者的共识。统一性的概念能够避免交易费用理论被滥用等问题，所以应通过交易费用学派的学术会议或学术组织等尽快规范交易费用概念，明确其内涵和外延。同时，交易费用理论被滥用的现象也已经存在，很多解释不清的问题都被归为由于交易费用的存在，但想要解决这一问题还是首先需要统一交易费用概念，然后规范交易费用解释问题的框架。

5.3　交易费用理论对转型国家的解释研究

转型国家往往面临一系列的转型：体制转型——从计划经济转向市场经济；经济转型——从粗放式增长转向集约式增长；政治转型——从专制主义转向民主政治；社会转型——从两极分化转向共同富裕；文化转型——从一元化的价值观转向多元化的价值观，生态转型——从生态危机转向生态文明。在这种急剧转型的过程中，涉及正式制度、非正式制度和实施机制的转换与磨合，必然面临巨大的交易费用。如何降低转型的交易费用是转型国家面临的重大课题，急需理论予以回应。

5.4　交易费用理论指导中国改革的政策研究

不同于俄罗斯的激进式改革，中国的改革是一种渐进式的改革。在这种改革中，新制度经济学发挥了重要的作用，而作为新制度经济学核心的交易费用理论对改革的指导作用也同样不可小觑。因为改革的过程实质上是制度变迁的过程，而节约交易费用和提高资源配置效率是制度变迁的关键目标，利用交易费用理论可以有效地解释及指导改革，但目前缺少实证研究的支持。利用实证研究分析制度变迁过程中交易费用与资源配置效率之间的关系，以及它们联合起来对制度变迁的影响，就可能更好地解释改革的过程，同时为未来进一步的改革进行有效指导。

5.5　交易费用理论结合资源与环境产权制度的研究

长期以来，自然资源和生态环境被认为是公共物品。新制度经济学研究表明，随着自然资源和生态环境的稀缺性的加剧，运用基于产权界定的市场手段配置这些资源是完全可能的，关键是交易费用的高低。只要交易费用低廉，市场配置就是可能的。因此，在水权、林权、矿业权、排污权、碳权等的初级市场和二级市场的建立和完善过程中，特别需要廓清交易费用的构成、影响交易费用的因素、降低交易费用的途径等。就我国而言，在环境资源产权制度的构建上仍存在着产权关系模糊不清、政府监管不力、体制不完善等问题，所以结合交易费用理论和产权理论等对资源环境产权制度进行研究不仅意义重大，也很可能在理论研究及实践中带来突破。

参考文献

[1]　亚里士多德. 政治学. 吴寿彭译. 北京：商务印书馆，1983.

[2]　康芒斯. 制度经济学. 于树生译. 北京：商务印书馆，1981.

[3]　奥古斯丹·古诺. 财富理论的数学原理的研究. 陈尚霖译. 北京：商务印书馆，1994.

[4]　卡尔·亨利希·马克思. 资本论. 中共中央马克思恩格斯列宁斯大林著作编译局译. 北京：人民出版社，2004.

[5]　R H Coase. The Nature of the Firm. Economica，1937，4（16）：386-405.

[6]　R H Coase. The Problem of Social Cost. Journal of Law and Economics，1960，3（10）：1-44.

[7]　K J Arrow. The Organization of Economic Activity：Issues Pertinent to the Choice of Market versus Nonmarket Allocation. in Joint Economic Committee，The Analysis and Evaluation of Public Expenditure：The PPB System：Vol.1，Washington：Government Printing Office，1969：59-73.

[8]　道格拉斯·C·诺斯. 交易成本，制度和经济史. 杜润平译. 经济译文，1994（2）：23-28.

[9]　S N S Cheung. The Contractual Nature of the Firm. Journal of Law and Economics，1983，26（1）：1-21.

[10]　X Yang，J Borland. A Microeconomic Mechanism for Economic Growth. Journal of Political Economy，1991，99（3）：82-460.

[11]　X Yang，Y K Ng. Theory of the Firm and Structure of Residual Rights. Journal of Economy Behavior and Organization，1995，26（1）：107-128.

[12]　盛洪. 分工与交易——一个一般理论及其对中国非专业化问题的应用分析. 上海：上海三联书店，上海人民出版社，1994.

[13]　C J Dahlman. The Problem of Externality. Journal of Legal Studies，1979，22（1）：141-162.

[14]　O E Williamson. The Economic Institutions of Capitalism. New York：The Free Press，1985.

[15]　王洪涛. 威廉姆森交易费用理论述评. 经济经纬，2004（4）：11-14.

[16]　伍山林. 交易费用定义比较研究. 学术月刊，2000（8）：8-12.

[17]　张五常. 交易费用的范式. 社会科学战线，1999（1）：1-9.

[18]　沈芳. 流通费用和交易费用的比较研究. 经济纵横，2009（9）：20-24.

[19]　蒋影明. 交易成本理论的失误. 学海，2007（6）：117-120.

[20]　亚历山德拉·贝纳姆，李·贝纳姆. 交换成本的测量//克劳德·梅纳尔. 制度、契约与组织——从

新制度经济学角度的透视. 刘刚，等译. 北京：经济科学出版社，2003：426-438.

[21] J J Willis，D C North. Measuring the Transaction Sector in the American Economy：1870-1970. in S.L.Engerman & R.E.Gallman（eds.），Long-Term Factors in American Economic Growth，Chicago：University of Chicago Press，1986：95-162.

[22] 张五常. 定义与量度的困难. IT 经理世界，2003（18）：102.

[23] B Dollery，W H Leong. Measuring the Transaction Sector in the Australian Economy，1911-1991. Australian Economic History Review，1998，38（3）：207-231.

[24] T Hazledine. Measuring the New Zealand Transaction Sector，1956-1998，with an Australian Comparison. New Zealand Economic Papers，2001，35（1）：77-100.

[25] 缪仁炳，陈志昂. 中国交易费用测度与经济增长. 统计研究，2002（8）：14-20.

[26] 金玉国，张伟. 1991—2002 年我国外在性交易费用统计测算. 中国软科学，2005（1）：35-40.

[27] 赵红军. 交易效率：衡量一国交易成本的新视角——来自中国数据的检验. 上海经济研究，2005（11）：3-14.

[28] 笪凤媛，张卫东. 我国 1978—2007 年间非市场交易费用的变化及其估算——基于 MIMIC 模型的间接测度. 数量经济技术经济研究，2009（8）：123-134.

[29] L McCann，K W Easter. Estimates of Public Sector Transaction Costs in NRCS Programs. Journal of Agricultural and Applied Economics，2000，32（3）：555-563.

[30] E Mettepenningen，A Verspecht，G V Huylenbroeck. Measuring Private Transaction Costs of European Agri-environmental Schemes. Journal of Environmental Planning and Management，2009，52（5）：649-667.

[31] H R Stoll，R E Whaley. Transaction Costs and the Small Firm Effect. Journal of Financial Economics，1983，12（1）：57-59.

[32] J M Karpoff，R A Walking. Short Term Trading Around Ex-Dividend Days：Addition Evidence. Journal of Financial Economics，1998，21（2）：291-298.

[33] R Bhushan. An Informational Efficiency Perspective on the Perspective on the Post-Earning Drift. January of Accounting and Economics，1994，18（1）：46-65.

[34] M M Polski. Measuring Transaction Costs and Institutional Change in the US Commercial Banking Industry. http：//mason.gmu.edu/~mpolski/documents/PolskiBankTCE.pdf，2012-12-27.

[35] E Z Gabre-Madhin. Market Institutions，Market Institutions，Transaction Costs and Social Capital in the Ethiopian Grain Market，Washington，D. C.：International Food Policy Research Institute，2001.

[36] A Royer. Transaction Costs in Milk Marketing：A Comparison between Canada and Great Britain.

Agricultural Economics，2011，42（2）：171-182.

[37] H de Soto. The Other Path：The Invisible Revolution in the Third World. New York：Harper & Row，1989.

[38] S Djankov，R L Porta，F Lopes-de-Silanes，et al. The Regulation of Entry. Quarterly Journal of Economics，2002，117（1）：1-37.

[39] 吴承明. 经济学理论与经济史研究. 经济研究，1995（4）：3-9.

[40] 道格拉斯·诺斯，罗伯斯·托马斯. 西方世界的兴起. 厉以平，蔡磊译. 北京：华夏出版社，1999.

[41] 道格拉斯·C.诺斯. 经济史中的结构与变迁. 陈郁，罗华平译. 上海：上海三联书店，上海人民出版社，1994.

[42] 汪丁丁. 制度创新的一般理论. 经济研究，1992（5）：69-80.

[43] 林毅夫. 关于制度变迁的经济学理论：诱致性变迁与强制性变迁//R.科斯，A.阿尔钦，D.诺斯，等. 财产权利与制度变迁：产权学派与新制度学派译文集. 上海：上海人民出版社，上海三联书店，1994：371-418.

[44] 杨瑞龙. 我国制度变迁方式转换的三阶段论——兼论地方政府的制度创新行为. 经济研究，1998（1）：3-10.

[45] 许明政，牛树莲. 交易费用与制度变迁. 华东经济管理，2000（5）：11-12.

[46] 温洪涛. 交易费用和制度变迁的分析与启示. 经济问题，2010（4）：20-23.

[47] 金玉国. 体制转型对交易费用节约效应的实证分析：1991—2002. 上海经济研究，2005（2）：18-25.

[48] O E Williamson，Markets and Hierarchies：Analysis and Antitrust Implications. New York：The Free Press，1975.

[49] 杨瑞龙，冯健. 企业间网络的存在性：一个比较制度分析框架. 江苏行政学院学报，2006（1）：42-48.

[50] 臧新. 产业集群产生原因的理论困惑和探索. 生产力研究，2003（1）：187-189.

[51] 亚当·斯密. 国民财富的性质和原因的研究. 郭大力，王亚南译. 北京：商务印书馆，1983.

[52] 卫志民. 近 70 年来产业组织理论的演进. 经济评论，2003（1）：86-90.

[53] K D Brouthers，L E Brouthers. Why Service and Manufacturing Entry Mode Choices Differ：The Influence of Transaction Cost Factors，Risk and Trust. Journal of Management Studies，2003，40（5）：1179-1204.

[54] P Ciaian，J Pokrivcak，D Drabik. Transaction Costs，Product Specialization and Farm Structure in Central and Eastern Europe. Post-Communist Economics，2009，21（2）：191-201.

[55] 徐凌蔚. 一个企业理论的研究综述. 生产力研究，2012（4）：249-252.

[56] 张维迎. 西方企业理论的演进与最新发展. 经济研究，1994（11）：70-81.

[57] 杨小凯. 企业理论的新发展. 经济研究，1994（7）：60-65.

[58] 杨小凯，黄有光. 专业化与经济组织. 北京：经济科学出版社，2000.

[59] S Canbäck. Transaction Cost Theory and Management Consulting：Why Do Management Consultants Exist？http：//canback.com/archive/wp2.pdf，2012-12-27.

[60] U Arnold. New Dimensions of Outsourcing：a Combination of Transaction Cost Economics and the Core Competencies Concept. European Journal of Purchasing & Supply Management，2000，6（1）：23-29.

[61] B A Aubert，S Rivard，M Patry. A Transaction Cost Model of IT Outsourcing. Information & Management，2004，41（7）：921-932.

[62] E Anderson. The Salesperson as Outside Agent or Employee：A Transaction Cost Analysis. Marketing Science，2008，27（1）：70-84.

第二篇 资源经济

资源经济学与环境经济学是难以分割的两个分支学科。在以《资源经济学》命名的著作中包含大量环境经济学的内容，在以《环境经济学》命名的著作中同样也包含大量的资源经济学的内容。在一定程度上讲，保护资源就是保护环境，反之，保护环境就是保护资源。

本篇从能源资源和水资源两个角度选取了 4 篇文献综述：魏楚与沈满洪合作撰写的《能源效率研究发展及趋势：一个综述》、郭立伟与沈满洪合作撰写的《新能源产业发展文献述评》、沈满洪与陈锋合作撰写的《我国水权理论研究述评》、沈满洪撰写的《水资源经济学的发展与展望》。

《能源效率研究发展及趋势：一个综述》一文在广泛阅读原始文献尤其英文文献的基础上选用了 49 篇文献作为综述的思想来源，系统综述了能源效率的各种定义、能源效率存在差异的根源、能源效率研究的缺陷及未来的研究趋势。该文的特点是引用原始文献抓住核心观点、注重批判性综述、指明该领域的未来研究趋势等。因此，该文是《浙江大学学报（人文社会科学版）》引用和下载数量最高的文献之一。

《新能源产业发展文献述评》一文系统综述了新能源的内涵、新能源的分类、新能源发展的困境、新能源发展的影响因素、促进新能源发展的政策及该领域的研究趋势。全文框架合理，内容完整，思路清晰。主要的不足是，由于该领域属于全新领域，权威文献相对不足，因此，导致文献综述的权威性也相对不足。

《我国水权理论研究述评》一文对水权制度的起源、水权的内涵、水权的特征、水权的分配、水权的交易以及水市场等进行了系统述评并提出了研究展望。该文的特点是：对以往理论的概括提炼能力强，敢于对已有理论进行批判性述评，对未来研究趋势的判断也比较准确。主要不足是局限于国内文献的综述，无法判断水权理论研究的全貌。

《水资源经济学的发展与展望》是中国生态经济学会生态经济教育委员会年会的递交论文，也是沈满洪主编的《水资源经济学》第 1 章的部分内容。全文综述了水资源经济学的研究对象、回顾了水资源经济学的发展历史、概括了水资源管理政策的三大趋势。该文的特点是有利于读者把握水资源经济学的发展历史、基本状况及总体走势。

能源效率研究发展及趋势：一个综述

魏　楚　　沈满洪

[摘要]　　提高能源效率是实现可持续发展的关键。对于能源效率的研究主要集中在"能源效率评价"和"能源效率影响因素分析"两个层面。基于单要素生产率结构的能源效率指标没有考虑其他投入要素的影响，存在较大的局限性；基于全要素生产率结构的能源效率指标则将"单投入"扩展为"多投入"结构，考虑了不同投入要素间的配合，能够更好地呈现出效率内涵。但这两种评价指标均忽略了污染物产出，从而导致了对能源效率一定的高估。此外，能源效率的变动可以用经济结构变动、技术进步、制度变化等因素来解释。未来研究的主要方向将会集中在能源效率变动的微观机制、考虑污染物排放的能源效率评价上。

[关键词]　　能源效率　影响因素　环境经济学　综述

能源效率低下是当前中国实现可持续发展面临的巨大挑战。一方面，"高能耗、低产出"的增长模式使得持续增长的经济对能源的需求和依赖与日俱增，主要能源如石油对外依存度将持续上升，由此产生的供需缺口将严重影响经济运行的平稳性（如冰灾导致的电煤荒），并潜藏着国家能源安全危机；另一方面，受"能源高消耗、利用低效率"因素驱动，加上"以煤为主"的消费结构，严重的环境污染不仅阻碍了可持续发展，也导致中国面临着国际政治、国际舆论的巨大压力。

[发表期刊]本文发表于《浙江大学学报（人文社会科学版）》2009年第3期。

[基金项目]国家社会科学基金资助项目（08BJY066）；教育部"新世纪优秀人才支持计划"资助项目（NCET-08-0497）；国家留学基金委"中法博士生项目"；浙江省社会科学基金资助项目（07WHDD009Z）。

[作者简介]魏楚，男，中国人民大学经济学院能源系副教授，博士后，浙江省生态文明研究中心研究员，主要从事能源与环境经济学研究。

提高能源效率无疑是应对当前发展困境的必经之路。中国政府提出建设资源节约型、环境友好型社会，并在"十一五"规划中制定了能源消耗与环境污染两个约束性指标。但在过去的两年内，由于大部分省份无法完成年度分解目标，中央政府不得不将其修改为阶段性目标，这既反映了当前提高能源效率实践的复杂性和艰难度，也凸显出进行能源效率主题研究的重要性和紧迫性。在此背景下，对能源效率的研究日益增多，但在研究方法、工具上仍然存在较大分歧和争议，因此，有必要对相关研究进行梳理，以便后续研究更趋规范。

1 什么是能源效率

能源效率是指用单位能源投入生产的服务或有用的产出[1]。问题是如何准确定义"有用的产出"和"能源投入"。按照不同研究所涉及的投入、产出数量，笔者将之划分为单要素生产率框架和全要素生产率框架，前者是指在研究中仅考虑生产中的能源投入和有用产出，后者则涉及除能源投入以外的其他要素。

1.1 基于单要素生产率框架的方法与局限

已有文献大多基于单要素生产率框架进行研究。按照对投入、产出的不同定义，这类文献所采用的能源效率指标可分为 4 种：热力学指标、物理-热量指标、经济-热量指标和纯经济指标[2]。其中最常见的是经济-热量指标，即能耗强度或者能源生产率指标（两者互为倒数）。这些指标尽管在计算上较为方便可行，但对于如何界定"能源投入"和"有用的产出"，如对能源投入的衡量包括如何加总不同质的能源、加总的方法（按热量还是价值法加总），以及如何界定真实的能源投入等问题，看法各不相同；此外，全球化生产分工可能导致各国真实能源消费数量产生偏误[3]，且对如何测度能源真实产出也存在争议，主要包括能源可能有多产出甚至负产出（如污染），而且在跨国经济产出比较时还存在着汇率法和购买力平价法（PPP）的方法之争。

由于采用不同的投入、产出定义，使得对同一研究对象的研究结论往往差距很大。以对中国的能源效率研究为例：如果采用热效率指标进行比较，2002 年中国能源效率为33%，比国际先进水平（日本）低 10% 左右，大致相当于欧洲 20 世纪 90 年代初、日本90 年代中期水平[4]；如果利用单位产品能耗指标进行比较，2004 年我国 7 个行业 16 种产品的能耗指标平均比国际先进水平高 40%[5]；如果利用汇率法进行能耗强度的比较，则中国的能耗强度是日本的 7～9 倍，是世界平均水平的 3～4 倍；但如果采用 PPP 法进行能耗强度比较，则中国仅比日本高 20%左右，低于美国的能耗水平，为 OECD 国家平均水平的 1.2～1.5 倍[6, 7]。

此外，对于上述基于单要素生产率框架的传统指标是否度量了"效率"，也值得推敲。以最常用的能耗强度指标为例，其本身包括了大量的结构因素，如产业结构的变动[8]，能源与劳动、资本之间的替代以及能源投入结构的变化[9]，或者能源价格的变动[10]，这些变化都将显著影响指标值的大小，但实际上并不表明经济中能源生产的技术效率发生了变化，因此难以体现出"效率"因素①。而且，能耗强度指标只是衡量了能源这一单要素与经济产出之间的一个比例关系，没有考虑其他投入要素的影响[1]。在生产中，资本、劳动和能源是相互配合的，最终的产出是和所有投入生产的要素相关联的，尽管计算较为方便[11]，但将能源与产出比值作为测度能源效率的一个指标还存在很大的局限性[12]，可能无法描述出真实生产率的变动情况。

1.2　基于全要素生产率框架的研究方法与实证应用

由于上述定义和指标存在的种种缺陷，研究者开始转向利用其他方法来更好地表述"效率"概念，即在给定各种投入要素的条件下实现最大产出，或者给定产出水平下实现投入最小化的能力[13]，其思路为：通过测度样本点相对于生产前沿的远近程度来进行相对效率比较。这一概念更符合经济学"Pareto 效率"内涵，并为此后的效率研究奠定了基础。在测量与前沿的距离上，主要采用基于投入、产出角度的距离函数（Distance Function）[14]。而对于前沿的估计则有参数法和非参数法两种[15]。前者假定前沿确定，利用一定函数形式和计量方法去拟合样本点，但参数法需要事先设定某种形式的生产函数，并对效率边界形状作出严格假设，其拟合可能会造成不一致性及因不收敛而无解[16]；后者则是通过数据驱动形成一个非参数的线性包络凸面来作为生产前沿，不涉及参数函数的估计，也不需要假设研究对象在技术上是有效率的，但是不能解释随机扰动，其中最典型的是数据包络分析（DEA）。其思路是将投入产出点映射在空间上，以最大产出或者最小投入为效率边界，并由此作为基准来测算其他点同边界之间的距离差距程度。DEA 可用来计算决策单元（DMU）距离前沿曲线的距离，也就是评价它的效率②，从而为经济学家考察技术效率和技术进步提供强有力的工具。

① 参见 M G Patterson，C Wadsworth. Updating New Zealand's Energy Intensity：What Happened since 1984 and Why？Wellington：Energy Efficiency and Conservation Authority，1993.

② 参见 T Coelli. A Guide to DEAP Version 2.1：A Data Envelopment Analysis Computer Program. CEPA Working Paper 96/8，Department of Econometrics，University of New England，Armidale NSW Australia，1996.

在 DEA 方法的基础上，大量文献集中于考察和比较不同经济体（企业、部门、区域甚至国家）之间的经济效率[17]，但这些研究大多只考虑了资本、劳动两种投入及经济产出，并没有考虑能源要素；与之相反，在经济增长研究中往往采用包括能源的三要素生产模型[18]，这主要取决于研究者关注的焦点是整体经济还是某种要素。Boyd 和 Pang 运用 DEA 方法计算了能源效率，为了寻找能源效率与传统的能耗强度指标之间的差异与联系，作者假定高能耗强度的企业是低能源效率的，并运用制造业中的企业层面数据进行实证检验，结果发现，尽管两者之间有差异，但其相关系数非常显著[10]。J. L. Hu 和 S. C. Wang 基于全要素生产率框架，考虑了资本、劳动和能源投入及经济产出，运用 DEA 方法定义了全要素能源效率指标，通过"前沿上最优能源投入"和"实际能源投入"的比值测算了中国大陆 29 省的能源效率[19]，并在其后的研究中将研究对象扩展为 APEC 经济体中 17 国的节能潜力测算[20]。但 J. L. Hu 和 S. C. Wang 潜在假定要素市场是完全竞争的，在这一假定下收入最大化与成本最小化问题是对偶的，从而不存在配置效率损失。

2　为什么存在能源效率差异

除了研究选择何种工具进行能源效率定义、比较以外，研究的另一个焦点则关注于哪些因素会导致能源效率产生波动或差异。按照研究对象特征又可分为两种：一种是着重于时间序列分析，譬如对中国 2000 年能源效率出现拐点并开始下滑的解释[21, 22]；另一种则聚焦于地区差异分析，如中国东、中、西部地区之间存在的效率差异是否收敛以及影响因素的检验等[23, 24]。一般认为，能源效率在时序上的波动和截面上的差异主要受以下 3 个因素驱动：

（1）结构变动。经济结构变动对能源效率的影响反映在"结构红利假说"中[25]。由于不同部门生产效率和速度存在差别，当能源要素从低生产率或者生产率增长较慢的部门向高生产率或者生产率增长较快的部门转移时，就会促进经济体总的能源效率提高[26, 27]，但也有学者认为，产业结构变化对能源效率的作用并不大，甚至产生了负面影响[28, 29]。导致这些研究成果存在差异的原因，在于具体分析时期、数据定义、数据划分的详细程度以及分解方法的不同[30]。

（2）技术进步与创新。技术进步和创新使得在技术上提高能源效率成为可能。由于新技术、新设备、新工艺的出现，在相同产出下可以节约能源投入，或者相同投入下可以扩张产出[31, 32]。但技术进步同时会产生回弹效应，即技术进步会促进经济增长，后者将加剧对能源的需求，使得最终对能源效率有何种影响难以界定[33]。

（3）经济制度。近年来对中国及其他国家的研究发现，经济制度在转型国家对能源效率的影响比较大，这主要是因为良好的制度创新及灵敏的市场信号有助于企业微观效率的改进，进而促进能源效率的提高。在这些研究成果中，经济制度变量一般包括所有制与产权制度改革[34, 35]、对外开放与贸易[36, 37]、能源相对价格[31, 38]以及政府的影响[21]。

在研究工具上，多数研究均基于能耗强度这一单要素生产率指标，同时借用 Divisia 或 Laspeyres 分解法来计算各因子的贡献，这一研究的缺陷在于能源效率指标本身可能存在偏误，同时分解法只能得到结构和技术的影响程度，无法考察其他可能的影响因素。笔者曾利用全要素生产率框架测度了省级能源效率，在此基础上对可能的影响因素进行了计量检验并得出一些新的结论：政府对经济的干预与能源效率负相关，但呈现区域的差异性，譬如对东北老工业基地而言，政府的干预有一定促进作用；对外贸易对能源效率的影响则较为复杂，呈现出地区与时期的差异性[39]。师博和沈坤荣利用超效率 DEA 方法测算了地区全要素能源效率，认为全要素能源效率损失的根本原因在于市场分割扭曲了资源配置机制，从而阻碍了地区工业规模经济的形成[37]。史丹等则基于随机前沿生产函数模型，认为全要素生产率的差异是导致各地区能源效率差异扩大的主要原因，只有通过改善中西部地区的资源要素配置效率、促进区域间的技术扩散，才能提高落后地区的能源利用效率[24]。

3　目前研究的缺陷及未来发展方向

尽管全要素方法在揭示地区要素禀赋结构对能效的影响方面有着传统的单要素方法替代不了的优势[40]，但对于产出端而言，多数研究仅考虑了合意的经济产出而缺少对污染物的考察，这是目前研究存在的主要缺陷。由于污染物治理往往需要成本，这部分污染物应从产出中扣除以反映出真实的 GDP，但污染物治理价格无法确定，因此传统的核算手段和生产理论无法对其进行直接处理。环境经济学最近对环境绩效的研究为此提供了有益且相近的思路，即将污染作为生产过程产生的副产出纳入生产理论，借助距离函数和线性规划直接求解出影子价格[41]。早期对污染物的处理主要是进行数据转化而生产技术不变，将污染产出作为投入端[42]，或者对污染产出进行逆处理[43]；此后的研究则将传统的生产技术扩展为环境生产技术[44]，从而为 DEA 技术在环境领域的发展提供了理论基础，其基本思路为：

通过产出集 $P(x)$ 来定义生产技术，其中 x 为投入向量，(y, b) 分别为正常产出和污染物。

$$P(x) = \{(y,b) : x \text{ 可以生产 } (y,b)\} \tag{1}$$

当产出集满足以下两个条件时可以定义为"环境产出集"。

假设1：正常产出与污染物是联合生产的[46]，可表述为：

$$(y,b) \in P(x), \text{且 } b = 0, \text{ 则 } y = 0 \tag{2}$$

假设2：产出弱处置[45]，可表述为：

$$(y,b) \in P(x), \text{且 } 0 \quad \theta \quad 1, \text{ 则有 } (\theta y, \theta b) \in P(x) \tag{3}$$

假设1实际上正是对生产中污染问题的描述：没有污染物意味着停产，否则只要有产出，则伴随着产生污染物；假设2表明，任意比例地缩小产出和污染物都是可行的，这实际上是表述了"污染物有成本"，即污染物不是"自由处置"的，其数量的减少意味着产出的同比例下降。

上述环境生产技术可以表述包含污染物的生产集，但传统的距离函数不能用于其计算，Y. H. Chung 等在 Luenberger 短缺函数基础上发展起来的方向距离函数则可用来表述环境生产技术[44, 46]，定义方向向量 $\boldsymbol{g} = (g_y, -g_b)$，则方向距离函数可定义为：

$$\vec{D}_O(x,y,b;g) = \sup\{\beta : (y,b) + \beta g \in P(x)\} \tag{4}$$

式（4）中的方向距离函数可以按照指定的方向实现污染量的最大削减以及正常产出的扩张，如图1所示，*OBAD* 所形成的包络线即为弱处置假设下的产出集，*C* 点为观测到的样本点，污染物及正常产出水平为（*b*，*y*），给定方向向量 $\boldsymbol{g}$，则 *C* 点可以朝着前沿移动——污染物减少的同时产出提高，其边界上对应的目标点 *B* 坐标为 $(b - \beta^* g_b, y + \beta^* g_y)$，其中 $\beta^* = \vec{D}_O(x,y,b;g_y,-g_b)$ 即为无效点 *C* 同前沿比较所能扩张的最大限度，也即其相对效率值，如果 $\beta = 0$ 意味着在方向 $\boldsymbol{g}$ 上无法实现 Pareto 效率的进一步改善，此时处于有效前沿上，否则 $\beta > 0$ 意味着存在效率损失，有进一步减少污染、扩大产出的能力。

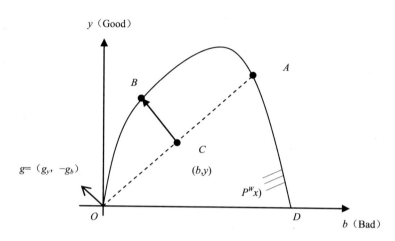

图1　包含正常产出和污染物的方向距离函数

图1还表明方向距离函数是 Shephard 距离函数的一般化形式，如果令方向向量 **g**=（b, y），则样本点 C 将向边界上的 A 点移动，此时正常产出和污染物排放同比例同方向变动，此即利用距离函数测度传统的 Debreu-Farrell 技术效率的思路[47]。

环境绩效效率测度的研究大大有助于我们将能源效率进一步深化和拓展。由于环境经济学更关注污染物的削减及其经济成本，因此在方向向量的选择中通常只作二维设定，综合考虑投入减少、产出扩张及污染物削减的研究还很少见；而同时对能源效率的研究至今尚未包含污染物研究，如果结合方向距离函数这一工具构建起环境生产技术，则可将目前基于"多投入-单产出"的能源效率模型扩展到"多投入-多产出"框架，重点考察以能源要素为基本点的综合环境因素的效率评价。对于要素效率及环境绩效研究的发展路线及未来可交叉领域的描述，可参见图2。

从图2可以看出，如果在全要素生产率框架下考虑了污染物，那么对能源效率的研究至少可以扩展到以下应用领域：

（1）可以测算一个考虑污染物排放的能源效率指标，即设定三维的方向向量 **g**=（$-g_x$, g_y, $-g_b$）。此时投入端是包含了能源的多要素结构，产出端是包含了合意产出（如GDP）与非合意产出（如污染物排放）的多产出结构，借助该指标可以考察不同地区（国家）相对最优前沿所可能实现的最大能源投入节约、最大产出扩张及最大 CO_2 排放削减能力；同时可以借助两步分析法，以该效率值为因变量，通过定量分析方法考察不同的经济结构、技术差异、制度环境等因素对它的影响方向和大小。目前对于该方法的应用文献较少，主要应用在技术效率测算上，如胡鞍钢等利用各省 1999—2005 年数据，在生产率模型中分别包含了 CO_2、COD、SO_2、废水和固体废弃物 5 种非合意产出，对省级技术效率进行了测算和排名[48]；W. Watanabe 和 K. Tanaka 以 SO_2 排放为非合意产出，对 1994—2002 年中国各省工业技术效率进行测算，并利用环境管制、工业结构等变量对技术效率差异进行了解释[49]。

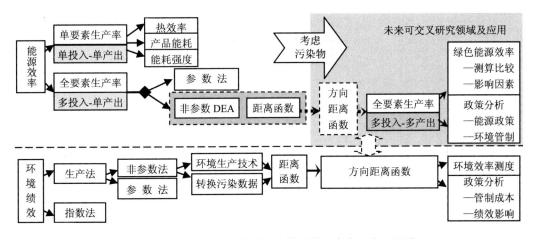

图 2　能源效率与环境绩效研究的发展及未来可交叉领域

（2）考察能源政策的影响，如给定能源消耗约束，即相当于对投入向量中的能源分向量给予"弱处置"约束，此时可以通过比较施加约束条件前后的产出扩张差异及污染物排放量差异，从而间接估计由于能源政策的改变（如"节能"目标约束）所导致的经济成本和环境改善程度的变化。

（3）可以应用到环境政策评价，即比较投入、产出在"污染无约束"和"污染有约束"条件下的产出差异，也即施加"环境政策"约束之后所导致的经济的潜在损失，从而间接估算出由于环境管制（如"减排"目标约束）而导致的机会成本。

4　主要结论

通过上述有关能源效率的介绍与评述可以发现，未来仍需在以下领域进行更为深刻和细致的研究。

（1）对于能源效率的概念仍缺乏统一、明确的定义。尽管运用非参数生产前沿方法来定义的技术效率能够更好地表示"效率"的内涵，但由于其计算过程非常复杂、烦琐，很大程度上限制了该理论与方法在能源效率研究上的应用。但无论如何，对各种不同的效率定义及测算方法进行比较，并发展出一个能克服传统指标不足的新概念，仍将是进行能源效率研究的基本出发点和无法回避的基本问题。

（2）对能源效率的影响因素分析尽管涉及了大量不同的变量，但对于哪些是最根本的影响因素仍缺乏深入的分析，各种变量之间甚至可能存在因果关系。譬如有学者认为，能源价格是重要影响因素，但能源价格的变化和投入要素结构的变化实际上应该是一样的，即由于价格的变动导致各要素之间的相互替代，但在 Fisher-Vanden 等学者看来，结构调整和技术进步只是市场改革的结果[22]。因此，如何从理论或者从微观模型而非从直觉上推导出最本质、最根本的影响因素，是避免出现"解释变量满天飞"的根本途径，也是对影响因素进行实证分析的基础。

（3）对于环境污染与能源利用、经济增长之间"嵌入"关系的研究还非常少，如何将污染物纳入已有的理论模型，从而为深入理解三者之间的内在联系与作用机理提供一个分析框架，并在此基础上寻求实现可持续发展的可行途径，为破解当前环境恶化、资源紧张与经济发展难题提供思路，是未来研究的方向之一。这些现实诉求都要求相关学科在新的理论工具发展的条件下进一步融合与交叉。

参考文献

[1] M G Patterson. What Is Energy Efficiency？ Concepts，Indicators and Methodological Issues. Energy Policy，1996，24（5）：377-390.

[2] 魏楚,沈满洪. 能源效率与能源生产率：基于 DEA 方法的省际数据比较. 数量经济技术经济研究，2007（9）：110-121.

[3] 邱东，陈梦根. 中国不应在资源消耗问题上过于自责——基于"资源消耗层级论"的思考. 统计研究，2007（2）：14-26.

[4] 蒋金荷. 提高能源效率与经济结构调整的策略分析. 数量经济技术经济研究，2004（10）：16-23.

[5] 中国能源发展战略与政策研究课题组. 中国能源发展战略与政策研究. 北京：经济科学出版社，2004.

[6] 王庆一. 中国的能源效率及国际比较. 节能与环保，2005（6）：10-13.

[7] 施发启. 对我国能源消费弹性系数变化及成因的初步分析. 统计研究，2005（5）：8-11.

[8] B Wilson，L H Trieu，B Bowen. Energy Efficiency Trends in Australia. Energy Policy，1994，22（4）：

287-295.

[9] E F Renshaw. Energy Efficiency and the Slump in Labor Productivity in the USA. Energy Economics，1981，3（1）：36-42.

[10] G A Boyd，J X Pang. Estimating the Linkage between Energy Efficiency and Productivity. Energy Policy，2000，28（5）：289-296.

[11] M Abbott. The Productivity and Efficiency of the Australian Electricity Supply Industry. Energy Economics，2006，28（4）：444-454.

[12] K H Ghali，M I T El-Sakka. Energy Use and Output Growth in Canada：A Multivariate Cointegration Analysis. Energy Economics，2004，26（2）：225-238.

[13] C A K Lovell. Production Frontiers and Productive Efficiency. in H.O.Fried，C.A.K.Lovell & S.S.Schmidt(eds.). The Measurement of Productive Efficiency：Techniques and Applications，Oxford：Oxford University Press，1993.

[14] R W Shephard，Theory of Cost and Production Functions，Princeton，N.J.：Princeton University Press，1970.

[15] M J Farrell. The Measurement of Productive Efficiency. Journal of the Royal Statistical Society：Series A General，1957，120（3）：253-290.

[16] C Cornwell，P Schmidt，R C Sickles. Production Frontiers with Cross-Sectinal and Time-Series Variation in Efficiency Levels. Journal of Econometrics，1990，46（1-2）：185-200.

[17] R Färe，S Grosskopf，M Norris，et al. Productivity Growth，Technical Progress，and Efficiency Change in Industrialized Countries. The American Economic Review，1994，84（1）：66-83.

[18] R H Rasche，J A Tatom. Energy Resources and Potential GNP. Federal Reserve Bank of St. Louis Review，1977（6）：10-24.

[19] J L Hu，S C Wang. Total-factor Energy Efficiency of Regions in China. Energy Policy，2006，34（17）：3206-3217.

[20] J L Hu，C H Kao. Efficient Energy-saving Targets for APEC Economies. Energy Policy，2007，35（1）：373-382.

[21] J E Sinton，D G Fridley. What Goes Up：Recent Trends in China's Energy Consumption. Energy Policy，2000，28（10）：671-687.

[22] K Fisher-Vanden，G H Jefferson，H Liu，et al. What Is Driving China's Decline in Energy Intensity？Resource and Energy Economics，2004，26（1）：77-97.

[23] 高振宇，王益. 我国能源生产率的地区划分及影响因素分析. 数量经济技术经济研究，2006（9）：

46-57.

[24] 史丹，吴利学，傅晓霞，等. 中国能源效率地区差异及其成因研究——基于随机前沿生产函数的方差分解. 管理世界，2008（2）：35-43.

[25] A Maddison. Growth and Slowdown in Advanced Capitalist Economies：Techniques of Quantitative Assessment. Journal of Economic Literature，1987，25（2）：649-698.

[26] R F Garbaccio，M S Ho，D W Jorgenson. Why Has the Energy-output Ratio Fallen in China？Energy Journal，1999，20（3）：63-92.

[27] 吴巧生，成金华. 中国能源消耗强度变动及因素分解：1980—2004. 经济理论与经济管理，2006（10）：34-40.

[28] 王玉潜. 能源消耗强度变动的因素分析方法及其应用. 数量经济技术经济研究，2003（8）：151-154.

[29] 韩智勇，魏一鸣，范英. 中国能源强度与经济结构变化特征研究. 数理统计与管理，2004（1）：1-10.

[30] B W Ang，F Q Zhang. A Survey of Index Decomposition Analysis in Energy and Environmental Studies. Energy，2000，25（12）：1149-1176.

[31] K Fisher-Vanden，G H Jefferson，M Jingkui，et al. Technology Development and Energy Productivity in China. Energy Economics，2006，28（5-6）：690-705.

[32] 李廉水，周勇. 技术进步能提高能源效率吗？——基于中国工业部门的实证检验. 管理世界，2006（10）：82-89.

[33] J D Khazzoom. Economic Implications of Mandated Efficiency in Standards for Household Appliances. Energy Journal，1980，1（4）：21-40.

[34] 林伯强. 结构变化、效率改进与能源需求预测——以中国电力行业为例. 经济研究，2003（5）：57-65.

[35] Y Fan，H Liao，Y M Wei. Can Market Oriented Economic Reforms Contribute to Energy Efficiency Improvement？ Evidence from China. Energy Policy，2007，35（4）：2287-2295.

[36] 史丹. 我国经济增长过程中能源利用效率的改进. 经济研究，2002（9）：49-56.

[37] 师博，沈坤荣. 市场分割下的中国全要素能源效率：基于超效率 DEA 方法的经验分析. 世界经济，2008（9）：49-59.

[38] F Birol，J H Keppler. Prices，Technology Development and the Rebound Effect. Energy Policy，2000，28（6-7）：457-469.

[39] 魏楚，沈满洪. 能源效率及其影响因素基于 DEA 的实证分析. 管理世界，2007（8）：66-76.

[40] 杨红亮，史丹. 能效研究方法和中国各地区能源效率的比较. 经济理论与经济管理，2008（3）：12-19.

[41] R Färe，S Grosskopf，C A Lovell，et al. Derivation of Shadow Prices for Undesirable Outputs：A Distance Function Approach. The Review of Economics and Statistics，1993，75（2）：374-380.

[42] F M Gollop，G P Swinand. From Total Factor to Total Resource Productivity：An Application to Agriculture. American Journal of Agricultural Economics，1998，80（3）：577-583.

[43] L M Seiford，J Zhu. Modeling Undesirable Factors in Efficiency Evaluation. European Journal of Operational Research，2002，142（1）：16-20.

[44] Y H Chung，R Färe，S Grosskopf. Productivity and Undesirable Outputs：A Directional Distance Function Approach. Journal of Environmental Management，1997，51（3）：229-240.

[45] R.W.Shephard，R. Färe. The Law of Diminishing Returns. Zeitschrift für National Konomie，1974，34（1）：69-90.

[46] D G Luenberger. Benefit Functions and Duality. Journal of Mathematical Economics，1992，21（5）：461-481.

[47] R Färe，S Grosskopf，D W Noh，et al. Characteristics of a Polluting Technology：Theory and Practice. Journal of Econometrics，2005，126（2）：469-492.

[48] 胡鞍钢，郑京海，高宇宁，等. 考虑环境因素的省级技术效率排名（1999—2005）. 经济学季刊，2008，7（3）：933-960.

[49] M Watanabe，K Tanaka. Efficiency Analysis of Chinese Industry：A Directional Distance Function Approach. Energy Policy，2007，35（12）：6323-6331.

新能源产业发展文献述评

郭立伟　　沈满洪

[摘要]　新能源主要是指以新技术开发利用的可再生能源。新能源和可再生能源有共同的交集，但也有所区别。同时，新能源是对常规化石能源即老能源的替代和补充。考虑到社会环境成本和社会环境收益，新能源的综合收益将会超过其成本。现阶段，新能源产业化发展存在成本、资金、市场、制度、技术等多方面的困境与障碍，其原因可以归结为市场失灵和制度失灵。新能源产业化发展的影响因素归纳为市场因素、制度因素、技术因素以及综合因素。新能源产业化发展的政策从供求角度可以分为供给推动与需求拉动，从政策关注的焦点可以分为价格型与数量型，从创新的内容可以分为技术创新与制度创新，新能源产业的发展需要多种类型政策的相互配合。新能源产业的发展模式研究、新能源发展的产业政策研究、新能源发展的产业集群研究、新能源产业的国际合作研究是新能源产业的可能研究趋势。

[关键词]　新能源　产业化发展　困境与障碍　影响因素　政策

20 世纪 70 年代以来，新能源的研究越来越受到世人的关注。到如今，国内外关于新能源产业化发展的研究文献汗牛充栋，主要集中在新能源的内涵、新能源的分类及优劣势比较、新能源产业化发展的困境与障碍、新能源产业化发展的影响因素、新能源产业化发展的政策研究等方面。本文将围绕上述方面依次展开述评，并提出新能源产业的

[发表期刊] 本文发表于《经济问题探索》2012 年第 7 期。
[基金项目] 2010 年浙江省高等学校优秀青年教师资助计划。
[作者简介] 郭立伟（1976—　），男，浙江东阳人，博士，杭州科技职业技术学院工商学院副教授，研究方向：资源与环境经济学。

可能研究趋势。

1　新能源的内涵

1.1　新能源的定义

许多国家、国际组织对新能源的内涵进行了界定，比如，联合国对新能源与可再生能源的内涵多次进行了界定，认为新能源与可再生能源是以新技术和新材料为基础，常规能源以外的所有能源[1]。日本在 1997 年颁布的《关于促进新能源利用的特别措施法》中从供给和需求两个角度对新能源进行了界定：供给方新能源包括太阳能发电与热利用、风力发电、废弃物发电与热利用、生物质能发电与热利用、温度差能；需求方新能源包括清洁能源车、天然气热电联产、燃料电池。此外，一般也将地热、雪冰热、输出功率在 1 000 kW 以下的小水电、波浪能和潮汐能等列为新能源[2]。本文认为，日本《关于促进新能源利用的特别措施法》对新能源的界定比较全面。为深入理解新能源的内涵，有必要了解新能源与可再生能源、新能源与常规化石能源即老能源的关系。

1.2　新能源与可再生能源的关系

新能源和可再生能源由于划分的标准和角度不同，其基本内涵是不同的。新能源主要是指在新技术的基础上系统开发利用的可再生能源，着重强调未来世界持久的能源系统；可再生能源是指在一定时空背景下可连续再生、永续使用的一次性能源，特别强调在一定时空背景下能源的可再生性[3]。鉴于以上分析，新能源和可再生能源有共同的交集，但也有所区别。新能源大多数属于可再生能源，但也有例外的情况，如新能源中的核能就属于不可再生能源；可再生能源大多数属于新能源，但也有例外的情况，比如可再生能源中的大水电一般认为不属于新能源。绝大多数国外文献，研究的是可再生能源，因此，本文一般将新能源等同于可再生能源。

1.3　新能源与老能源的关系

按照目前能源开发与利用的现状，将能源分为新能源与常规化石能源即老能源。以发电为例，相比常规化石能源，新能源的主要优点是，它们有助于保护公共物品，即洁净的空气和气候稳定[4]。与此同时，新能源与老能源相比至少存在两大劣势，即当前生产能力受限制和高成本[5]。对于高成本有两种认识。Shimon Awerbuch[6]认为传统的分析高估了新能源电力的成本，并大大地低估了常规化石能源发电的成本。他提出了风险调整评估法，明确指出新能源比以前所认为的更具有成本竞争力。另外，在技术成熟和规模经济存在的假设下，以成本预测为基础，如果将电力生产存在的外部性内部化，新能源技术将具有一个显著的社会成本优势[7]。简言之，新能源，大都可以再生（除核能外），属于清洁能源、低碳能源、可持续能源；老能源，不可以再生，属于非清洁能源、高碳能源、不可持续能源。无论是新能源还是老能源，其最终产品都主要是电力、液体燃料或气体燃料，因此，新能源是对老能源的替代和补充。

2　新能源的分类及优劣势比较

2.1　新能源的分类

根据国际能源署[8]的划分，新能源技术可以分为 3 种类型：① 成熟技术，比如水电、生物燃烧、地热能。② 正在快速发展的技术，如太阳能、风能、现代生物质能。③ 正在探索发展的技术，如聚光太阳能发电、海洋能、改进地热能和集合生物能系统。结合相关文献，依据能源的可再生性，可将新能源分为新可再生能源（如小水电、太阳能、风能、现代生物质能等）和新不可再生能源（如核能）；依据能源开发与利用成本的高低，可将新能源分为相对高成本型（如太阳能、生物质能等）和相对低成本型（如小水电、风能、地热能等）；依据产业化发展程度，可将新能源分为商业化前期阶段（如太阳能发电、生物燃料、海洋能等）、商业化初期阶段（如风能等）、商业化成熟阶段（如小水电等）。现阶段，我国按国际惯例将新能源分为太阳能、风能、小水电、生物质能、地热能、海洋能等一次能源以及氢能、燃料电池等二次能源[3]。

2.2　新能源的优劣势比较

一些学者考虑到可持续发展指标，评估了主要的新能源技术。A. Evans 等[9]考虑到新能源电力价格、在全技术生命周期内温室气体的排放、可再生能源的可用性、能量转换效率、土地需求、水耗和社会影响，比较了风电、水电、光伏发电和地热能。他们得出的结论是，风能有相对最低的温室气体排放、水的消费需求和最良好的社会影响，但风力发电需要更多的土地和相对较高的资本成本。而且，在一些国家，风力发电在很大程度上对景观造成视觉冲击力而备受争议[10]。M. A. Schilling 等[5]对水电、地热能、太阳能、风能、生物质能 5 个突出的新能源进行了主要的优劣势比较，结果见表 1。基于上述优劣势比较，不论是现在还是将来，世界各国新能源发展较快的领域主要集中在风能、太阳能、现代生物质能、小水电等。但也有环保专家在分析新能源单位面积内的能源产出和对自然的单位面积的破坏情况的基础上，指出新能源除核能外统统不是绿色能源，如果发展太多的风电、水电、生物能等来满足全球能源需求，将会彻底破坏掉生态环境，而核能比其他新能源有着难以比拟的优势[11]。

表 1 新能源的优劣势比较

种类	主要优势	主要劣势
水电	干净；价格最便宜	对当地生态有破坏，改变生态系统
地热能	数量多；大部分是干净的；价格不贵	地理限制大，只能在一些地方使用；存在一定的释放硫黄或其他有害气体的风险
太阳能	干净；潜能大	成本高（一个主要原因是由于当前光伏技术的相对低效和生产光电池的原材料成本高）
风能	干净；价格不贵	风电场被认为不雅观，对鸟类迁徙是个潜在的威胁；风的间歇性；传输问题
生物质能	提供液体的交通运输燃料的可再生选择；技术相对简单和易得；少有地理限制	释放温室气体；需要大量土地，面临长期的生产能力限制；价格较贵

2.3 成本收益比较

一些学者考虑到社会环境成本和社会环境收益，对新能源发电系统进行了成本收益比较。A. D. Owen[7]认为，如果将燃烧化石燃料造成的损害成本内部化到电力的价格上，可能会导致许多新能源技术（特别是风能和生物质能）比煤电厂更具经济上的竞争力。李钢等[12]将火力发电的环境成本分为环境已支付成本、环境虚拟成本与环境总成本 3 种，并以火力发电为基础方案，运用项目评估中的增量分析方法来评估风力发电的成本与收益，结论是风能获得的综合收益已经超过了成本。张希良等[13]对推广离网型户用新能源发电设备的动态平直供电成本、经济效益和能源环境效益进行了定量分析，结论是推广离网型新能源户用发电系统是经济性最优的方案。任姗等[14]在系统分析新能源电力外部效益的基础上，构建了新能源电力外部效益系统评价指标体系。虽然运用的方法各异，测度的范围也不尽相同，但一旦考虑到社会环境成本和社会环境收益，结论基本上是一致的。从长远来看，由于常规化石能源日益枯竭，其内部成本将不断上升，同时外部成本日趋增加；而新能源由于技术创新和规模生产导致内部成本不断下降，同时外部收益不断扩大；常规化石能源要将外部成本内部化，而新能源要将外部收益内部化，这样一来，新能源的综合收益将会超过其成本。

3 新能源产业化发展的困境与障碍

20 世纪 90 年代以来，大量的新能源技术扩散已经实现。然而，在许多情况下，这种增长是不能自我维持的[15]。这是因为，新能源的市场渗透存在很多障碍，诸如成本效益、技术壁垒、市场壁垒（如不一致的定价结构）、体制、政治和监管方面的障碍、社会和环境的障碍。而且，这些障碍可能会随着新能源技术和国家不同而有所不同，其中有些障碍可能是针对特定的一种技术，而有些障碍则可能会具体到一个国家或一个地区[16]。比如，太阳能热技术大规模扩散（不含补贴）的主要瓶颈是缺乏产品标准，对生产能力设计重视不够（也就是说，它难以组装），太阳能集热器缺乏与建筑师传统设计的融合，企业大规模生产太阳能集热器的规模经济的缺乏[17]。而光伏电池扩散的主要阻碍是成本高，需求主要是由政府采购项目驱动的[18]。

新能源产业化发展存在如此众多的困境与障碍的原因可以归结为市场失灵和制度失灵。唯有克服这些失灵，新能源产业化发展才能达到如下阶段：新能源技术的扩散不再依赖于政府的干预；新能源已成为能源市场的主角。

3.1 市场失灵

市场失灵的存在正制约着新能源技术的扩散。引起新能源产业市场失灵的原因，一方面是外部性的制约，另一方面是公共物品的存在。新能源的生产和消费成本比较高，对于个体而言，私人成本大于社会成本，私人收益却小于社会收益，相对于常规化石能源，新能源产业的发展具有明显的正外部性[19]。但是新能源产业的正外部效应得不到有效补偿，减少了边际收益，导致新能源产量减少[20]。与此同时，新能源的生产和消费过程基本不排放 CO_2 或少量排放 CO_2 等温室气体，对于生态保护、应对气候变化以及实现可持续发展有重要意义。而良好的空气和舒适的生态环境是世人都能受益的，从这个角度看，新能源在一定程度上具有混合公共物品的属性[19]。

3.2 制度失灵

在新能源技术的扩散过程中，不仅存在市场失灵，而且网络和制度的失灵比比皆是，这阻挡了新能源新技术体系的演变。R.Wustenhagen 等[10]提出，实现新能源目标的一个强大的障碍是为社会所接受，即为 3 个维度的社会所接受：社会政治、社会和市场。J.H. Wu 等[21]指出许多法律和体制上的障碍，阻碍了中国台湾地区新能源产业的发展。史锦华[19]从市场障碍和政策障碍两个角度对我国新能源发展的经济制度障碍进行了分析。

总体而言，我国新能源资源丰富，发展潜力巨大，但存在成本、资金、市场、制度、技术 5 个方面的障碍。在阻碍新能源产业化发展的众多因素中，运行机制是一个比技术问题和经济成本更难以解决的问题[22]。

4 新能源产业化发展的影响因素

新能源产业化发展的影响因素很多。D.Reiche[23]通过对欧盟各国新能源发展的研究提出五大影响因素：① 地理/能源政策开始的位置。具体有降雨数量、日照强度、风速、化石资源的可用性、核电的可用性或政府的决策等因素。② 经济环境。具体有石油和天然气价格水平、化石燃料和铀的基础能源补贴、外部成本内部化等因素。③ 政治。具体有目标和定义、行政责任、许可程序、国际义务和方案（欧盟指令、京都议定书）等因素。④ 技术。具体有新能源技术发展、电网容量等因素。⑤ 认知环境。具体有公众意识、效率主导等因素。结合新能源产业化发展的困境与障碍分析，本文将新能源产业化发展的影响因素归纳为市场因素、制度因素、技术因素以及综合因素。

4.1 市场因素

市场需求是新能源产业化发展的重要驱动因素。L. Bird 等[24]提出存在合规市场和自愿市场，两个市场以各种方式相互影响，以帮助支持新能源产业的发展。合规市场主要由国家可再生能源组合标准驱动，这就要求公用事业或其他负载服务实体采购新能源电力成为其电力供应的一部分。而自愿市场不同，它们提供消费者选择购买或支持新能源的部分或所有的电力需求。但是，L. Alagappan 等[25]认为，市场结构调整不是新能源发展的主要驱动力。新能源发电在如下市场有总装机容量的最高比例：使用固定价格、有预期输电规划、有负载或最终用户支付大多数虽不是全部的传输互连费用。相反，新能源发电在如下市场是不成功的：没有使用固定价格、没有预期输电规划、发电者支付大多数虽不是全部的传输互连费用。

4.2 制度因素

M.Bechberger 等[26]以德国为例，认为德国新能源发展成功的因素不仅是由于有一个非常良好的自然资源禀赋，而且主要是一个创新的国家扶持政策的结果。成功促进新能源的主要驱动力，包括可再生能源法的设计、以市场为主导的新能源促进政策组合、欧洲和国际社会的承诺以及积极的气候变化政策、德国公众对新能源积极的认知环境以及支持全过程的技术驱动力等。D.Reiche 等[27]确定了欧盟一些国家许多成功促进新能源使用的条件：对于投资者的长期规划保证、绿色电力特定技术的回报、电力供应系统的巨大努力（电网延伸，公平进入电网等）、减少当地对新能源项目阻力的措施。结论是，德国和丹麦风能的发展表明，自下而上的倡议可能是一个关键的成功条件。J. A. Laborgne[28]指出风能发展的决定性因素有两个：① 如经济激励措施和法规的框架条件等；② 地方和领土因素，如当地经济的特点，领土，当地行动方和现场的具体规划过程等。J.Morgenstern[29]认为，影响新能源产业成功的一个重要变量是同当地的社会和文化属性能否相容。通过评估墨西哥 16 个太阳能、风能及混合电气化项目，得出项目成功的因素是技术、经济、财政、环境和社会文化。大部分的风电、混合电气化项目失败是因为技术问题，而太阳能系统的失败可归因于缺少财政资源、金融机制失效、使用者缺少培训。新能源的安装投资以及协作和公平的决策在很大程度上是国家建立一级体制框架的结果。

4.3 技术因素

P. H. Kobos[30]认为，新能源技术成本在很大程度上取决于过去的生产努力（干中学）和研发说明努力（搜寻中学）。通过一些政策过程反馈机制，如 R&D 支出、维护提升学习效果以及财政刺激计划等，成本路径可能被改变。李书锋[31]认为技术落后是制约我国新能源发展的最大因素，而不确定性又是制约其技术进步的主要因素。

4.4 综合因素

P.del Rio 等[32]运用演化经济学框架来识别和分析影响西班牙太阳能光伏发电和风能扩散的因素。对西班牙风能的案例研究表明，在优良的风力资源、大幅降低成本、国内风电行业的技术水平高、高度支持和稳定的体制框架为投资者提供确定性和合理的利润率等几个因素的共同作用下，加之，以一个相互联系的方式，使风能技术得以广泛扩散。但是，西班牙太阳能光伏发电处于相对劣势，原因包括初始成本高、低支持水平和无法保证支持（上网电价）、行政和财政上的障碍、一些设备的安装缺乏专业人才而创建一个负面的示范效应、传统企业缺乏兴趣、缺乏信息、缺乏电网和建筑一体化等各种问题。国内学者孟浩等[1]认为，新能源产业发展能力取决于资源、技术、人才、经济、环境及市场六大关键因素，据此构建了新能源产业发展能力综合评价指标体系，并用层次分析法进行了综合评价。胡丽霞[33]创新地借助波特钻石模型来分析北京农村可再生能源产业化发展的影响因素。研究指出，生产要素（包括天然资源、技术、资金等）、需求条件、企业结构（包括企业生产方式、企业发展规模等）以及相关产业和支持产业（包括农村可再生能源制造业和服务业发展水平等），这4项要素形成的"钻石体系"是关系到北京农村可再生能源产业能否实现产业化发展的关键，"机会"和"政府"（包括市场培育、经济激励、管理机制等）对北京农村可再生能源产业化发展起着重要的促进和保障作用。由此可见，新能源产业的发展是要突破成本、资金、市场、制度、技术等方面的障碍。因此，新能源产业的发展是成本、资金、市场、制度、技术等综合因素共同作用的结果。其中，制度创新和技术创新是两大根本驱动力，资金投入是根本保障，降低成本及创造市场需求是新能源产业发展的必然要求。

　　总体而言，探讨新能源产业化发展的影响因素的文献很多，但深入探究动力机制的文献较少。大多数文献描述性的成分较多，实证研究的较少，而且方法主要集中在层次分析法、模糊数学综合评价法等，数理模型的运用不够广，不够深。

5　新能源产业化发展的政策研究

　　新能源产业化发展的政策研究主要集中在政策的作用、政策的类型、政策的效应比较等方面。

5.1　政策作用

　　在新能源技术发展和扩散中，政府政策是最重要的[34, 35]。以风能为例，政策对于风能从技术研发到市场成功发挥着重要作用。政策可以减少风险、增加资本的可获得性和承受性，正确和一致的政策可以消除风电技术的障碍。P. D. Lund[36]基于新能源技术的商业化过程以及对产业定位和政策焦点的价值链分析，讨论了能源政策对新能源产业增长的影响。但是，分析不够全面深入。

5.2　政策类型

根据不同的分类标准，新能源产业化发展的政策包括以下几类：

（1）从供求角度可以分为供给推动与需求拉动。J. M. Loiter 等[37]通过对美国加州的风电研究，发现 1980—1995 年，风力发电的价格下降了 5 倍。这一成功取决于政府的政策，即创造了供给推动和需求拉动的政策工具。需求拉动可以被预期以刺激私营部门的渐进式创新和扩散，进一步推进技术，并降低其相对其他能源的发电成本。但是，需求拉动的政策是没有可能足以产生根本性的创新的。从历史上看，需求拉动的政策没有得到足够一致的验证，即在足够长的时间里，是否能鼓励私营部门投资开发高风险的技术。在以上需求拉动政策优劣分析的基础上，他们提出需要同步实施需求拉动和供给推动的政策，并为刺激风力发电技术，对新兴改组后的美国电力部门提出了 3 个激励创新的政策建议：① 为风能提供一个一致的和长期的市场。在放松管制的电力行业，为促进新能源的使用可以采用以下 3 种类型的需求拉动政策：通过系统效益收费（SBCS）实施可再生能源的补贴；可再生能源组合标准（RPS）；绿色定价。② 为风能产生需求使用信息。发展和传播这些信息将是一种成本效益的方式以降低风险和交易成本，并因此降低风电场的开发成本。③ 政府的技术选择路径依赖应努力审查，并以用户的需求为指导。政府的政策可以促进新能源技术的进步。但是，J. M. Loiter 等并没有对供给推动的政策作进一步的分析和评论。

（2）从政策关注的焦点可以分为价格型与数量型。P. Menanteau 等[4]将激励新能源发展的政策分为价格型与数量型，并指出数量型可能侧重于数量，如确定国家目标，并设立招标系统，或实施配额制度提供绿色证书交易等，价格型可能集中在价格，如上网电价。显然，这些政策工具与环境政策中使用的相同，有类似的讨论和选择。但是，在新能源发展的政策研究中，有关强制性、选择性、引导性政策工具讨论的文献较少。

（3）从创新的内容可以分为技术创新与制度创新。技术创新政策，旨在鼓励电力生产者采用新能源技术，从销售新能源电力获得的盈余中通过新的研发投资，刺激技术变革和学习过程，使新能源技术超越狭隘的利基市场，在它们的学习曲线上取得进步，从而使成本降低到与常规化石能源相比富有经济竞争力的水平[4]。D. E. Arvizu[38]在清洁技术投资者峰会上指出，技术创新至少存在以下挑战：① 风能：下一代风力涡轮机的制造。具体挑战有如何提高 30%的能源捕捉以及如何减少 25%的资本成本等。② 太阳能光伏。具体挑战有如何通过工艺的改进、开发更好的材料、利用纳米结构及新量子效应等改进性能。③ 生物燃料：新一代生物燃料的生产。具体挑战有如何开发新原料、提高能源作物和综合生物精炼厂的产量等。制度创新是指能使创新者获得追加利益的现存制度的变革[39]。结合相关文献，制度创新可以分经济制度、社会文化制度创新等。王敦清等[22]在指出我国当前新能源发展政策不足的基础上，对我国新能源发展的制度建构包括国家目标制度、研究开发制度、经济激励制度、市场开拓制度、政府监管制度进行了详细论证。任东明[40]认为要破解我国新能源产业发展的瓶颈，必须要进行制度创新，内容主要包括改革立法体制、改革决策机制、引入激励机制和完善政策框架。但是，总体而言，在新能源产业发展制度创新的研究中，对制度需求、动力因素、实施研究等问题进行深层次探讨的文献并不多见。

新能源产业的发展需要多种类型政策的相互配合。政策的优化组合比任何单一政策更能达到显著降低成本的目的。为促进美国新能源的发展，D. E. Arvizu[38]提出了通过技术、政策、市场三者相结合的政策组合创新，以有效降低投资风险，筹集资本投入，并指出长期的市场增长需要一贯的政策。鉴于发展新能源产业政策众多，很有必要构建政策矩阵，设置政策工具箱，以便政策制定者科学选择。

5.3　政策效应比较

N. Johnstone 等[41]认为，不同的新能源发展应有不同的政策。这也就是说不同的政策有其适用条件和相应的效应。P. Menanteau 等[4]认为对激励新能源发展的不同政策进行相对效率比较是重要的。政策工具的比较，必须考虑到创新的过程和使用条件——不确定性成本曲线和学习效果——意味着动态效率标准的特点。同时，他们指出，以价格为基础和以数量为基础的政策工具在政策成本控制（以数量为基础的政策能更有效地控制政府的激励政策的成本，因为在连续配额招标中，很可能维持对装机容量的直接控制和对边际生产成本的间接控制，从而达成对社会成本的控制）、装机容量（以价格为基础的政策远远比以数量为基础的政策有更好的结果）、刺激技术变革（在竞争激烈的招投标系统中有更多地降低成本的激励，因为竞争的生产者必须在价格中反映较低的成本，才能赢得补贴）、其他公共政策目标等方面有显著区别，结论是上网电价系统是比招投标制度更有效。与其他政策工具相比，绿色证书交易提供了一个最佳机会，在几种技术之间以最有效的方式分布一个总体目标，促进新能源在几个国家之间规模化发展。但考虑到绿色证书市场交易的经验有限，只要关于市场运作和投资者创造一个稳定的框架仍然存在不明朗因素，其真正的效率仍有待证实。F. Beck 等[42]认为，1990—2000 年，对新能源贡献最大的政策是：① 直接装备补贴和折扣、净计价法律、技术联系标准（太阳能领域）；② 投资税收优惠、生产税优惠、欧洲电力购电法（风能领域）；③ 上网许可、支持独立的电力生产者和第三方销售商（生物质能和小水电领域）。但是，现有文献中，对太阳能、风能、生物质能等不同的新能源采取有针对性政策的研究仍然较少。

总体而言，新能源产业发展政策的研究角度比较开阔。然而，综观现有的研究成果，具体的新能源政策研究较多，理论研究、实证研究偏弱；研究中描述性的成分较多，而对深层次问题的理论探讨则比较薄弱；理论创新不足，没有充分利用经济学理论、能源经济学理论去指导新能源决策；新能源政策与经济政策、环境政策等其他政策互动融合的研究较少。

6　新能源产业的可能研究趋势

促进新能源产业的健康发展，必须在以下几个方面进行更深入研究，以更好地用理论去指导实践，同时，从实践中更好地去发展理论。

6.1　新能源产业的发展模式研究

一些发达国家和少数发展中国家的新能源产业取得了较大的发展，但发展模式有所侧重。比如，从能源安全、经济发展和生态环境相互协调的角度，日本制定了详细而切实可行的新能源产业扶持政策，在官、产、学一体化积极推动下，新能源产业取得了巨大发展[2]。考虑到各国的资源禀赋、政治、经济、社会文化、环境制度不尽相同，因此，新能源产业的发展模式虽具有可借鉴性，但应具备唯一性。是采取自上而下还是自下而上或是混合推进模式，取决于各国的实际情况。因此，新能源产业的发展模式值得各国、各地区深入研究，特别是一些数理分析，如采用层次分析法（AHP）、人工神经网络（ANN）、多准则决策系统（MCDA）等方法，以科学决策采用适宜的发展模式。

6.2　新能源发展的产业政策研究

如前所述，世界各国为了推动新能源产业的发展，提出了不同类型的激励政策。但是，现有文献中，探讨新能源产业政策的政策框架及形成机制的较少。特别是，新能源产业政策与产业转型升级、产业变迁、产业竞争力的关系研究甚少。新能源产业竞争力的形成和提升，除了科技创新，还需要不断的制度创新。因此，新能源产业的产业政策值得各国、各地区深入实践，制度创新是新能源产业发展的重要推动力。

6.3　新能源发展的产业集群研究

新能源产业属于新兴的高科技产业部门，由于产业集群具有规模化效应、溢出效应以及降低交易费用等功能，所以集群化发展应是新能源产业走向规模化发展的必经之路。但是，现有的文献中对新能源产业集群的探讨较少。由于新能源的准公共物品的属性以及新能源产业的发展存在正外部性，新能源产业集群与传统产业集群有所不同，这将主要表现在新能源产业集群的形成机理、识别要素、动力机制、新能源产业集群与技术创新、组织创新、社会资本的关系、新能源产业集群的竞争优势、生命周期内新能源产业集群的演变等方面。因此，新能源产业的产业集群值得各国、各地区深入研究，以确立新能源产业对经济增长的推动作用。

6.4　新能源产业的国际合作研究

新能源对于应对全球气候变化意义重大。大多数新能源虽然是可再生能源，但是存在分布分散、密度较低等特点。所以，新能源开发与利用需投入大量研发资金，以加强技术创新。正因为如此，新能源比常规化石能源更需要国际间的技术合作。建立国际间的新能源技术合作机制，将推动低碳经济，实现可持续发展，从而对各国经济社会产生深远的影响。现有的文献中，对国际间新能源合作的探讨大多数是简单的描述性分析，而实证研究的较少。尹勇晚等[43]建立新能源合作的相对收益指数，并利用向量自回归模型（VAR）探寻能源合作指数（ECI）和贸易、GDP之间的关系，从而论证中韩新能源产业合作的重要性，并对两国新能源领域中合作的经济效应进行了评估。因此，新能源产业的国际合作值得各国、各地区深入开展，但必须利用经济理论进行有效指导。

参考文献

[1]　孟浩，陈颖健. 基于层次分析法的新能源产业发展能力综合评价. 中国科技论坛，2010（6）：51-58.

[2]　井志忠. 日本新能源产业的发展模式. 日本学论坛，2007（1）：74-79.

[3]　穆献中，刘炳义. 新能源和可再生能源发展与产业化研究. 北京：石油工业出版社，2009.

[4]　P. Menanteau，D. Finon，M. L. Lamy. Prices versus quantities：choosing policies for promoting the development of renewable energy.Energy Policy，2003（31）：799-812.

[5]　M. A. Schilling，M. Esmundo. Technology S-curves in renewable energy alternatives：Analysis and implications for industry and government.Energy Policy，2009（37）：1767–1781.

[6] S. Awerbuch. 决定真正的成本——为什么可再生能源电力比以前所认为的更具成本竞争力？赵建达译. 小水电，2004（3）：9-13.

[7] A. D. Owen. Renewable energy：Externality costs as market barriers.Energy Policy，2006（34）：632-642.

[8] International Energy Agency.Renewable energy：RD&D priorities，insights from the IEA technology programmes. Paris：IEA. 2006a.

[9] A. Evans，V. Strezov，T. J. Evans. Assessment of sustainability indicators for renewable energy technologies.Renewable and Sustainable Energy Reviews，2009，13（5）：1082-1088.

[10] R. Wustenhagen，M. Wolsink，Mary Jean Burer. Social acceptance of renewable energy innovation：An introduction to the concept. Energy Policy，2007（35）：2683-2691.

[11] J. H. Ausubel. Renewable and nuclear heresies. Nuclear Governance，Economy and Ecology，2007，1（3）.

[12] 李钢，张磊，姚磊磊. 中国风力发电社会成本收益分析. 经济研究参考，2009（52）：44-49.

[13] 张希良，陈荣，何建坤. 户用可再生能源发电系统成本效益研究. 可再生能源，2005（1）：12-15.

[14] 任姗，薛惠锋. 可再生能源电力外部效益量化及系统评价. 电力科技与环保，2010，8：7-10.

[15] H. Polatidis，A. Dias. Haralambopoulos.Renewable energy systems：A societal and technological platform.Renewable Energy，2007（32）：329-341.

[16] J. P. Painuly. Barriers to renewable energy penetration；a framework for analysis.Renewable Energy，2001（24）：73-89.

[17] S. Jacobsson，A. Johnson. The diffusion of renewable energy technology：an analytical framework and key issues for research. Energy Policy，2000（28）：625-640.

[18] B. Andersson，S. Jacobsson. The dynamics of technical change and the limits to the diffusion of solar cells. Mimeo. Department of Physical Resource Theory and Department of Industrial Dynamics，Chalmers University of Technology，Gothenburg，Sweden，1997.

[19] 史锦华. 西部民族地区可再生能源发展研究. 北京：新华出版社，2010.

[20] 李书锋. 我国可再生能源发展的经济学分析——基于租金理论视角. 经济问题，2008（7）：13-16.

[21] J.H.Wu&Y.H.Huang.Renewable energy perspectives and support mechanisms in Taiwan. Renewable Energy，2006（31）：1718-1732.

[22] 王敦清，秦守勤，巫文勇. 我国可再生能源发展的制度建构. 江西师范大学学报：哲学社会科学版，2006（12）：15-19.

[23] D. Reiche. Handbook of Renewable Energies in the European Union. Case Studies of all Member

States. Frankfurt/Main，Peter Lang，2002.

[24] L. Bird，E. Lokey.Interaction of Compliance and Voluntary.Renewable Energy Markets.Technical Report.NREL/TP-670-42096.October 2007.

[25] L. Alagappan，R. Orans，C.K. Woo.What drives renewable energy development？ Energy Policy，2011（39）：5099-5104.

[26] M. Bechberger，D. Reiche.Good Environmental Governance for Renewable Energies - The Example of Germany -Lessons for China？ Best.-Nr. P 2006-006.

[27] D. Reiche，M. Bechberger. Policy differences in the promotion of renewable energies in the EU member states.Energy Policy，2004（32）：843-849.

[28] J. A. Laborgne，P. Mimler，S. Local acceptance of wind energy. Factors of success identified in French and German case studies.Energy Policy 35（5），in press. doi：10.1016/j.enpol.2006.12.5.

[29] J. Morgenstern.Renewable energy for rural electrification in developing countries.the faculties of the university of Pennsylvania，2002.

[30] P. H. Kobos.The implications of renewable energy research and development：policy scenario analysis with experience and learning effects.the graduate faculty of Rensselaer Polytechnic institute，2002.

[31] 李书锋. 不确定性、政府激励机制与可再生能源技术进步. 科技进步与对策，2009（3）：89-91.

[32] P. del Rıo，G. Unruh.Overcoming the lock-out of renewable energy technologies in Spain：The cases of wind and solar electricity.Renewable and Sustainable Energy Reviews，2007（11）：1498-1513.

[33] 胡丽霞. 北京农村可再生能源产业化发展研究. 石家庄：河北农业大学，2008.

[34] J. L. Sawin.The role of Government in the development and diffusion of renewable energy technologies：wind power in the United States. California，Denmark and Germany 1970-2000.The Fletcher School of Law and Diplomacy，2001.

[35] F. Sissine.Renewable Energy Policy：Tax Credit，Budget，and Regulatory Issues. CRS Report for Congress July 28，2006.

[36] P.D.Lund.Effects of energy policies on industry expansion in renewable energy.Renewable Energy，2009（34）：53-64.

[37] J. M. Loiter，V. Norberg-Bohm.Technology policy and renewable energy：public roles in the development of new energy technologies.Energy Policy，1999（27）：85-97.

[38] D. E. Arvizu.Renewable Energy Technology Opportunities：Responding to Global Energy Challenges. Clean-Tech Investors Summit January 23，2007.

[39] L. Davis，D. North.Institution Change and American Economic Growth：A First Step Towards a theory

of institutional innovation the journal of economic history，the tasks of economics history，30（1）：131-149.

[40] 任东明. 中国新能源产业的发展和制度创新. 中外能源，2011（1）：31-36.

[41] N. Johnstone，I. Hascic，D. Popp.Renewable Energy Policies and Technological Innovation：Evidence Based on Patent Counts.Environ Resource Econ，2010（45）：133-155.

[42] F. Beck，et al. Renewable Energy Policies and Barriers.Encyclopedia of Energy，2004.

[43] 尹勇晚，龚驰，李天国. 中韩新能源产业合作的经济效应实证研究. 经济理论与经济管理，2011（4）：85-94.

我国水权理论研究述评

沈满洪 陈 锋

[摘要] 水权制度随着水资源稀缺程度的加剧而发生演化；我国学者关于水权的内涵有"一权说""二权说""三权说""四权说"4种；水权的特征不能简单地等同于水资源本身的特征；水权的分配应考虑优先权顺序和公平与效率的关系问题；水权交易涉及交易范畴、交易条件、交易主体等问题；水资源的市场观大致存在"无市场""纯市场""准市场"3种论点；我国水权理论研究和水权制度改革还属于刚刚起步阶段，水权理论研究前景广阔，水权制度改革潜力巨大。

[关键词] 资源经济学 水资源 水权 综述

根据2002年5月对维普中文网的检索，主题词"水权"键入，共获得53篇与本文相关的中文期刊文献，其中1996年1篇，1997年2篇，1998年2篇，1999年2篇，2000年10篇，2001年36篇。维普网的文献检索是并不完全的，有关水权理论的实际论文数估计为这一数据的数倍，从中可以看出我国学者研究水权问题快速递增的势头。并且已有个别研究水权问题的专著问世，如常云昆（2001）的《黄河断流与黄河水权制度研究》。本文根据能够收集的主要文献试图对我国水权理论研究作一述评。

1 关于水权制度的起源

随着工业化、城市化、现代化进程的加快，水资源越来越成为稀缺资源，水资源越

[发表期刊] 本文发表于《浙江社会科学》2002年第5期，被中国人民大学复印报刊资料《生态环境与保护》2002年第12期摘要转载。
[作者简介] 陈锋，男，1971年12月生，浙江大学城市学院教务处副处长。

来越成为制约经济社会发展的重要因素，在很多地方出现了"水比油贵"的现象。并且进一步演化为"水紧张""水危机"。这种危机表现在：洪涝灾害、干旱缺水、水环境恶化（汪恕诚，2001）。即：水多了，洪涝灾害频发；水少了，人们可供选择的水资源日益短缺；水脏了，水污染不断加剧。目前，在不少国家已经出现"水荒"，由于水资源问题引发的冲突越来越频繁，甚至引发水战争。如果说 20 世纪人们为油（石油）而战，那么 21 世纪将为水而战（陈克勤，2002）。

于是，有的学者指出，水权制度的起源是与水资源紧缺密不可分的，在人类开发利用水资源的早期阶段，水资源的利用是采取即取即用的方式，随着人口增长和开发活动的频繁，水资源成为一种短缺的自然资源，水权就作为解决特定地区社会系统冲突的制度而产生了（石玉波，2001）。裴丽萍（2001）在《水资源市场配置法律制度研究》一文中从水法的角度也得出了"随着水资源价值观的建立，以水资源为特别调整对象的水法及水权制度应运而生"的结论。张文龙等（2002）在分析东阳—义乌水权交易的案例时也明确指出了产权的确定与资源的稀缺性之间的内在关系。他们说："由于水资源越来越稀缺，加之水资源需求弹性小和不存在替代效应，这样不同利益单位的经济组织就有了界定水资源产权的冲动。"王亚华等（2002）分析指出，随着缺水的日益加剧，水权模糊的代价越来越大，基于行政手段的共有水权制度的运行成本越来越高。由此从整体上可以预见，现有水权制度变迁的方向是进一步提高水权的排他性，也就是所谓的明晰水权。

可见，水权制度之所以经历了公共产权到私有产权的转变，是由于水资源的稀缺程度的增加导致水资源的相对价格上升，而对水资源进行产权界定的相对成本大幅度下降，因此，建立水权制度所能获得的净收益日益提高。

2 关于水权的内涵

水权概念自产权概念延伸而来，关于水权的内涵主要有下列 4 种观点：

2.1 水权的"一权说"

周霞等（2001）认为，水权一般指水资源使用权。这样，作者把本是复数的水权（Water rights）修改成单数的水权，而在产权经济学上是不存在单数的产权的，产权指的是一组权利束，水权也是如此。缚春等（2000）进而认为，"水权"一般指水的使用权……考虑到水资源的随机性，使用权在本质上就是优先使用权。这里，首先把复数的"水权"

（Water Rights）缩小为单数的"水权"（Water Right），进而把单数的水权限制在"优先使用权"上。这种观点显然是简单化的非科学的认识。作为水权的基础当然是所有权，而不是使用权。优先使用权仅仅是某些国家在界定水权时的原则之一，而不是水权本身。

2.2　水权的"二权说"

汪恕诚（2001）在《水权与水市场》一文中论及："什么是水权？最简单的说法是水资源的所有权和使用权。有的文章里面还把经营权写进去，我认为只有在有了使用权的前提下，才能谈经营权，最主要的是所有权和使用权。"缚春等（2001）也认为，"水权即为水资源的所有权和使用权。"

有的学者在"二权说"基础上提出了水资源权属的层次划分理论（李焕雅、祖雷鸣，2001）。他们将水资源的使用权进一步分为自然水权和社会水权，其中自然水权包括生态水权和环境水权，社会水权包括生产水权和生活水权。

关于水权的"二权说"是对我国现行的《水法》的一种解释。我国《水法》明文规定："水资源属于国家所有，即全民所有。农业集体经济组织所有的水塘、水库中的水，属于集体所有。国家保护依法开发利用水资源的单位和个人的合法权益。"虽然这里没有直接提水资源的"使用权"，但已经明确包含着这一意思。其实，水法是人为制定的，水权问题也不是不可以越雷池一步。

水权的"二权说"不属于学理性的分析，而是实用性研究。它是基于我国的水法和水权改革的实际而加以阐述的。

2.3　水权的"三权说"

姜文来（2000）认为："水权是指水资源稀缺条件下人们对有关水资源的权利的总和（包括自己或他人受益或受损的权利），其最终可归结为水资源的所有权、经营权和使用权。"这里，作者已经把水权看做是一组权利束，这是符合产权理论的。但是作者对水权的划分还不够全面。

2.4　水权的"四权说"

有的学者从产权理论的一般原理入手来讨论水权问题。有的认为，产权是以所有权为基础的一组权利，可以分解为所有权、占有权、支配权和使用权（石玉波，2001）。有的"四权说"的表述有所不同，认为产权涉及使用权、收益权、处分权和自由转让权等（张范，2001）。这些作者都已经触及水权的理论基础，但都没有再往前走一步。实际上，产权就是对财产的所有权（广义的）——包括归属权（狭义的所有权）、占有权、支配权和使用权；它是经济主体通过财产（客体）而形成的经济权利关系；其实质是由于物的存在和使用而引起的产权主体之间的行为关系。因此，与此对应，水权也就是水资源的所有权、占有权、支配权和使用权等组成的权利束。

除了上述关于水权的界定以外，有的学者还研究了水权的分类。王亚华（2002）根据水资源的特点将水权区分了6种分类：国有水权、流域水权、区域水权、集体水权、私有水权和开放水权。

3 关于水权的特征

关于水权特征的研究文献不多。姜文来（2000）在《水权及其作用探讨》（以下简称"姜文"）一文中对此作了阐述，并被有的学者在做综述时看做权威观点（苏青等，2001）。姜文认为，水权与一般的资产产权不同，具有明显的特征，主要表现在：水权的排他性、水权的分离性、水权的外部性、水权交易的不平衡性。周霞等（2001）也提出了水资源产权的非排他性、外部性、水权交易的不平衡性等特性。笔者认为，姜文及有关论文存在诸多概念上的模糊和认识上的错误，需要进行澄清。

3.1 关于"水权的非排他性"

姜文称："我国宪法规定，水资源归国家或集体所有，这样导致了水权二元结构的存在。从法律层面上来看，法律约束的水权具有无限的排他性，但从实践上来看，水权具有非排他性。"姜文在此首先混淆了"水权"和"公有水权"的概念，想当然地以"公有水权"替代了"水权"概念，出现偷换概念的毛病。徐华飞（2001）指出："水的财产权利按其所有者范围大小可分为：私有产权、俱乐部产权和公共产权。"以"公有水权"替代"水权"明显存在以偏概全之嫌。其次，从我国的水权制度来看，无论根据《宪法》还是根据《水法》，都明确规定了水资源归国家或集体所有，也就是说，我国的水权制度属于公有水权制度。公有产权本来就是具有非竞争性和非排他性的，这是微观经济学早已说清楚的。既然如此，哪来"法律约束的水权具有无限的排他性"？

3.2 关于"水权的分离性"

姜文称："根据我国的实际情况，水资源的所有权、经营权和使用权存在严重的分离，这是由我国特有的水资源管理体制所决定的。"这是一个事实，但是这仅仅是同义反复而已。根据姜文自己对水权的定义，水权本来就不是某一单项的权利，而是一组权利束。既然是权利束，本来就是几权可以分离的。因此，分离性并不是水权的特性，而是产权的共性。

3.3 关于"水权的外部性"

姜文称："水权具有一定的外部性，既有积极的外部经济性（效益），也有消极的损失。"实际上，水权本身是无所谓外部性存在与否的。外部性问题是与产权界定相联系的。水资源由于其物品的特殊性，使得其界定为私有产权往往比较困难，或者界定的成本很高，所以，在绝大多数国家水资源产权往往是界定为国家或集体所有的，也有少数国家或地区（如美国的某些州）将水权界定为私有。公有产权往往会带来外部性问题，严重的时候甚至会导致"公共池塘的悲剧"（埃莉诺·奥斯特罗姆，2000）。

因此，外部性并不是水权所致，而是公有水权所致。之所以这种现象普遍存在，是由于在水资源的稀缺程度不高的情况下将水权界定为私有所需要的成本往往会高于公有水权可能引起的外部性。另外，姜文中所称的"积极的"外部性和"消极的"外部性的分类也是不准确的。经济学中，一般将外部性分为外部经济（或称正外部经济效应）和外部不经济（或称负外部经济效应）。各种外部性，要么表现为在收益既定时的私人边际成本与社会边际成本的不一致，存在外部成本；要么表现为在成本既定时的私人边际收益与社会边际收益的不一致，存在外部收益。因而不管是什么类型的外部性都会导致资源配置的扭曲，偏离帕累托最佳状态。所以世界上根本不存在"积极的外部经济性"。

3.4 关于"水权交易的不平衡性"

姜文称，由于我国的水资源归国家或集体所有，水权的交易是在收益权不变的前提下使用权或经营权的交易，交易的双方是两个不同的利益代表者，其地位是不一样的。一方通常是代表国家或集体组织，另一方则是为了获利的水资源经营者或使用者。实际上水权交易的不平衡性并不是永恒的法则，而仅仅是一种特例。从水权交易主体的角度加以考察可以说明这一点。假如水权交易主体是"政府"和"用水户"，那么水权交易可能发生的组合存在以下几种：政府与政府的交易，用水户与用水户的交易，政府与用水户的交易。可见，水权交易可能出现在平等人之间的交易，即在法律上完全平等的用水户与用水户之间的交易，例如美国西部地区发生的水权交易就是属于这种情况；也可能出现在平等的政府之间的交易，例如出现在浙江的东阳和义乌之间的水权交易就是两个平等的县级市政府之间的交易，两个政府分别代表各自的人民行使交易的权力，当然也可能会出现并不是并级的两个政府之间的交易，此时仍有可能存在"不平衡性"；而政府与用水户之间的交易，即姜文所称的水权交易的不平衡性问题，仅仅是其中一种情况。

可见，姜文所称的水权的特征均不能称为"特征"。那么，水权到底有没有区别于其他产权的特征？笔者认为，水权具有一般的产权所具有的有限性、可分解性、可交易性等属性（而非特性），除了水资源区别于其他资源的特性（如流动性等）外，从产权角度看，水权并无什么特征可言。刘斌等（2001）说得更加明白透彻："水权同时也是一项财产权，与其他财产权具有相同的特性。"

4 关于水权的分配

水权分配包含两层含义：水权的初始分配与初始分配之后的再分配，后者属于水权交易范畴。

关于水权初始分配问题的讨论大多集中于分配原则上。例如，石玉波（2001）认为，水权的初始配置应遵循下列原则：优先考虑水资源基本需求和生态系统需求原则、保障社会稳定和粮食安全原则、时间优先原则、地域优先原则、承认现状原则、合理利用原则、公平与效率兼顾公平优先原则、留有余量原则。实际上，这些原则看起来很全面、很综合，实际上要同步满足往往是困难的，有些原则相互之间可能还会有冲突。因此，这样的论述意义不大。

在水权分配原则确立上两个问题是特别重要的：

4.1 关于水权分配的优先权顺序

王治（2001）认为，水权配置首先要考虑人的基本生活用水需求的水权，即人基本的生活需求的水量，这种水权不允许转让；其次是农业用水；再次是生态环境的基本需求用水；最后是工业等其他行业用水的水权。保障人的基本生活用水优先权是大多数经济学家的共识。但是，将农业用水排在生态用水之前，未必可行。将农业用水排在工业用水之前，可能只是一种特例，当粮食问题不是问题的时候，将部分农业领域的低效率用水转向高效率的工业用水，这是资源配置的优化。

陈志军（2002）认为，水权分配优先权顺序的确立关键在于对用水户进行分类，对不同类型的用水需求分别采用不同的水权配置原则和管理办法。社会用水大体可分为生活用水、经济用水和公共用水，与其对应的分别是基本水权、竞争性水权和公共水权。

其水权分配的优先顺序是：基本水权—公共水权—竞争性水权。这种通过对用水需求的性质进行分类进而确定水权优先顺序的研究思路是值得肯定的。

竞争性水权虽然优先等级最低，但它在三类水权中总量最大、流动性最强，是水权体系中最活跃、最能体现水资源与经济发展关系及市场调节机制的部分。因此，还需要对这部分水权确定优先权顺序。不少学者认为，应考虑下列原则：用水现状优先原则、水源地优先原则、有益用水优先原则、不影响第三方原则（陈志军，2002；汪恕诚，2000）。

4.2　关于水权配置的效率与公平的关系

有人认为，水权配置要坚持效率与公平兼顾，公平优先的原则。在水权可交易的情况下，水权的初始分配对于效率不是很重要（前提是交易费用较低），因为水会通过交易流向效率高的用途，但水权的初始分配涉及公平问题（刘文强等，2001）。

有人则认为，现代经济是货币经济，通过"效率优先、兼顾公平"的水权交易，在一定约束下，优化用水量在不同行业的配置份额，追求最佳的经济效益，从而促进用水向科学、良性和可持续的方向发展（张郁等，2001）。显然，这里作者强调的是效率而不是公平。

实际上水权分配的公平与效率的关系离不开优先权顺序的确定。不同的用水需求具有不同的效率与公平的判断标准。基本水权、公共水权显然要强调公平优先，而竞争性水权则应以效率优先。

5　关于水权的交易

5.1　关于水权交易的范围

张郁等（2001）认为，由于我国各地水资源分布不均匀、经济发展不平衡，因此，建立适宜全国范围的水权交易市场是比较困难的；加之对水资源的开发利用和管理要从流域和大流域抓起。所以，目前国家设立水权交易市场应以大河流域为单位。这是一种主流观点，不过，水权交易未必要从大河流域为单位，中等甚至小河流域同样也可以进行水权交易。随着地区间水资源差异的日益扩大，通过引水工程实现水权交易也是大势所趋，如即将开始实施的南水北调工程中的水权的分配与交易都是重大现实问题。

5.2 关于水权交易的条件

水权交易的条件问题是经济学家们十分关注的话题。

裴丽萍（2001）从法学角度提出，水资源所有权主体的明确、水权制度的创设和水权贸易规则的完善是水资源市场配置所应具备的 3 个必要前提条件。

刘文等（2001）从新制度经济学的角度阐述了"水权转让需要一定的体制背景和资源条件"。他们认为，只有在市场经济条件下和水资源稀缺的情况下，明确规定水权才是有意义的。

陈纪蔚（2002）分析苍南吴家水库跨区域引水出现的水源地群众、引水公司、自来水厂、用户 4 方皆不满意的原因时指出，关键是水资源运营管理体制的不顺。

孟志敏（2000）从信息经济学的角度认为，水权市场有效运作的基本前提是对供求关系有非常清楚的基本信息。

张郁等（2001）从合约经济学的角度强调了"合约在水权交易市场中的作用"，认为水权交易合约化利于形成供求平衡机制、利于稳定价格、利于企业克服盲目性。

刘文强等（2001）以新疆塔里木河流域为例，强调了水权交易的非价格制度保证条件。这些条件包括：法律制度、管理机构、社区机制、计量技术等。他们指出，水权制度的建立和完善需要付出成本。只有当水资源的稀缺性超过一定程度，建立水权制度的收益超过成本时，建立一种水权制度在经济上才是可能的。

上述分析都在某一方面作出了深入的探讨，具有独到的见解。从中可见，水权交易问题不仅涉及制度问题而且涉及技术问题，不仅涉及经济学理论而且涉及法学理论，是一个十分综合的问题。经济学分析特别有效工具是包括产权经济学、法与经济学、交易费用经济学等在内的新制度经济学。

5.3 关于东阳-义乌水权交易

2000 年 11 月，东阳和义乌签订水权交易协议后，引起社会各界的广泛关注。多数人为之叫好。

胡鞍钢（2001）认为这是一次重大的改革实践，至少有三大意义：① 打破了行政手段垄断水权分配的传统；② 标志着我国水权市场的正式诞生；③ 证明了市场机制是水资源配置的有效手段。众多报刊大唱赞歌。《光明日报》发表了《开创水权制度改革先河》的专版文章（郑忠成等，2001），《中国环境报》也发表了《两亿元买水权——义乌人敢闯水市场》的文章（黄勇，2001）。

但是，时隔不久，就有报刊出来唱反调：水的所有权属于国家，是谁赋予了东阳转让横锦水库水权的权利？有的记者大声疾呼："水权主体当是国家，地方得益于法不容"（董碧水，2001）。

胡鞍钢等（2002）通过东阳-义乌水权交易的分析，得出了我国水权制度改革的若干启示：① 明晰水权，从取水许可制度逐步转向水权制度；② 允许水权适度流转，政府来规范水权市场；③ 今后相当长的时期内，政府将依然是水权市场的主体；④ 跨流域调水要引入市场机制。

笔者认为，虽然东阳-义乌水权交易存在天然缺陷，但是，从水权制度改革的角度看，怎么高估这一事件的意义也不过分。水资源从计划配置向市场配置的转轨过程中必然要冲破种种"教条"的束缚。但是，从东阳—义乌水权交易的实质来看，并不能将这一交易评价过高。由于这起水权交易的主体是两个县级市政府，而不是微观经济主体。因此，离真正的市场机制配置水资源还有相当的距离。但由于我国现行水权制度的特殊性，绝不能低估政府在推动水权制度改革中的重要作用。

6　关于水市场

关于水市场问题总体上有 3 种观点：

6.1　水资源"无市场论"

这种观点有两种类型：① 由于水资源的公共性、外部性等特性，使得市场在水资源配置中失灵，所以市场不起作用；② 由于水资源配置的市场失灵，水资源配置完全由政府替代，所以无须市场。不用市场机制就用政府干预，例如通过强有力的流域统一管理模式，通过流域立法，利用法律约束机制调节经济主体之间的利益冲突。水权理论诞生前，这种观点占据主导地位。例如，张岳在回答记者提问时明确指出："中国目前没有形成水市场"（蔡方，2001）。有的记者则提出了"水权：离市场有多远？"的疑问（刘萍，2001）。

6.2　水资源"市场论"

科斯定理的提出使得市场在资源配置中的作用范围大大扩展，包括水资源在内的自然资源都有可能通过市场机制来配置。陈安宁（1994）在分析了我国自然资源产权制度改革现状的基础上，明确提出，要确立符合市场经济体制的自然资源的流转制度，自然资源产权制度改革的目标模式就要使其交易逐步实现市场化。法律上应允许经营使用者之间可以按市场规则来进行自然资源使用权的自由交易。《瞭望新闻周刊》记者在《黄河水资源分配应重新洗牌》一文中以小标题形式提出"建立'水市场'势在必行"的观点。有记者（2000）撰文章称："水资源作为一种稀缺的经济资源，其配置可以不完全依赖于政府的指令性分配，也可以充分利用市场加以配置，而市场配置资源是有效率的。"可见，他们都主张自然资源（没有排除水资源）配置的市场化。这种观点就是把水资源当做一种商品，通过界定清晰的产权，利用市场加以配置，从利益机制出发建立流域"激励相容"的水管理机制。

6.3 水资源"准市场论"

更多的领导和学者认为，在计划经济向市场经济转型的时期，我国的水市场只能是一个准市场。汪恕诚（2000）认为："水市场不是一个完全意义上的市场，而是一个'准市场'。"胡鞍钢等（2001）也认为中国的水资源配置应采取既不同于"指令配置"也不同于"完全市场"的"准市场"。这种思路的实施可以由"政治民主协商制度"和"利益补偿机制"等辅助机制来保障，以协调地方利益分配，达到同时兼顾优化流域水资源配置的效率目标和缩小地区差距、保障农民利益的公平目标。石玉波（2001）也持"准市场"的观点。他认为，"水市场只是在不同地区和行业部门之间发生水权转让行为的一种辅助手段。因此，我们所谓的水市场或水权市场是一种'准市场'，表现在不同地区和部门在进行水权转让谈判时引用市场机制的价格手段，而这样的市场只能是由国务院水行政主管部门或其派出机构——流域水资源委员会来组织。"汪恕诚还指出了水市场是一个"准市场"的四大理由：① 水资源交换受时空等条件的限制；② 多种水功能中只有能发挥经济效益的部分才能进入市场；③ 资源水价不可能完全由市场竞争来决定；④ 水资源开发利用和经济社会紧密相连，不同地区、不同用户之间的差别很大，难于完全进行公平竞争（蔡方，2001）。

其实，上述 3 种观点在一定条件下都是正确的，只是适用条件有所不同。面对公共池塘问题，市场往往无能为力，而会采取社会机制来解决"公共池塘悲剧"（埃莉诺·奥斯特罗姆，2000）。当水作为"商品水"时，那么，市场可以发挥充分的作用，如矿泉水、纯净水等水资源的配置就是依靠市场机制实现资源配置的最优的。如果初始水权是界定给单个经济主体所有的，那么，水资源的配置也可以完全市场化。可见，"准市场"配置水资源仅仅是在计划经济向市场经济转轨过程中具有中国特色的配置模式，它具有过渡性，而不一定具有恒久性。

7 关于水权理论的研究展望

笔者认为，水权理论领域的下列问题是值得深入研究和探讨的：

（1）水权制度的纵向比较与横向比较。前者是指水权制度的起源和演化问题，要弄清水权制度为什么会产生、如何演化、如何创新等；后者是指水权制度的国别或地区比较分析，欧洲、美国、中国的水权制度是不同的，需要回答为什么不同国家或地区采取不同的水权制度、不同水权制度下水资源生产率有何不同、国外水权制度对中国有何借鉴意义等。

（2）水权交易的供求关系分析。水权交易过程是不同经济主体之间的博弈过程，需要分析不同政府之间的博弈、不同微观经济主体之间的博弈、微观经济主体与政府之间的博弈等各个层面。进而说明不同约束条件下博弈结果的不同，并确立水权交易的外部条件。

（3）水权定价模型的构建。水权交易的核心问题是水权价格的确定。水权定价既需要文字模型和数理模型，也需要计量模型，还需要对模型的适用条件进行分析，使得理论模型对实际操作具有指导意义。这项工作需要自然科学工作者和社会科学工作者的联合攻关。

（4）水权交易的成本—收益比较与外部效应分析。水权交易过程中所发生的各项成本和交易后所获得的收益增进都是需要逐项分析的，不仅需要定性分析，而且需要定量分析。水权交易过程或结果往往存在外部经济和外部不经济两种情况，这就需要研究水权交易对第三方的"溢出效应"和"侵占效应"，特别需要分析水权交易双方对第三方的侵害的分析，以及制止侵害法律赔偿原则的确定等。

（5）水权制度建立中的政府行为分析。水资源产权的界定、水权交易规则的制定、水权纠纷的处置、对水资源垄断的管制等都需要政府介入。水权交易市场确立以后，政府的主要作用是制定交易规则、加强交易市场的监管等，政府在水权制度建立中如何防止"政府失灵"和"市场失灵"，是否存在第3种机制，都是重要的研究内容。

（6）中国水权制度的改革与展望。中国水资源配置如何从重开源向开源与节流并重的转变、从重技术创新向技术创新与制度创新并重的转变、从计划配置和政府配置向部分市场配置的转变、从公有产权和国家经营向部分私有产权和部分私人经营的转变等，都是中国水资源配置体制改革所必须面对的重要问题，需要经济学家作出回答。由于不同的水权制度下水资源配置的效率是不一样的。作为从计划经济体制向市场经济体制转轨的中国来讲，到底选择什么样的水权制度是一个十分值得研究的问题。

参考文献

[1]　埃莉诺·奥斯特罗姆. 公共事物的治理之道. 上海：上海三联书店，2000.

[2]　蔡方. 水价·水权·水市场. 中国环境报，2001-03-26.

[3]　陈安宁. 论我国自然资源产权制度的改革. 自然资源学报，1994，9（1）.

[4]　陈纪蔚. "市场水"何时水畅其流. 浙江日报，2002-04-28.

[5]　陈克勤. 中东争夺：从土地到水源. 光明日报，2002-05-02.

[6]　陈志军. 水权如何配置管理和流转. 中国水利报，2002-04-23.

[7]　常云昆. 黄河断流与黄河水权制度研究. 北京：中国社会科学文献出版社，2001.

[8]　董碧水. 嵊州不满东阳卖水. 中国青年报，2001-04-19.

[9]　缚春，胡振鹏. 国内外水权研究的若干进展. 中国水利，2000（6）.

[10]　缚春，胡振鹏，杨志峰，等. 水权、水权转让与南水北调工程基金的设想. 中国水利，2001（2）.

[11]　胡鞍钢，施祖麟，王亚华. 从东阳-义乌水权交易看我国水分配体制改革. 经济研究参考，2002（20）.

[12]　胡鞍钢，王亚华. 转型期水资源配置的公共政策：准市场和政治民主协商. 中国水利，2001（11）.

[13]　胡鞍钢，王亚华. 从东阳-义乌水权交易看我国水分配体制改革. 中国水利，2001（6）.

[14]　黄河. 水市场的特点和发展措施. 中国水利，2000（12）.

[15]　黄勇. 两亿元买水权——义乌人敢闯水市场. 中国环境报，2001-03-26.

[16]　记者. 黄河水资源分配应重新洗牌. 瞭望新闻周刊，2000（28）.

[17]　姜文来. 水权及其作用探讨. 中国水利，2000（12）.

[18]　李焕雅，祖雷鸣. 运用水权理论加强资源的权属管理. 中国水利，2001（4）.

[19]　刘斌，杨国华，王磊. 水权制度与我国水管理. 中国水利，2001（4）.

[20]　刘萍. 水权：离市场有多远. 中国改革，2001（6）.

[21]　刘文，黄河，王春元. 培育水权交易机制促进水资源优化配置. 经济要参，2001.

[22]　刘文强，翟青，顾树华. 基于水权分配与交易的水管理机制研究. 西北水资源与水工程，2001，12（1）.

[23]　孟志敏. 水权交易市场. 中国水利，2000（12）.

[24]　裴丽萍. 水资源市场配置法律制度研究. 载韩德培主编《环境资源法论丛》第一卷，法律出版社，2001.

[25]　石玉波. 关于水权与水市场的几点认识. 中国水利，2001（2）.

[26] 苏青，施国庆，祝瑞祥. 水权研究综述. 水利经济，2001（4）.

[27] 汪恕诚. 水权和水市场. 中国水利，2001（11）.

[28] 王亚华. 水权和水市场：水管理发展新趋势. 经济研究参考，2002（20）.

[29] 王亚华，胡鞍钢，张棣生. 我国水权制度的变迁. 经济研究参考，2002（20）.

[30] 王治. 关于建立水权与水市场制度的思考. 中国水利报，2001-12-25.

[31] 徐华飞. 我国水资源产权与配置中的制度创新. 中国人口·资源与环境，2001（11）.

[32] 张范. 从产权角度看水资源优化配置. 中国水利，2001（6）.

[33] 张文龙，顾蕾，周伯煌. 由水权交易案到产权界定. 生态经济，2002（3）.

[34] 张郁，吕东辉，秦丽杰. 水权交易市场构想. 中国人口·资源与环境，2001（4）.

[35] 张岳. 关于中国建立水市场的几点认识和建议. 水信息网，2001-03-21.

[36] 郑忠成，毛湘宏. 开创水权制度改革先河. 光明日报，2001-03-13.

[37] 周霞，胡继胜，周玉玺. 我国流域水资源产权特性与制度建设. 经济理论与经济管理，2001（12）.

水资源经济学的发展与展望

沈满洪

［摘要］　水资源经济学是指研究日渐稀缺的水资源优化配置问题的经济科学。该学科的发展经历了空白阶段、萌芽阶段和诞生阶段，目前已进入到深化阶段。该学科的发展呈现出研究内容的扩展趋势、研究重心的转移趋势和学科发展的深化趋势。从"重供给分析、轻需求分析"向"供给分析与需求分析并重"的转变、从"重技术分析、轻制度分析"向"技术分析与制度分析并重"的转变、从"重工程设计、轻政策设计"向"工程设计与政策设计并重"的转变是水资源经济学研究内容和水资源政策的重要转型。

［关键词］　水资源经济学　发展历史　学科展望　政策趋势

1　水资源经济学的研究对象

资源经济学是经济学的一个分支学科。水资源经济学是资源经济学中的一个分支学科。由于水资源的不可替代性和日渐稀缺性，资源经济学越来越重视对水问题的研究，在一系列水资源经济理论成果的基础上形成水资源经济学。所谓水资源经济学就是研究日渐稀缺的水资源优化配置问题的经济科学，旨在使消费者以同样的水资源消耗获得尽可能大的效用满足或者以尽可能少的水资源消耗获得同样的效用满足，使生产者以同样的水资源投入获得尽可能高的产出水平或者以尽可能少的水资源投入获得同样的产出水平。

［发表期刊］本文发表于《湖北民族学院学报》2008 年第 6 期。

水资源具有十分广泛的用途和极其丰富的功能，大体上分具有生活用水功能、生产用水功能和生态用水功能。生活用水功能包括饮用、梳洗、装点等功能，生产用水包括农业用水、工业用水、运输用水、养殖用水等功能，生态用水包括水生态景观、水生态调节、水环境容量等功能。这种水资源的多用途性，就需要经济学研究如何将稀缺的水资源配置到人们最急需的地方去，以产生最高的效用。

由于水资源的功能广泛，对水资源经济学的研究对象进行界定十分复杂，于是，现有的水资源经济学著作往往回避这个问题。只有 S. Merrett 试图对此进行回答，他在《水资源经济学导论：国际视角》（1997）一书中用英语单词"Hydroeconomics"表述"水的经济学"或称"水资源经济学"。他认为，水资源经济学的研究客体包括：河流、湖泊、湿地、近海水域的保护；陆地的排水系统；洪水防范和海岸保护；大坝项目；洁净水的供给；家庭、农业、工业和其他部门的水资源的使用；废水的处理及其排放。进而他阐述了水资源经济学理论和政策分析的 10 大领域：① 向家庭、农业、工业和其他部门供应符合质量标准的足够的水资源；② 确保低收入家庭的洁净水的使用；③ 确保农牧业水资源的供给和使用；④ 净化家庭、农业和工业排放的污水；⑤ 防止洁净水供应和废水收集企业垄断权力的滥用；⑥ 保障城乡抗洪及其排水；⑦ 保护地表水和地下水循环流动的能力；⑧ 保护在所有洁净水和海洋水环境中的生物物种及其生活习性；⑨ 减少和消除国际水资源冲突；⑩ 确保政府为了达到上述目标进行公共投资的支出的透明性。他的分析，概括了水资源经济学研究的可能领域，但是并未对此进行严格界定。

简单地说，水资源经济学涉及 3 个大的问题：① 如何把过多的水化害为利，这一部分可以称作水利经济学；② 如何使有限的水资源优化配置，这一部分可以称作水资源经济学；③ 如何防止和处置超过环境容量的废水排放，这一部分可以称作水环境经济学。有的学者在分析水危机时，将危机的表现形式概括为"水多了"（洪涝灾害）、"水少了"（水资源短缺）和"水脏了"（水环境污染）。这正好对应于前面的 3 个问题。

由此，可以判断，水资源经济学的研究对象及其范围可以分成 3 个层次：第 1 层次，"狭义的水资源经济学"，只包括符合一定水质要求的水资源数量配置的研究内容；第 2 层次，"中义的水资源经济学"，同时包括水资源数量配置和水环境质量配置的研究内容；第 3 层次，"广义的水资源经济学"，同时包括水资源数量配置、水环境质量配置和水灾害防范等研究内容。从现有水资源经济学的分析比较可以看到，针对这 3 个层次不同范围开展研究的都有，S. Merrett 的《水资源经济学导论：国际视角》（1997）就是狭义的水资源经济学，N. Spulber 和 A. Sabbaghi 合著的于 1994 年初版、1998 年再版的《水资源经济学：从规制到私有化》就是中义的水资源经济学，D. Shaw 于 2005 年出版的《水资源经济学与政策导论》就是广义的水资源经济学。一般而言，洪涝灾害属于灾害经济学研究的范畴，水资源经济学主要研究水资源短缺和水环境污染问题尤其是前者。本书选取"中义的水资源经济学"。

水资源经济学属于资源经济学的分支学科，随着水资源经济学研究的深化，该学科本身又出现了一些分支，例如水供给经济学与水需求经济学，水市场经济学与水管制经济学，水技术经济学与水制度经济学，水资源产权理论与水资源价格理论等。这些不同的分支学科均有其独特的研究对象。

2　水资源经济学的发展历史

水资源经济学是一门新兴学科，但是，其发展势头十分强劲，其研究成果呈现出按照指数函数增长的态势。纵观水资源经济学的发展历史，大致上可以划分为下列 4 个阶段：

2.1　水资源经济学的空白阶段（20 世纪 30 年代以前）

长期以来，水资源是自由取用的自由物品。水资源自由取用阶段是水资源问题尚未引起经济学家关注的时期，属于水资源经济学的空白阶段。这个阶段基本上与古典经济学和新古典经济学相对应。

在农业经济时期，特别稀缺的资源是土地和劳动，"土地为财富之母，劳动为财富之父"就是针对农业经济时期而言的。在工业经济时期，特别稀缺的资源是资本和劳动，生产函数所定义的"产品的最大产量是技术状况给定的情况下资本投入量和劳动投入量的函数"就是针对工业经济时期而言的。无论在农业经济时期还是工业经济时期，附着在土地上的水资源都没有成为经济学家关注的对象，水资源被认为是自由物品而不是经济物品，它与空气一样，是可以取之不尽、用之不竭的。

从价值论角度看，水资源被认为是没有价值的，因为它没有凝结人类的一般劳动。因此，经济学著作中很少涉及水资源问题。在经济学鼻祖亚当·斯密（Adam Smith）于1776 年发表的《国民财富的性质及原因的研究》（上卷）第四章中提出了著名的价值悖论："水的用途最大，但我们不能以水购买任何物品，也不会拿任何物品与水交换。反之，金刚钻虽几乎无使用价值，但须有大量其他货物才能与之交换。"[①]这一价值悖论也

---

① 亚当·斯密. 国民财富的性质及原因的研究（上卷），商务印书馆，1972 年 12 月，第 25 页。

被称为"水—钻石之谜"。"水—钻石之谜"的基本含义是：水的效用很大而价值很低或为零，钻石的效用很小而价值很高，是不是价值体系出现了问题？现代经济学的消费者剩余理论已经解开了这个谜底。此时，斯密还是用来说明水资源的无价或低廉。

2.2 水资源经济学的萌芽阶段（20 世纪 30—70 年代）

随着外部性理论和公共物品理论的发展，水资源逐渐被认为是一种具有极强外部效应的公共物品，由此要求政府管制。水资源经济学的萌芽阶段是对应于水资源政府管制阶段的。这个阶段的时代特征是 20 世纪 30 年代的世界性经济危机和 20 世纪五六十年代世界性资源环境危机。这个阶段的理论背景是庇古（A. C. Pigou）《福利经济学》的出版（1920 年第一版）和凯恩斯（J. M. Keynes）《就业、利息与货币通论》的发表（1936）。

把 20 世纪 30—70 年代概括为水资源经济学的萌芽阶段的依据有 3 个：

（1）关于水利公共工程的经济学分析。在世界性经济危机面前，凯恩斯革命为各国政府提供了灵丹妙药。西方发达国家纷纷上马水利工程，达到既使水资源优化配置又实现拉动内需的一箭双雕的目的。美国在罗斯福新政时期兴建的胡佛大坝就是这个政策的一个标志。根据《新帕尔格雷夫经济学大辞典》的介绍，对水资源经济学的关心始于 1936 年美国通过的洪水控制法。这一法律规定：所有的人都能得到超过投资额的收益。以此证明工程开发的合理性。

（2）关于水环境管制的经济学分析。著名福利经济学家庇古早在 1920 年就提出了解决外部性问题的处方：在收益给定的情况下，如果私人成本小于社会成本，那么建议政府向企业征税，遏制企业过度生产，使得私人成本等于社会成本，实现外部性的内部化；在成本给定的情况下，如果私人收益小于社会收益，那么建议政府向企业提供补贴，激励企业多生产这种产品，使得私人收益等于社会收益，实现外部性的内部化。随着世界性资源环境危机的爆发，资源环境经济学家将庇古的理论应用于水资源管理的现实问题尤其是水污染问题。J. Meade 于 1952 年在《经济学》杂志发表了"外部性经济学与竞争性状况的非经济性"的论文，进而呼吁政府对水环境治理加以管制的论文大量涌现，例如 W. J. Baumol 于 1972 年在《美国经济评论》杂志上发表了"税收与外部性的控制"，明确呼吁政府征收庇古税。在这些理论的指导下，环境保护进入了管制阶段。

（3）关于流域统一管理的经济学分析。G. Hardin1968 年发表在《科学》杂志上的"公地的悲剧"揭示了公共资源可能面临个人理性导致整个社会非理性的结论。H. Demsetz，1967）在其论文中则明确提出了流域水资源统一管理和水污染统一治理的建议。随着统一管理论的出台，与此相对应，不少学者就如何进行统一管理献计献策，提出了一系列线性规划和非线性规划的理论、方法和技术。在这一背景下美国的流域纷纷成立流域管理局或流域协调委员会。"河流流域协调委员会"新设立的收益与成本小组委员会，开始研究该立法中这部分内容的经济含义。最初，注意力集中在寻找某种恰当的投资准则。所谓准则，不仅指恰当地确定工程设计、工程规模、工期诸问题，还包括估算各种非价格服务的价值，诸如减少洪水危害的价值以及驳船免费使用运输水道的价值。在整个 20 世纪 30 年代，这种方法被"田纳西河流域管理局"用来估算洪水控制设施的价值，并由美国工兵部队在国内其他地区运用。在 20 世纪 30—40 年代，使田纳西河流域工程得以继续进行下去的构想，主要是由收益与成本小组委员会协助工程规划人员做出的。

在这个阶段的研究成果中冠以"水资源供给""水资源规划""水资源管制""流域统一管理"等字样的文献成为一个特色。与理论研究相对应，政策实践也是强调政府干预和管制。但是，这个阶段尚未形成系统的水资源经济学理论。

2.3　水资源经济学的诞生阶段（20 世纪 80 年代到 21 世纪初期）

随着经济学的发展，经济学家认识到，水资源既有公共物品的属性，又有私人物品的属性，属于混合物品。既然如此，就要引入市场机制。水资源经济学诞生时期对应于水资源放松管制阶段，是与新自由主义基本一致的。20 世纪 80 年代以来，作为前一个阶段的延伸，水资源经济学研究人员对水资源管制理论还作了一些后续研究和总结，发表了一些水资源供给、水资源规划、水环境管制、一般均衡理论在水资源管理中的应用等论著，但是，更多的水资源经济学家开始反思前一阶段的思想，呼唤市场机制引入水资源管理领域，并促成水资源经济学的正式诞生。

这个阶段的代表性理论主要有：

（1）水权理论的兴起。水权理论不仅是水资源经济学的关注重点，也是现代经济学研究的前沿理论之一。有关水权经济学的研究在《水资源研究》（*Water Resources Research*）、《水研究》（*Water Research*）、《水国际》（*Water International*）、《水资源公报》（Water Resources Bulletin）等水资源研究的专业期刊上常有文献报道，连主流经济学的期刊也有水权理论的文献刊出。在这个阶段就已经有少量专著问世，早期的代表性著作是 T. L. Anderson 于 1983 编辑出版的《水权：稀缺资源配置、官僚政治与环境》（*Water Rights: Scarce Resource Allocation, Bureaucracy and the Environment*），这是一本由"产权与决策"、"制度与体制改革"和"走向私有化"三大部分共 9 个专题组成的论文集，汇集了水权理论研究的主要成果。通过 10 多年的努力，已经使水权理论成为水资源经济学的重要组成部分，并指导许多国家着手水权制度的改革。

（2）水需求理论的兴起。水需求理论的兴起有两个背景：① 水资源的供给存在"增长的极限"，突破这个极限将危及水生态安全；② 资源环境价值评价理论的渐趋成熟，使水需求理论有了定量发展的基础。由 S. Renzetti（2002）著的《水需求经济学》（*The economics of water demands*）是水需求理论研究的代表性成果。

（3）水市场理论的兴起。关于水市场理论的代表性观点有：① 市场有效论。有的学者认为，让市场机制配置水资源能够使稀缺的水资源从低效率部门流向高效率部门，使水资源产生更高的价值。② 市场失灵论。有的学者则认为，水是一种公共产品，水市场面临着市场失灵的危险，因此，水制度具有国家的战略重要性。③ 市场有限论。有的学者认为，市场与政府的作用都有局限性，善于管理的水部门需要公共部门与私营部门参与的平衡，水资源的管理往往是市场激励与政府管制的混合。

（4）反管制理论的兴起。20 世纪 90 年代末期，美国经济学家 P·麦卡利发表了《大坝经济学》（2001）。对水利工程作了一番认真而深刻的反思。作者在结束语中指出："人类经济的、文化的和精神的生活方式需要得到满足，而维护健康的流域应当受到鼓励，而破坏流域的力量，即从总体上破坏自然界的力量，应当受到遏制。从长远的观点看，没有健康的流域也就没有健康的社会存在。"[①]这反映出经济学家对管制理论和实践的一种深刻反思。反管制理论的兴起，要求政府管制的慎用，而要放松管制，引入市场。D. Helm 和 N. Rajah 在 1994 年对水规制理论的评述中揭示了随着放松管制政策的实施，投资于水产业的私人资本呈现出明显递增的趋势。同时，他得出两个结论：① 水市场的规制需要制度设计和整合；② 水项目的评价除了经济评价外要增加环境评价。

上述 4 个领域的纷纷兴起，加上以往理论的积累，使水资源经济学的诞生水到渠成。1994 年，N. Spulber 和 A. Sabbaghi 合著的《水资源经济学：从规制到私有化》（*Economics of water resources：from regulation to privatization*）的第一版出版于 1994 年，1998 年又再版了该书。这是水资源经济学正式诞生的一个标志。之所以称为标志，不仅因为它是第一本水资源经济学专著，而且因为这本水资源经济学比较全面地反映了水资源经济学研究的已有成就，同时，它反映了水资源经济学研究由管制到市场化的一个趋势。

作为这个阶段自然资源经济学的标志性成果是 A. Dinnar 与 D. Ziliberman 联合主编出版的"自然资源管理与政策"（Natural resource management and policy）大型系列丛书。在这套丛书中，水资源经济学的论著占据极其重要的分量。

---

① P·麦卡利. 大坝经济学. 中国发展出版社，2001.

2.4 水资源经济学的深化阶段（21世纪初期以后）

21世纪以来，人们越来越清醒地认识到，水资源是不可替代的战略资源，是一种日益稀缺的重要资源，是一种"最后的资源"，水资源经济学必须将研究推向纵深。基于这样的认识，水资源经济学的研究呈现出需求与供给两旺的状态，水资源经济学明显成为朝阳学科。这个阶段大致上与新古典综合派等寻求第三次综合的主流经济学吻合。

综观水资源经济学的发展状况，大致上可以辨别出如下三大趋势：

（1）研究对象的扩展趋势。从研究对象上看，水资源经济学的研究呈现出从狭义的水资源经济学向广义的水资源经济学发展的趋势。学科的划分本身就是人为的，随着各个学科的研究的深入，越来越表现出学科之间的交叉与渗透，如水资源经济学与水环境经济学的交叉与渗透、水资源经济学与水灾害经济学的交叉与渗透，又如水资源经济学与水资源政治学的交叉与渗透、水资源经济学与水资源社会学的交叉与渗透。这些都要求，在水资源经济学研究中既要把握研究对象的稳定性，又要考虑研究范围的适度拓宽，避免形成学科壁垒。

（2）研究重心的转移趋势。从研究内容上看，水资源经济学的研究呈现出从"重供给分析、轻需求分析"向"供给分析与需求分析并重"的转变、从"重技术分析、轻制度分析"向"技术分析与制度分析并重"的转变、从"重工程设计、轻政策设计"向"工程设计与政策设计并重"的转变、从"重基本需要、轻享乐需要"向"基本需要与享乐需要并重"的转变的趋势。从研究方法上看，水资源经济学的研究呈现出"重定性分析、轻定量分析"向"定性分析与定量分析并重"的转变、从"重数理分析、轻统计分析"向"数理分析与统计分析并重"的转变。

（3）学科发展的深化趋势。从理论上看，经过长期的理论准备，水资源经济学需要一次系统的整合；从实践上看，水资源形势的日益严峻，水资源经济学者必须面对现实提供综合性的制度设计；从理论与政策的结合上看，水资源经济学的研究呈现出从理论研究与政策研究"两张皮"到"一张皮"转变。这样，其研究成果一方面可以被政府和企业所采用，促进水资源问题的解决；另一方面其研究成果又可以上升到理论层面，促进水资源经济学的发展。如果仅从政策本身来看，又呈现出从"单项制度选择"到"制度体系设计"的转变的趋势。学科的深化与综合，必然要求各个学科之间的密切配合，因此，从学科分工与合作的角度看，还呈现出从"各个学科孤军奋战"向"各个学科相互配合"的转变的趋势。

这些趋势既表明水资源经济学研究潜力无限，又表明如果把握这些趋势可以使水资源经济学的学习和研究达到事半功倍的效果。

表 1 对水资源经济学发展历史的 4 个阶段作一比较和概括。

表 1　水资源经济学发展阶段的比较

序号	阶段名称	阶段时间	阶段特征	与主流经济学的对应	标志成果
1	水资源经济学空白阶段	20 世纪 30 年代以前	作为"自由物品"的水资源采取放任态度	对应于古典经济学和新古典经济学	"水—钻石之谜"价值悖论
2	水资源经济学萌芽阶段	20 世纪 30—70 年代	作为"公共物品"的水资源采取管制手段	对应于凯恩斯主义	水工程的成本—收益分析、水管制、水供给等理论
3	水资源经济学诞生阶段	20 世纪 80 年代到 21 世纪初期	作为"混合物品"的水资源强调放松管制	对应于新自由主义	水资源经济学系列成果发表，学科体系形成
4	水资源经济学深化阶段	21 世纪初期以后	作为"最后的资源"的水资源采取综合管理	对应于新古典综合派	水资源经济学学科体系的综合及研究内容的深化

3　水资源管理政策的三大趋势

3.1　"三个结合"的趋势

　　水资源管理向来是政府的重要职责，在相当长的时期甚至是政府的主要职责。但是，随着经济社会的快速发展，人们越来越认识到管理者与被管理者之间、不同经济主体之间是一个互动的过程，是一个制衡的结构。在水资源管理中是一个典型的政府、企业、公众三足鼎立的关系。政府与企业之间、政府与公众之间不是简单的管理者与被管理者之间的关系，而是相互制衡的关系。

　　（1）政府与企业的关系。从水资源的供求关系而言，政府（或是其某个机构）是供给者，企业是需求者；从权利义务关系看，企业向政府缴纳水资源税或费，政府向企业提供水资源安全保障等公共产品；从政策的制定与实施的关系看，政府是政策制定和实施的主体，企业是政策作用的对象，但是企业在政策制定过程中可以发表自己的声音，企业可以对政府的政策实施加以监督。

（2）政府与公众的关系。从水资源的供求关系看，政府是水资源的供给者，公众是水资源的需求者；从权利义务关系看，公众向政府缴纳水资源费或水资源税，政府利用水费向公众提供水资源安全保障等公共产品；从政策制定和实施的关系看，公众选举出来的政府制定和实施水资源政策，公众有权参与水资源政策的制定和实施。

（3）企业与公众的关系。作为生产者的企业是商品市场的供给者，作为消费者的公众是商品市场的需求者。企业按照利润最大化原则选择生产什么、生产多少，公众按照效用最大化原则选择购买什么、购买多少。在这个买卖关系中，公众具有极大的选择权，对于有利于水资源保护、有利于水资源节约、有利于水生态安全的产品多购买，反之则少购买，以此对企业的行为产生重大影响。

3.2 "三个转变"的趋势

3.2.1 从"重供给管理、轻需求管理"向"供给管理与需求管理并重"的转变趋势

随着人口和经济的快速增长，经济社会对水资源的需求呈现出不断递增的趋势。但是，水资源的供给是存在一个生态安全极限的，也就是说超过这个极限，会导致生态灾难，使得人类的取水行为得不偿失。因此，在接近生态安全极限的情况下，必须强调需求管理，通过提高水资源效率遏制过度水资源需求。

图 1 表明，当水资源供给曲线处于 S_1 位置的时候，由于水资源仍然比较富余，可以继续采取扩大供给的方式缓解水资源供求矛盾，例如将供给曲线移动到 S_2 的位置。但是，S_0 是一个生态安全极限，也就是说，人类的生产用水和生活用水的最大数量就是 W_0，超过 W_0 部分应留作生态用水。因此，供给政策的使用存在一个极限，超过这个极限就不再有效。

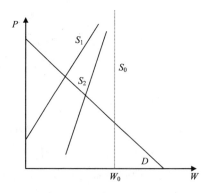

图 1　水资源供给的生态安全极限

那么，如果一个经济社会对水资源的需求超过了 W_0 怎么办？此时，只能选择需求管理政策。例如，通过提高水价遏制水需求，通过提高水效率减少水需求等。可以说，提高水资源效率的潜力很大，因此，需求管理政策的潜力也很大。

3.2.2　从"重技术创新、轻制度创新"向"技术创新与制度创新并重"的转变的趋势

技术创新可以降低水利工程的成本、可以提高水资源效率、可以使废水变成水资源。促进技术创新是保障水资源安全的长久之策。对于中国而言，要不遗余力地推动水资源科学的发展、促进水资源技术的研发、加速水资源技术市场的建设、推广水资源技术的应用。

但是，仅仅强调水技术创新是不够的。原因有两个：① 没有制度创新作保障，技术创新的进度会受到严重影响；② 技术创新成果的应用也要以制度创新为保障。一些发展中国家的经验表明，没有良好的制度保障，即使一项先进的水利工程建成了也不能发挥应有的作用。

例如，在促进企业循环用水的过程中，按照现有技术往往存在"循环不经济"的现象。也就是说，技术研发的水平能够使得企业的废水经过治理后重新回用，这样使企业废水做到"零排放"，但是，不能做到使企业废水在循环利用的过程中获得经济效益，即企业治理一个单位的废水达到可以循环利用的质量要求，其成本往往高于取用自来水的成本。这样对企业而言是循环不经济的。这时，如果要推动循环技术的应用，必须进行制度创新。要么进一步激励科技人员开展科技创新，降低废水治理成本，直至废水治理成本低于自来水价格；要么提高自来水价格，使自来水价格高于企业废水治理成本；要么政府给企业提供一个循环用水的成本补贴，使企业循环用水有利可图。

3.2.3　从"重工程设计、轻政策设计"向"工程设计与政策设计并重"的转变的趋势

自古至今，水利工程设计数不胜数。每当谈到设计就是工程设计、工艺设计、款式设计等，少有论及政策设计的。实际上，政策设计是水资源管理中的一个重要方面。一项科学管理制度必须通过具体的政策才能加以实施。

在水资源管理中政策设计已经远远超出传统的税收政策、价格政策等。一些被传统经济理论认为难以使用市场机制和市场政策的领域，目前也已经成为政策设计的热点领域。例如，长期以来认为水权属于公共产权，难以进行市场交易，但是随着水资源稀缺程度的提高，水权界定和保护的成本越来越低于其制度创新的收益，因此，进行水权界定、鼓励水权交易就成为一项有利于增进社会福利的政策。又如，长期以来，人们认为

环境污染必须依靠管制手段，庇古理论推翻了环境保护一元化的政策，提出了庇古手段这一经济手段，科斯理论又进一步推翻了庇古手段，提出了科斯手段这一更加市场化的经济手段。目前，排污权交易已经成为以最低的成本实现环境保护目标的政策手段。

这样的一些手段都需要基础科学的研究，更需要应用科学的探索，需要从实践上升到理论，再以理论指导实践的反复探索。这个探索过程就是一个政策设计的过程。

3.3 "三个评估"的趋势

发达国家在水利工程的兴建、水资源政策的制定和实施过程中往往要开展事前评估、事中评估和事后评估这"三个评估"。这是水资源政策的一个趋势。

3.3.1 事前评估

一个水利工程从无到有，一项水资源政策从老到新，无一不涉及成本—收益的比较，而且应该是综合考虑内部成本和内部收益、外部成本和外部收益后的成本—收益比较。事前评估是指一项水利工程兴建前或水资源政策出台前的成本—收益分析，是科学决策的重要依据。

例如，中国正在实施东、中、西三线的南水北调工程。是否需要上马南水北调工程，就需要评估实施该工程的收益有多大、实施该工程的成本有多大、实施该工程的外部损害有多大等等。如果研究和评估结果表明，实施该工程的社会净收益是大于零的，那么，该工程也许是值得实施的。

在事前评估过程中还不能只进行单个方案的评估，而要进行多方案的比较。继续以南水北调工程为例。如果利用小于或等于南水北调的资金用于华北地区的节水技术改造，同样可以解决华北地区的水资源供求矛盾，那么，就意味着实施华北地区节水技术改造方案比南水北调工程方案更加可取，因为至少可以带来防范南水北调工程实施所可能带来的长江流域的生态风险。

3.3.2 事中评估

虽然一个水利工程兴建前或水资源政策出台前已经作了经济评估和生态评估等，但是，由于事先评估的信息往往不完全的，因此，其评估结论往往未必是可靠的。在一个工程或政策的实施过程中不断会出现新情况、新问题，因此，需要针对新情况、新问题及时进行重新评估。

例如，某些水利工程的事先评估往往导致预算偏低，预算偏低对于赞成上马该项目的经济主体而言其好处是在事先评估中可以得到一个比较显著的水利工程效益。但是，在水利工程兴建的过程中发现，原来的预算无法建成该项目。这时就面临着两个选择：① 中止建设该工程，这样，已有的投入就成为沉没成本；② 追加预算，这样，工程的净收益大幅度下降。这时，就不是一个如何获得更大净收益的选择，而是一个如何降低损失的选择。由此可见，对于评估工作要有硬性约束，实行责任追究制，对于评估结果出现严重失误的要追究其法律责任。

3.3.3　事后评估

事后评估是对一个水利工程建成使用若干年后或一项水利政策实施一段时间以后所进行的成本－收益的比较分析。事后评估容易被忽视。实际上，事后评估的意义不亚于事前评估和事中评估。实际观察可以判断，不少水利工程是违背理性原则的形象工程，不少水资源政策是与政策目标相悖的短视政策。通过事后评估有利于检验一个项目或政策的决策科学性程度，有利于从以往决策中吸取经验教训。

例如，在罗斯福新政时期世界各国兴建了大量大坝，大坝的兴建既做到化害为利，又做到拉动内需，达到了一箭双雕的效果。但是，长期运行以后的实际结果表明，大坝的兴建需要支付极大的维护成本，大坝的兴建带来了重大的生态损害，大坝的兴建带来了事先没有预料到的地质灾害，等等。因此，进入 20 世纪 90 年代以来人们开始反思大坝问题。

参考文献

[1]　N. Spulber，A. Sabbaghi. Economics of water resources：from regulation to privatization. Boston：Kluwer Academic Publishers，1994.

[2]　N. Spulber，A. Sabbaghi. Economics of water resources：from regulation to privatization. Boston：Kluwer Academic，1998.

[3]　S. Merrett. Introduction to the economics of water resources：an international perspective. Lanham：Rowman & Littlefield，1997.

[4]　S. Renzetti. The economics of water demands. Boston：Kluwer Academic Publishers，2002.

[5]　A. Dinar，D. Zilberman. Economics of Water Resources：The Contributions of Dan Yaron，Boston：Kluwer Academic Publishers，2002.

[6]　B. Saliba，D. B. Bush. Water Markets in Theory and Practice：Market Transfers. Water Values and

Public Policy，Boulder，CO：Westview Press，1987.

[7] T. L. Anderson. Water Rights：Scarce Resource Allocation，Bureaucracy，and the Environment. San Francisco：Pacific Institute for Public Policy Research，1983.

[8] D. D. Parker，Y. Tsur. Decentralization and Coordination of Water Resource Management. Boston：Kluwer Academic Publishers，1997.

[9] R. E. Just，S. Netanyahu. Conflict and Coorperation on Trans-Boundary Water Resource. Boston：Kluwer Academic Publishers，1998.

[10] C. J. Bauer. Against the Current：Privatization，Water Markets，and the State in Chile. Boston：Kluwer Academic Publishers，1998.

[11] I.H. Olcay Unver，et al. Water Development and Poverty Reduction. Boston：Kluwer Academic Publishers，2003.

[12] J. Meade. External Economics and Diseconomies in a Competitive Situation. Economic Journal，1952，62：54-67.

[13] W. J. Baumol. On Taxation and the Control of Externalities. America Economic Review，1972：307-321.

[14] G. Hardin. The Tragedy of the Commons. Science，1968（162）：1243-1248.

[15] H. Demsetz. Toward a Theory of Property Rights. American Economic Review，1967（57）：347-359.

[16] R. W. Wahl. Markets for Federal Water：Subsidies，Property Rights，and the Bureau of Reclamation. Washington，DC：Resources for the Future，1989.

[17] D. Helm，N. Rajah. Water Regulation：The Periodic Review. Fiscal Studies，1994，15（2）：74-94.

[18] A. C. Pigou. Economics of Welfare. London：Macmillan，1920.

[19] R. H. Coase. The Problem of Social Cost，Journal of Law and Economics，1960（3）：1-44.

[20] 凯恩斯. 就业、利息与货币通论. 商务印书馆，2005.

[21] 埃莉诺•奥斯特罗姆. 公共事物的治理之道——集体行动制度的演进. 上海：上海三联书店，2000.

[22] 《新帕尔格雷夫经济学大辞典》编委会. 新帕尔格雷夫经济学大辞典. 经济科学出版社，第四卷，第 949-951 页，"水资源"，1994.

第三篇　环境经济

本篇选用了**魏楚**、黄文若与沈满洪合作撰写的《环境敏感性生产率研究综述》、沈满洪撰写的《我国环境经济学研究述评》和沈满洪、张少华合作撰写的《PACE2011 中国环境经济与政策国际研讨会综述》。

《环境敏感性生产率研究综述》一文在梳理了指数法、距离函数法、方向性距离函数法等环境敏感性生产函数研究的基本思路的基础上，着力对基于超对数函数式的参数化距离函数求解法、基于二次型函数式的方向性距离函数求解法、基于随机前沿分析求解法、基于非参数数据包络曲线求解法做了深入系统的介绍和述评，并指出了改进研究方法的思路和方向。该文是环境经济学中的方法学研究的重要文献，具有十分重要的参考价值和指导意义。

《我国环境经济学研究述评》一文系统回顾了我国环境经济学创建阶段的主要成果，在综述了环境经济学的学科理论体系的基础上，概括评述了环境资源论、环境价值论、环境生态论、环境产权论、持续发展论等主要成果，就环境经济问题的本质及解决的经济政策手段做了述评，并阐述了研究展望。该文对于推动我国环境经济学的研究发挥了重要作用。其局限性是只是立足于国内文献进行述评，无法看出国际动态。

《PACE2011 中国环境经济与政策国际研讨会综述》一文属于学术会议综述。该文通过环境经济与政策关键议题、环境经济理论研究、环境经济政策研究、非市场评估方法研究、污染治理方法研究、生态系统与可持续性研究、水能源与气候问题研究、宏观经济与环境问题研究八大主题对国际研讨会情况做了系统的综述，给出了充分的信息。

环境敏感性生产率研究综述

魏　楚　黄文若　沈满洪

［摘要］　传统的生产率研究往往不考虑环境因素，这使得其在环境气候恶化的当今已不足以作为考察企业或经济体的生产状况的最优指标。本文旨在归类和评述环境敏感性生产率的前沿研究理论，包括理论模型与测度方法的演化过程。在梳理现有文献的基础上，总结其特征与不足，进而论述未来包含环境因素在内的生产率研究领域可能的发展方向。

［关键词］　环境敏感性生产率　方向性距离函数　文献综述

1　前言

　　传统的生产率分析往往集中于研究企业利用各种有价投入要素与有价可售产品的比率，其效率边界意味着产出不变而投入要素最少，或者在投入要素固定的条件下实现产出最大化。这种测算方法忽略了污染这一"非合意产出"（Undesirable Output）[①]，由此低估了在较强环境管制下的企业的真实生产率。因为企业在更强的环境管制下，需要为削减污染物投入额外的成本，或者为减少污染排放而相应降低产出，这部分用于削

［发表期刊］本文发表于《世界经济》2011 年第 5 期。

［基金项目］国家社科基金重点项目（08AJY031）；国家社科基金青年项目（10CJY002）；教育部人文社科基金青年项目（09YJC790246）；浙江省"钱江人才计划"。此外，作者感谢德国洪堡基金会"国际气候变化保护"项目所提供的慷慨资助。

［作者简介］黄文若，浙江理工大学经济管理学院硕士研究生，从事环境经济学研究。

① 在 Fare 等的文献中将其称为"Bad Output"，即坏的产出，此处遵循胡鞍钢等（2008）的做法，译为"非合意性产出"。

减污染的成本（或减少的产出）被计入了企业生产的投入端（或产出端），但削减污染物所带来的社会正效应却并未计入其生产率，从而低估了这些企业的真实生产率，而这将进一步影响到决策者的环境管制政策制定[①]。

经典生产理论和生产率测度中不包含污染物这一"非合意性产出"，主要原因是污染物的市场价格无法确定，传统的核算手段和生产理论无法对其进行直接处理，从而无法进行加权来测度其真实生产率[②]，最新的理论研究已将环境污染这一"非合意性产出"整合到生产框架中，从而测度出"环境敏感性生产率"[③]，本文即是对此理论发展脉络的一个综述。

2　研究思路与理论发展

现有的环境敏感性生产率分析中，主要有 3 种思路：指数法、距离函数及方向性距离函数。

2.1　指数法

传统的生产率指数有 Fisher、Tornqvist 及 Malmquist 等，这些生产率指数主要通过对不同的投入要素或者产出要素进行加权[④]，从而构建出多要素的效率衡量指数。如果考虑"非合意产出"的话，需要借助污染排放交易价格或估计影子价格来设定"非合意产出"的价格，并基于同样的加权方法加总到各个生产率指数中。

R. W. Pittman（1983）最早对此问题进行了探索[⑤]。他指出："最大的困难和挑战在

---

① 这也是另一命题（争论）"环境管制将降低企业生产率（竞争力）"的由来。

② 早期对于这一问题大多采取间接的处理方法，即通过单调递减函数形式，将非合意性产出进行转换，从而使得转换后的数据可以在技术不变的生产条件下包括到正常的产出函数中，其具体手段包括：将"非合意性产出"转换为投入要素（Liu 和 Sharp，1999），将"非合意性产出"进行加法逆转换（Berg 等，1992；Ali 和 Seliford，1990）或者进行乘法逆转换（Golany 和 Roll，1989；Lovell 等，1995）等，详细可参见 Scheel（2001）对此问题的综述。

③ 对于包含了"非合意产出"的生产率测度，一般文献采用 Environmental sensitive productivity，environmental productivity，environmental performance，environmental efficiency 等多种表述方式，此处沿用 Hailu 和 Veeman（2000），Kumar（2006）等的用法，并译为"环境敏感性生产率"。

④ 投入或产出的权重一般通过其投入占成本份额或产出占收益份额来确定。

⑤ Pittman（1983）将 Caves、Christensen 和 Diewert（1982）的多要素生产率指数进行了扩展，以 1976 年威斯康星州和密歇根州 30 家造纸厂为研究对象，分别利用自己对边际成本的计量估计、美国环保局在 1977 年对于企业污染控制的成本估计，以及美国统计局 1976—1977 年对企业削减污染成本费用的普查数据，将污染物削减成本作为非合意性产出的"影子价格"进行加总，构建出一个包含了非合意性产出的多要素生产率指标，并将其与传统生产率指数进行了比较。

于如何为非合意性产出分配影子价格"，尽管可以基于厂商减排成本的调研数据来估计污染物影子价格，或者通过评估非合意产出的外部损害价（R. Repetto et al.，1996）来进行计算[①]，但在实际中，由于难以区分用于生产和用于污染物减排的资本及其他投入（J. Deboo，1993），往往无法通过调研获取厂商真实的减排数量和减排支出；而污染物对社会的外部损害由于存在时间和空间的转移无法予以精确计算[②]。此外，现有评价方法的准确性也存在一定争议（A. Hailu，T. S. Veeman，2000）。

Malmquist 指数不需投入和产出要素的价格信息，但是正如 Y. Chung 等（1997）指出的，传统的 Malmquist 指数在包括非合意产出时无法计算，随后，他在方向性距离函数（Directional Distance Function）的基础上，提出了 Malmquist-Luenberger 生产率指数（以下简称 ML 指数），该指数可以测度存在"非合意产出"时的全要素生产率，且同时考虑了"合意性产出"的增加和"非合意性产出"的减少，并具有 Malmquist 指数所具备的良好性质。因此，M-L 指数在此后的研究中得到了较为广泛的应用。

2.2 距离函数

从 20 世纪 90 年代开始，理论界开始采用距离函数来包含非合意性产出，并推导出环境敏感性生产率和非合意产出的影子价格（R. Fare 等，1993；E. Ball 等，1994；S. Yaisawarng 与 J. D. Klein，1994；J. S. Coggin 与 J. R. Swinton，1996；L. Hetemaki，1996；A. Hailu 与 T. S. Veeman，2000）。距离函数实质上是前沿生产函数的一种应用，前沿生产函数与传统生产函数的最大区别在于前者考虑了决策单位（Decision Making Unit，DMU）的无效率项，即在实际的经济运行中，基本单元在给定的投入条件下，受到外部不可控因素的影响，会有一定的效率损失，因而可能达不到潜在的最大产出。这更加符合实际情形，因为生产无效率是普遍存在的，而完全有效的经济运行是少见的（岳书敬等，2009）。距离函数实际刻画的就是以前沿效率为最优效率，生产集内各单元到生产前沿的距离大小。

R. Fare 等（1993）较早运用距离函数进行了环境敏感性生产率研究，其基于产出的距离函数基本理论模型如下：

假设投入向量，产出向量，生产技术 $P(x) = \{u: x \text{ can produce } u\}$，允许产出弱处

---

① Repetto，et al.（1996）采用调整过的边际污染损害价值市场评价来计算调整后的生产率指数，并计算了美国三个产业包括造纸业的生产率。

② 典型的譬如空气污染，除了对污染源附近地区的居民有影响以外，还对其他地区居民造成了健康伤害，同样地，对于人体的健康伤害，有些是逐年累月的，因此很难具体评价某一地区、某一年份的伤害价值。

置而非强处置[①]，根据 W. Shepard（1970），产出距离函数定义为：

$$D_o (x, u) = \inf \{\theta: (u/\theta) \in P (x)\} \qquad (1)$$

在这个定义下，需要求最小的 θ 值来达到扩张产出到前沿面的目的。$\theta \leqslant 1$，当且仅 $\theta = 1$ 时，该单元效率处于前沿面上。

同理，投入距离函数则是将产出固定，使投入最小化。令投入向量，产出向量，生产技术 $L (u) = \{x: x \text{ can produce } u\}$，于是投入距离函数被定义为：

$$D_I (x, u) = \sup \{\rho: (x/\rho) \in L (u)\} \qquad (2)$$

这里要求 ρ 的最大值，从而最大限度地缩减固定产出下的投入。当 $\rho = 1$ 时，该点效率处于前沿面。

此外，基于投入或产出方向的距离函数，可以进一步推导出非合意性产出的影子价格，设产出价格 $r = (r_1, \cdots, r_M)$，假定 $r \neq 0$[②]，收入函数可以定义为：

$$R (x, r) = \sup \{ru: D_o (x, u) \leqslant 1\} \qquad (3)$$

对于凸的产出集 $P (x)$，$R (x, r)$ 与 $D_o (x, u)$ 之间对偶（W. Shephard，1970；R. Fare，1988），构建拉格朗日函数并对产出一阶求导，可以得到非合意产出相对于合意产出的影子价格：

$$r_{m'} = R \cdot r_m^* (x, u) = R \cdot \left[\frac{\partial D_o(x,u)}{\partial u_{m'}} \right] = r_m^o \cdot \frac{\partial D_o(x,u) / \partial u_{m'}}{\partial D_o(x,u) / \partial u_m} \qquad (4)$$

其中，观察到的合意产出的价格作为标准化价格，因为合意产出具备可观测、市场化的价格，而即为非合意产出的绝对影子价格[③]，因此产出/投入距离函数也可用来计算污染物影子价格。

---

① 产出弱处置（weak disposability）：如果 $u \in P (x)$，$\theta \in [0, 1]$，则 $\theta u \in P (x)$；自由强处置（free/strong disposability）：如果 $v \leqslant u \in P (x)$，则 $v \in P (x)$。在弱处置下，减少非合意性产出只能同比例减少合意性产出，意味着削减非合意性产出必须要放弃有价值的合意性产出，也即是非合意性产出的影子价格非正；强处置下，可以自由处置非合意性产出而维持合意性产出不变。

② 此处并没有假定 r 为非负，但允许部分价格非正。

③ 影子价格反映了合意产出和非合意产出在实际产出集中的替代（trade-off），在其后的研究中，Fare, et al. (1998) 分别从生产、消费者角度，根据产出与收入最大化对偶关系、成本最小与利润最大化对偶关系以及消费者效用最大化等不同形式，利用生产理论和消费者效用函数推导出一般化的合意性产出和非合意性产出的影子价格表达式：

$\frac{p_i}{p_j} = \frac{\partial U(y) / y_i}{\partial U(y) / y_j} = \frac{\partial D / \partial y_i}{\partial D / \partial y_j} = \frac{\partial C(y,w) / \partial y_i}{\partial C(y,w) / \partial y_j}$，其中 $U (y)$，D，$C (y, w)$ 分别表示效用函数、距离函数和成本函数。

2.3 方向性距离函数

Y. Chung 等（1997）最早提出方向性距离函数进行环境敏感性生产率分析。方向性距离函数与普通的距离函数的区别在于：对合意性、非合意性产出联合生产的假设不同。距离函数只考虑合意性产出的最大扩张，而方向性距离函数则在考察合意性产出增加的同时，还考察非合意性产出的减少，只有当合意性产出无法继续扩张、非合意性产出无法继续减少时，观测点才处于效率前沿。其模型为：

假定投入向量 $x \in R_+^N$，合意性产出向量 $y \in R_+^M$，非合意性产出 $b \in R_+^J$，生产技术定义为 $P（x）=\{（y, b）: x \text{ can produce }（y, b）\}$，它有两个特性：

（i）合意产出是自由处置的，非合意产出弱处置

$$（y, b）\in P（x）, y' \leqslant y \text{ 时，则 }（y', b）\in P（x） \tag{5}$$

$$（y, b）\in P（x）, 0 \leqslant \theta \leqslant 1 \text{ 时，则 }（\theta y, \theta b）\in P（x） \tag{6}$$

（ii）联合生产：

$$（y, b）\in P（x），\text{ 如果 } b=0，\text{那么 } y=0 \tag{7}$$

方向性距离函数首先需要构造 $g=（g_y, -g_b）$的一个方向向量，且 $g \in R^M \times R^J$，该向量用以约束合意性产出与非合意性产出的变动方向与变动大小，即在方向矢量所规定的路径上增加（减少）合意性（非合意性）产出，方向向量的具体选择则要根据研究需要或政策取向的偏好等因素。方向性产出距离函数可定义为：

$$\vec{D}_o\left(x, y, b; g_y, g_b\right) = sup\left\{\beta :\left(y+\beta g_y, b-\beta g_b\right) \in P（x）\right\} \tag{8}$$

β 表示与前沿生产面上最有效的单元相比，给定单元合意性产出（非合意性产出）可以扩张（缩减）的程度。如果 $\beta=0$，表示这个决策单元在前沿生产面上，也就是最有效率的。β 值越大，表明该决策单元合意性产出继续增加的潜力较大，同时非合意性产出缩小的空间也较大，因此其效率越低。

方向性距离函数是 Shephard 产出距离函数的一般形式（Y. Chung 等，1997）。当方向向量 $g=（1, 0）$时，Shephard 产出距离函数即是方向性距离函数的特例。它们之间的主要关系与区别可以通过图 1 来说明：

在图 1 中，$P（x'）$是生产可能集，产出距离函数沿着由原点与观测点 A 所确定的射线，将合意性产出 y' 与非合意性产出 b' 同比例扩张到前沿面上的 C 点；而方向性产

出距离函数的思路则是：给定方向向量 $g=(g_y, -g_b)$ 的路径，扩张合意性产出 y^t，同时缩减非合意性产出 b^t，从而到达产出前沿面的 B 点上。显然，对于距离函数而言，从无效点 A 移动到前沿上的 C 点，要么存在"过度"的非合意性产出，要么存在合意性产出"不足"，而方向性距离函数则不仅考虑合意性产出的扩张，而且使得非合意性产出最大缩减，更能刻画其真实的生产率，因而近年来，采用方向性距离函数模型测度环境敏感性生产率的研究不断增加。

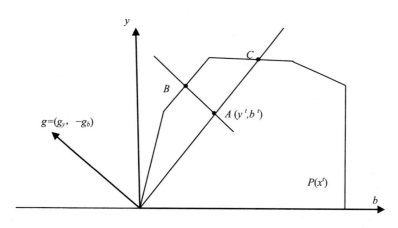

图 1　方向性距离函数与产出距离函数示意图

3　模型的求解方法

无论是距离函数还是后期发展而来的方向性距离函数，它们用以构建的生产边界都是利用多组投入-产出数据得出生产前沿，并将样本中各决策单位与该处于生产前沿的最优点相比较，从而解出各决策单位的相对效率值。目前对模型的求解一般可分为：参数化和非参数化两种。参数化求解主要包括：参数化距离函数线性规划法（Parametric Line Program，简称 PLP）、随机前沿分析法（Stochastic Frontier Analysis，简称 SFA），其中，在参数化距离函数形式的设定上，一般采用超对数（Translog）、二次型（Quadratic）以及双曲线（Hyperbolic）函数；非参数化求解主要指数据包络分析法（Data Envelopment Analysis，简称 DEA）。以下主要介绍 4 种应用较为广泛的求解方法。

3.1 基于超对数（Translog）函数式的参数化距离函数求解

参数化的产出/投入距离函数法可以克服指数法的缺陷，其中 R. Fare 等（1993）最早采用参数化距离函数来研究环境敏感性生产率。其思路是：选择超对数函数将产出距离函数 $D_o(x, u)$ 参数化[①]，并通过线性规划约束，最小化所有样本到生产前沿的距离和，求解的产出距离函数值即是其环境敏感性生产率。其超对数函数式设定为：

$$\ln D_o(x,u) = \alpha_0 + \sum_{n=1}^{N}\beta_n \ln x_n + \sum_{m=1}^{M}\alpha_m \ln u_m + \frac{1}{2}\sum_{n=1}^{N}\sum_{n'=1}^{N}\beta_{nn'}(\ln x_n)\ln(x_{n'})$$
$$+ \frac{1}{2}\sum_{m=1}^{M}\sum_{m'=1}^{M}\alpha_{mm'}(\ln u_m)\ln(u_{m'}) + \sum_{n=1}^{N}\sum_{m=1}^{M}\gamma_{nm}(\ln x_n)\ln(u_m) \tag{9}$$

假定式（9）的函数具有一般的对称性和齐次性约束，参照 J. Aigner 与 S. F. Chu（1968）的方法，将样本与前沿的偏差最小化，即求解以下线性规划问题：

$$\max \sum_{k=1}^{K}\left[\ln D_o(x^k, u^k) - \ln 1\right] \tag{10}$$

s.t.

（i） $\quad \ln D_o(x^k, u^k) \quad 0, k = 1, \cdots, K$

（ii） $\quad \dfrac{\partial \ln D_o(x^k, u^k)}{\partial \ln u_m^k} \quad 0, m = 1, \cdots, i; k = 1, \cdots, K$

（iii） $\quad \dfrac{\ln D_o(x^k, u^k)}{\partial \ln u_m^k} \quad 0, m = i+1, \cdots, M; k = 1, \cdots, K$

（iv） $\quad \sum_{m=1}^{M}\alpha_m = 1, n = 1, \cdots, N$

$\qquad \sum_{m'=1}^{M}\alpha_{mm'} = \sum_{m=1}^{M}r_{nm} = 0, m = 1, \cdots, M; n = 1, \cdots, N$

（v） $\quad \alpha_{mm'} = \alpha_{m'm}, m = 1, \cdots, M; m' = 1, \cdots, M$

$\qquad \beta_{nn'} = \beta_{n'n}, n = 1, \cdots, N; n' = 1, \cdots, N$

式中，k=1，…，K 代表不同的观测样本，前 i 个产出是合意性产出，后（m-i）个产出是非合意性产出。式（10）中的目标函数即是要"最小化"所有样本同最优前沿的

[①] 产出距离函数的优点：首先，它能够完全表述技术，是一个标量值（与标量生产函数相比，它具有联合多产出特征）；其次，它满足产出弱处置；最后，产出距离函数与收益函数是对偶关系，可以由此求出影子价格。

偏差[①]。约束（i）保证每个样本位于前沿或在前沿下方；约束（ii）保证合意性产出的影子价格非负；约束（iii）保证非合意性产出影子价格非正；约束（iv）对产出施加一次齐次以保证生产技术满足产出弱处置假设；约束（v）是对称性约束。一旦利用（10）式求解出距离函数中的各参数值，也就可以计算出样本的环境敏感性生产率以及非合意产出的影子价格。

3.2 基于二次型（Quadratic）函数式的方向性距离函数求解

如果设定的是方向性距离函数而非距离函数，则一般不使用超对数函数，而采用二次型函数式，这是因为二次型函数式满足方向距离函数特性所要求的约束条件（R. Fare，2006）。一般可以设定方向向量 $g=(1, -1)$[②]。假定 $k=1, \cdots, K$ 代表不同的观测样本，二次型方向距离函数可表述为：

$$\vec{D}_o\left(x, g, b; 1, -1\right) = \alpha_0 + \sum_{n=1}^{N}\alpha_n x_n + \sum_{m=1}^{M}\beta_m g_m + \sum_{j=1}^{J}\gamma_j b_j + \frac{1}{2}\sum_{n=1}^{N}\sum_{n'=1}^{N}\alpha_{nn'}\left(x_n\right)\left(x_{n'}\right)$$

$$+ \frac{1}{2}\sum_{m=1}^{M}\sum_{m'=1}^{M}\beta_{mm'}\left(u_m\right)\left(u_{m'}\right) + \frac{1}{2}\sum_{j=1}^{J}\sum_{j'=1}^{J}\gamma_{mm'}\left(b_j\right)\left(b_j\right) + \sum_{n=1}^{N}\sum_{m=1}^{M}\delta_{nm}\left(x_n\right)\left(g_m\right) \quad (11)$$

$$+ \sum_{n=1}^{N}\sum_{j=1}^{J}\eta_{nj}\left(x_n\right)\left(b_j\right) + \sum_{m=1}^{M}\sum_{j=1}^{J}\mu_{nm}\left(g_n\right)\left(b_m\right)$$

其参数求解也是基于线性规划的思想，即最小化各观测值到边界的距离之和。

$$\min\sum_{k=1}^{K}\left[\vec{D}_o\left(x_k, g_k, b_k; 1, -1\right) - \ln 1\right] \quad (12)$$

s.t.

（i） $\quad \vec{D}_o\left(x_k, g_k, b_k; 1, -1\right) \quad 0, k = 1, \cdots, K$

（ii） $\quad \dfrac{\partial \vec{D}_o\left(x_k, g_k, b_k; 1, -1\right)}{\partial g_m^k} \quad 0, m = 1, \cdots, i; k = 1, \cdots, K$

（iii） $\quad \dfrac{\partial \vec{D}_o\left(x_k, g_k, b_k; 1, -1\right)}{\partial b_j^k} \quad 0, j = 1, \cdots, J; k = 1, \cdots, K$

---

① 由于产出距离函数小于等于 1，因此其自然对数小于等于 0，因此值取"最大"。
② 如此设定符合中性政策管制的意图，即同比例扩大合意性产出与缩减非合意性产出的数量。

（iv）　$\dfrac{\partial \bar{D}_o\left(x_k, g_k, b_k; 1, -1\right)}{\partial x_n^k}$　　$0, n = 1, \cdots, N; k = 1, \cdots, K$

（v）　$\displaystyle\sum_{m=1}^{M} \beta_m - \sum_{j=1}^{J} \gamma_j = -1$

$\displaystyle\sum_{m'=1}^{M} \beta_{mm'} - \sum_{j=1}^{J} \mu_{mj} = 0, m = 1, \cdots, M$

$\displaystyle\sum_{j=1}^{J} \gamma_{jj'} - \sum_{m=1}^{M} \mu_{mj} = 0, j = 1, \cdots, J$

$\displaystyle\sum_{m=1}^{M} \delta_{nm} - \sum_{j=1}^{J} \eta_{nj} = 0, n = 1, \cdots, N$

（vi）　$\beta_{mm'} = \beta_{m'm}, m = 1, \cdots, M; m' = 1, \cdots, M$

$\alpha_{nn'} = \alpha_{n'n}, n = 1, \cdots, N; n' = 1, \cdots, N$

$\gamma_{jj'} = \gamma_{j'j}, j = 1, \cdots, N; j' = 1, \cdots, N$

约束（i）保证每个样本处于前沿或在前沿下方；约束（ii）和 约束（iii）分别保证了合意性产出和非合意性产出的单调性，同时约束（iv）也对投入进行了单调性的约束；约束（v）满足了方向距离函数的转换特性，而约束（vi）是对称性约束。利用式（12）求解出方向距离函数中的各参数值，即可得到不同样本的环境敏感性生产率，并测算出非合意产出的影子价格。

3.3　基于随机前沿分析法（SFA）求解

随机前沿生产函数最早由 J. Aigner 等（1977）提出，在环境敏感性生产率研究中，也是运用较多的一种参数估计方法，该方法较决定性参数估计法而言，将不确定因素所造成的影响纳入考虑范围，从技术无效率或随机误差等方面，找出样本生产无效率而偏离生产边界的原因，更重要的是，随机前沿分析法能够给出待估变量的统计量，相较于其他参数估计法而言其结论更为稳健。

N. Murty 与 S. Kumar（2000）曾运用随机前沿分析法以及产出距离函数来对生产效率进行评估，随机产出距离函数定义如下：

$$D_o = F\left(X, Y, \alpha, \beta\right) + \varepsilon \tag{13}$$

式中：D_o —— 距离函数值；

F（·）—— 生产技术；

X 和 Y —— 分别为投入和产出向量；

α、β —— 待估计参数；

ε —— 误差项。

由于应变量 D_o 的数据无法直接获取[①]，为解决该问题，C. A. K. Lovell 等（1990），S. Grosskopf 和 K. Hayes（1993），T. Coelli 和 S. Perelman（1996），以及 S. Kumar（1999）利用产出距离函数的一次齐次性特征进行变换，在忽略扰动项的情况下，将式（13）变换为：

$$D_o\left(X, \lambda Y\right) = \lambda D_o\left(X, Y\right), \lambda > 0 \tag{14}$$

一般可以任意地选择一个缩放变量，如选择第 M 个产出，令 $\lambda = \dfrac{1}{Y_M}$，则式（14）变为：

$$D_o\left(X, Y / Y_M\right) = D_o\left(X, Y\right) / Y_M \tag{15}$$

对式（15）取对数，变成

$$\ln(D_o / Y_M) = f\left(X, \frac{Y}{Y_M}, \alpha, \beta\right) \tag{16}$$

f 可以表示为对数形式的函数表达式，进一步转换变作：

$$-\ln\left(Y_M\right) = f\left(X, \frac{Y}{Y_M}, \alpha, \beta\right) - \ln(D_o) \tag{17}$$

在加入随机误差 v 和生产无效率误差 u（即 $-\ln\left(D_o\right)$ 项）后，随机边界产出距离函数表示为：

$$-\ln\left(Y_M\right) = f\left(X, \frac{Y}{Y_M}, \alpha, \beta\right) + v + \mu \tag{18}$$

对式（18）进行估计，即可得到待估参数值及其统计量。

此外，还可以利用随机前沿函数方法估计方向性距离函数。R. Fare（2005）采用了 C. Kumbhakar 与 C. A. K. Lovell（2000）对随机前沿函数的设定，使用方向性距离函数进行计算，定义生产技术为：$T = \{(x, y, b) \in R_+^{N+M+J}, (y, b) \in P(x), x \in L(y, b)\}$，其函数式

[①] 如果将 D_o 设定为边界最效率点 1，则等式左边为非变量，截距就无法计算，参数估计有偏，对等式左边取对数使之变成 0 也无济于事。

如下[①]：

$$0 = \bar{D}_o\left(x^k, y^k, b^k, 1, -1\right) + \varepsilon^k, \ k = 1, 2, \cdots, K \tag{19}$$

式中，$\varepsilon^k = v^k - u^k$，为随机统计误差；$v^k \sim N(0, \sigma_v^2)$，而是由于技术非效率所引起的误差；$u^k \sim N(0, \sigma_u^2)$），$v^k$ 与 u^k 均独立同分布，且相互独立，再利用 $g=$（1，−1）时方向性距离函数的转换性，有

$$\bar{D}_o\left(x^k, y^k + \alpha^k, b^k - \alpha^k, 1, -1\right) + \alpha^k = \bar{D}_o\left(x^k, y^k, b^k, 1, -1\right) \tag{20}$$

代入式（19）得

$$-\alpha^k = \bar{D}_o\left(x^k, y^k + \alpha^k, b^k - \alpha^k, 1, -1\right) + \varepsilon^k \tag{21}$$

一般取 $\alpha^k = b^k$，然后利用 OLS 或最大似然法对式（21）进行估计，即可计算出环境敏感性生产率，同时该方法还可以估计出各系数的统计量。

3.4 基于非参数数据包络法（DEA）求解

数据包络法在计算环境生产前沿函数有着大量的运用，近年来随着距离函数、方向性距离函数研究的不断深入，使得利用 DEA 方法测算环境敏感性生产率的研究不断涌现（R. Fare 等，1989；E. Ball 等，1994；S. Yaisawarng 与 J. D. Klein，1994；Y. Chung 等，1997；D. Tyteca，1997；J. D. Lee 等，2002；S. Kumar，2006；胡鞍钢等，2008；涂正革，2009）。

假定有 k 个样本的投入产出数据（y^k，b^k，x^k），$k=1$，$\cdots$，K，当生产活动受到环境管制的情况下，第 k' 个样本的环境生产方程表达如下：

$$F\left(x^{k'}; b^{k'}\right) = \max \sum_{k=1}^{K} z_k y_k \tag{22}$$

s.t.

$$\sum_{k=1}^{K} z_k b_{kj} = b_{k'j}, j = 1, \cdots, J$$

[①] 在考虑非合意性产出因素在内的生产率时，由于方向性距离函数为向量式，当厂商达到生产边界时，其技术无效率值为 0，故将左侧的应变量设为 0。

$$\sum_{k=1}^{K} z_k x_{kn} \quad x_{k'n}, n = 1, \cdots, N$$

$$\sum_{k=1}^{K} z_k \quad 0, k = 1, \cdots, K$$

式中，z_k（$k=1$，$\cdots$，K）为强度变量，目的是在建立生产边界时赋予各个观测样本点权重，如不对 z_k 加以累加和限制的话，则模型为固定规模报酬，反之为可变规模报酬。目标方程在边界确立的基础上，最大化合意性产出，对非合意性产出的约束条件体现其弱处置性，即非合意性产出的减少必然导致合意性产出的削减。第二个约束条件不等式的右边代表实际生产中的投入，左边代表理论上的最有效率的生产投入，不等号说明理论的投入一定要小于或等于实际的生产投入，也说明了投入的自由处置性。

但上述方法的缺陷在于没有将非合意性产出的削减纳入考虑范围，只是追求合意性产出的最大化，Y. Chung（1997）在方向性距离函数发展的基础上，利用 DEA 方法，在同时考虑合意性产出的增加与非合意性产出的减少的前提下进行生产效率问题的研究。

定义生产者 $k'(x_{k'}^t, y_{k'}^t, b_{k'}^t)$，在参考技术 $P^t(x^t)$ 下的方向性环境生产前沿函数可以表述为

$$\vec{D}_o\left(x_{k'}^t, y_{k'}^t, b_{k'}^t; y_{k'}^t, -b_{k'}^t\right) = \max \beta \tag{23}$$

s.t.

$$\sum_{k=1}^{K} z_k^t y_{k,m}^t \quad (1+\beta) y_{k',m}^t, m = 1, \cdots, M$$

$$\sum_{k=1}^{K} z_k^t b_{k,j}^t = (1-\beta) b_{k',j}^t, j = 1, \cdots, J$$

$$\sum_{k=1}^{K} z_k^t x_{k,n}^t \quad x_{k',n}^t, n = 1, \cdots, N$$

$$z_k^t \quad 0, k = 1, \cdots, K$$

模型（23）同模型（22）相比，施加了对合意性产出的约束条件，从而使得"增加合意性产出"的同时，最大限度地减少"非合意性产出"成为可能，由于同时考虑了产出在两个不同维度的扩张和缩减，因此更能体现环境敏感性生产率的内涵。

参数化估计与非参数化估计法各有所长，一般来讲，参数法需要将距离函数预设为一定的函数表达式，其优势在于该参数表达式可以进行微分和代数处理（A. Hailu 与 T. S.

Veeman，2000）。借助线性规划法、随机前沿分析等方法可以估计出距离函数中的参数值，并由此计算各决策单位的环境敏感性生产率值，以及非合意性产出的影子价格。但是，如果采用线性规划求解参数时，往往无法获得相关统计量（A. Hailu 与 T. S.Veenman，2000）[①]；如果采用随机前沿法则可以计算出参数值和相应的统计量，此外还能将无效率进一步分解为技术无效率、分配无效率与随机误差等因素，但是该方法同样需要预设函数形式，且对误差项的分布假设较强。

利用非参数 DEA 来估计生产前沿时，由于不需要对生产函数结构做先验假定，不需要对参数进行估计，允许无效率行为存在，且能对 TFP 变动进行分解，因此在研究中受到了越来越多的关注和应用（R. Fare 等，1998），此外，当利用时间序列或面板数据时，非参数 DEA 方法可以避免残差自相关问题（R. Fare 等，1989；S. Yaisawarng 与 J. D. Klein，1994）。但是非参数 DEA 方法对样本数据较敏感，异常样本值误差会影响生产前沿的位置，并进而影响环境敏感性生产率的值，因此对样本数据的准确性要求较高，此外，非参数 DEA 方法一般只能用于生产率测度，很少用于估计非合意性产出的影子价格（R. Fare 等，1998）。

4　现有实证研究评述

理论研究的发展离不开实证研究的不断验证，表 1 列出部分重要的实证文献，通过对这些文献的梳理和归纳，可以总结出以下几个结论：

4.1　在研究对象上，国外以微观研究为主，国内侧重于宏观层面分析

国外大多数文献的研究对象以微观企业的生产活动为主。且其在选取微观企业时，重点考虑那些在生产过程中由于大量投入或依赖于某些污染性原料的工业生产型企业，如火力发电站，由于生产过程中采用化石能源燃烧并排放大量污染性气体，如 SO_2 等，不仅对大气造成较大的污染，并影响人类健康，因此现有文献中，将发电站排放的 SO_2 作为非合意性产出进行环境敏感性生产率研究的研究占据多数（M. Gallop 与 M.J. Roberts，1985；J. S. Coggins 与 J. R. Swinton，1996；J. D. Lee 等，2002；R. Fare 等，2005；R. Fare 等，2007）；此外，一些污染排放便于计量的工业生产企业，如造纸厂排放的 BOD/COD 等水体污染物（R. Fare 等，1993；Y. Chung 等，1997；A. Hailu 与 T. S.

---

① Grosskopf，Hayes and Hirschberg（1995）采用 bootstrapping 方法来克服这一缺陷。

Veeman，2000；N. V. Ha 等，2008）、陶瓷厂排放的废油（E. Reig-Martinez 等，2001）也被用于环境敏感性生产率研究。

随着各国对温室气体排放问题关注度持续上升，一些学者开始逐渐将视角转向宏观层面研究。他们通常选取经济发展水平相当（如 OECD、转型经济体），或地理相近的国家与地区（如 APEC、欧盟）的主要温室气体排放物，如 CO_2、NO_x 等进行环境敏感性生产率的测度和比较（M. Salnykov 与 V. Zelenyuk，2004；S. Kumar，2006；王兵等，2008）。

受限于国内企业层面数据的匮乏，尤其是污染物数据难以获取，对中国的研究大多基于宏观层面，主要是对不同省份或行业间的环境敏感性生产率、污染物边际减排成本进行测算和比较。如（T. Y. Ke 等，2008）较早利用产出距离函数和超对数函数形式，对 1996—2002 年中国大陆 30 个省份的环境敏感性生产率进行了测度，并估计了 SO_2 污染物的影子价格；胡鞍钢等（2008）则较早利用方向性距离函数，采用 CO_2、COD、SO_2、废水总排量和固体废弃物总排量作为非合意性产出指标，测算了中国大陆 30 个省份在 1999—2005 年间的环境敏感性生产率。在行业层面分析上，主要有涂正革（2008，2009），吴军（2009），岳书敬、刘富华（2009），杨俊、邵汉化（2009），周建、顾柳柳（2009），陈茹等（2010）学者基于中国省级工业部门的 SO_2 数据，利用方向性距离函数测算了各省工业部门的环境敏感性生产率；在区域层面分析上，王兵等（2010），董锋等（2010），吴军等（2010）则采用省级投入产出数据，其投入端除资本与劳动外，还包含了能源消费、人力资本等因素，产出端则包含了 COD 和 SO_2 两种"十一五"规划中要求强制减排的污染物，利用方向性距离函数计算了省级层面的环境敏感性生产率。此外，在涂正革（2008）、王兵等（2010）学者的研究中，还进一步地对影响环境敏感性生产率的因素进行了计量分析，并对"环境库兹涅茨曲线"、"污染天堂假说"等假说进行了实证检验。这些研究对于理解行业及地区间环境敏感性生产率差异有着重要的意义，但受限于数据因素，其微观机理往往无法得以揭示。

4.2　在理论假说上，需要放松原有部分假设，但模型求解难度增加

主要体现在两个方面：

（1）对影子价格符号的假定。在现有的理论模型中，为保证模型的解具有经济意义，一般均设定"非合意性产出"的影子价格为非正值，特别是在进行参数化函数求解的过程中，就强制规定了非合意产出对距离函数方程的单调性。也有部分运用 DEA 方法进行求解的文献，在得出影子价格后，对于不同正负符号的影子价格做相应的解释或剔除

样本。但正如 N. V. Ha 等（2008）所争议的，一些污染物，譬如造纸业流程中的废水中的悬浮颗粒（大多是木渣），尽管看起来属于"非合意性"的污染物，但是却能够通过不同的流程回收而成为原材料，从而将"副产出"变为"正产出"，其影子价格也变成正值，因此需要放松现有关于非合意性产出影子价格非正的假设。

（2）对"完全效率"和"无冗余"的假设。正如 J. D. Lee 等（2002）指出的，以往文献都假定了生产前沿完全有效率，但在技术一定的前提下，各决策单元的单位投入、产出，或单位合意性产出下，非合意性产出都是不相同的，如果考虑非完全效率，其环境敏感性生产率的结果必将有所差异。因此，基于完全效率假设前提下所计算出来的污染物影子价格，也会有别于当其他条件相同时，非完全效率情况下的结果。如 G. Boyd 等（1996）所指出的，之所以理论估计出的污染物影子价格与实际观察到的交易市场上的污染物排放权交易价格之间存在差距，可能正是由于存在非完全效率[1]。此外，H. Fukuyama 与 W. L. Weber（2009）更进一步地指出，现有的方向距离函数研究中，大多没有考虑到可能存在的冗余（slacks），而冗余也将导致非效率，从而使得最终的环境敏感性生产率评价有一定偏误。

4.3 在算法实现上，函数形式设定差别较大，计算过程仍较复杂

（1）函数形式及估计方法差别较大，且各有优劣。尽管在理论模型上主要有距离函数、方向性距离函数两种，但函数形式的设定和求解方法差别很大。正如前文已归纳的，参数法求解包括确定性函数分析与随机前沿分析两种主要形式，其中确定性函数又可设为超对数、二次型或双曲线型；而非参数法求解一般采用数据包络分析，需要利用一组线性规划的等式（不等式）来求得最优解。

距离函数的实证估计中常用的方法是确定性线性规划的方法，需要设定函数形式，仅有少量的采用计量估计的方法（L. Hetemaki，1996）[2]。线性规划的优点是：不用任何分布假设，相对简便，即便在小样本情况下也可以计算大量参数；其缺点是：参数是计算出来的而非估计出来的（C. Kumbhakar 与 C. A. K. Lovell，2000），因此无法提供结论一致性所需的统计准则，这就可能导致评价偏误，因为产出可能被随机扰动影响。有部分文献采取两步分析法来解决这个问题，即首先利用线性规划法计算出距离函数，其

---

[1] 根据 Lee 等（2002）的测算，非完全效率下所估算出来的影子价格大约要低于完全效率下该污染物的影子价格的 10%。

[2] Vardanyan 和 Noh（2006）论证了环境产出影子价格的估计依赖于距离函数形式的选择，以及参数化方法，而且没有一种方法优于现有的参数化方法。

次利用距离函数值作为被解释变量，利用参数随机距离函数来估计参数[①]。非参数化方法虽然有无须设定函数形式的优点，但在计算污染物影子价格时，无法通过微分计算来得出影子价格，且无法提供统计量。此外，其生产前沿边界容易受到误差点的干扰，使其结果出现较实际情况较大的偏离。

（2）在应用方向性距离函数时，方向性向量的选取较为单一。在一般的理论研究中都是采取比较中性的态度，将其确定为（1，−1），即合意性产出与非合意性产出的扩张与收缩比例为1。但是并不是所有的政府都是具有中性偏好的，根据不同的研究需要和政策制定偏好，方向性向量的具体选择上应该不固定为（1，−1）。但到目前为止还没有学者进行过非中性向量选取的研究，那么更偏重于合意性产出的扩大，或更偏向于非合意性产出的缩小的理论实证结果还有待探索。

（3）计算过程较复杂，一般需要编程实现。由于选取的研究对象的样本数量往往比较大，少者几十个，多者上百个的决策单元，再加上模型本身对每一个单位都有若干个的约束条件，其计算过程较为复杂，同时由于方向性距离函数尚属较新研究领域，目前尚未有相关的求解软件和程序，一般需要研究者自行编程实现[②]，这也在一定程度上阻碍了相关研究的普及。

4.4　在研究结论上，同现实有一定差距，仍有待强化其政策意义

由于众多研究所采用的模型、数据、计算方法各不相同，其研究结论的差异性也较大，与理论预期和现实观测有一定差距。譬如在对发电厂 SO_2 排放的研究中，其环境敏感性生产率均值为0.9左右，且方差较小，表明尽管这些发电厂生产设备和技术水平可能存在差异，但都"靠近生产最佳前沿"，而这同实践中的直觉有差距；此外，根据环境敏感性生产率估计出来的 SO_2 影子价格跨度从167美元/t到1 703美元/t，而同期美国 SO_2 许可证交易的市场价格为64～200美元/t（D. Ellerman 等，2000）。这些研究结论与现实的较大差异表明，现有模型的设定可能需要进一步修正与完善，如前文提到的完全效率的假定可能需要被进一步放宽。

---

① 一般化的随机参数距离函数见 Aigner 等（1977），Meenusen 和 Broeck（1977）。

② 较为流行的编程软件包括 Mathmatics，GAMS，LINDO/LINGO，MatLab 等，此外，对于一般的线性规划问题也可利用 Excel 实现，但其自带的求解器有一定限制，需要专业的 Solver。

表 1 环境敏感性生产率研究相关实证文献汇总

作者	实证方法			数据	变量			主要结果	
	模型	函数形式	估计方法		投入	合意产出	非合意产出	生产率	影子价格
M. Gallop 与 M. J. Roberts（1985）	成本函数	—	成本最小法	1973—1979 年美国 56 个电厂	劳动/资本/低硫黄燃料/高硫黄燃料	发电量	SO_2	—	SO_2: 0.195（美元/磅，1979 年价格）
R. Fare 等（1993）	DF（O）	Translog	参数法	1976 年美国 30 家造纸厂	纸浆/能源/资本/劳动	纸张	BOD/TSS/PART/SO_x	效率：0.918 2	BOD：1 043.4，TSS：0，PART：25 270，SO_x：3 696（美元/t，1976 年价格）
J. S. Coggins 与 J. R. Swinton（1996）	DF（O）	Translog	参数法	1990—1992 年威斯康星州 14 家火电厂	硫化物/能源/劳动/资本	发电量	SO_2	效率：0.946	SO_2：305（1990），251.6（1991），322.9（1992），平均 292.7（美元/t，1992 年价格）
G. Boyd 等（1996）	DDF	—	DEA	美国煤力发电厂 Yaisawarng and Klein 1994 年数据	燃料/劳动/资本（固定投入）/硫黄（非合意投入）	净发电量	SO_2	平均效率：0.933	SO_2：1 703（美元/t，1973 年价格）
Y. Chung 等（1997）	DDF	—	DEA	1986—1990 年瑞典 39 家造纸厂	劳动/木纤维/能源/资本	纸浆	BOD/COD/TSS	M 指数：0.997（效率改善：0.977；技术进步：1.02）ML 指数：1.039（效率改善：0.955；技术进步：1.088）	—

作者	实证方法			数据	变量			主要结果	
	模型	函数形式	估计方法		投入	合意产出	非合意产出	生产率	影子价格
C. D. Kolstad 与 M. H. L. Turnovsky (1998)	—	二次型	—	1970—1979 年美国东部 51 家煤力发电站	硫黄/灰/资本/热能	发电量	SO_2	—	SO_2: 0.071；灰：0.121（美元/磅，1976 年价格）
R. Swinton (1998)	DF（O）	Translog	参数法	1990—1998 年 Florida 煤力发电厂	能源/劳动/资本/硫黄	发电量	SO_2	效率: 0.978	SO_2: 157.10（美元/t，1996 年价格）
N. Murty 与 S. Kumar (2000)	DF（O）	Translog	参数法 SFA	印度水污染所属产业（由 60 家企业构成的样本）	资本/劳动/能源/材料	营业额	BOD/COD/TSS	效率: 0.899	BOD: 0.246，COD: 0.077 5（百万卢比/t，1994/1995 年价格）
A. Hailu 与 T. S. Veeman (2000)	DF（I）	Translog	参数法	1959—1994 年加拿大造纸业 36 家加总数据	能源/木浆/木渣/其他原料/生产劳动/管理性劳动/资本	木浆/新闻纸/纸板/其他纸张	BOD/TSS	TE: 0.996，M 指数：0.878，ML 指数：1.044	BOD: 123, TSS: 286（美元/百万 t，1986 年价格）
E. Reig-Martinez 等 (2001)	DF（O）	Translog	参数法	西班牙 18 个陶瓷砖厂	原料/资本/劳动	陶瓷路面	水泥/废油	平均效率: 0.927	水泥: 336.6（欧元/t），废油: 125.5（欧元/kg）
J. D. Lee 等 (2002)	DDF	—	DEA	1990—1995 年韩国 43 家发电厂	装机容量/燃料/劳动	发电量	SO_x/NO_x/TSP	—	SO_x:3 107,NO_x:17 393, TSP: 51 093（美元/t）
M. Salnykov 与 V. Zelenyuk (2004)	DDF	Translog	参数法	50 个国家	劳动/耕地/能源/资本	GNP	CO_2/SO_2/NO_x	效率: 0.843 3	CO_2: 331.89，SO_2: 59 997.95 NO_x: 154 583.63（美元/t）

作者	实证方法			数据	变量			主要结果	
	模型	函数形式	估计方法		投入	合意产出	非合意产出	生产率	影子价格
S. E. Atkinson 与 J. H. Dorfman（2005）	DF（I）	Translog	参数法	1980年、1985年、1990年、1995年美国43私营电力发电厂	能源/劳动/资本	发电量	SO_2	经典效率：0.564 277 LIBSE 效率：0.553 187	1980年SO_2：395.3，1985年SO_2：1 871.7，1990年SO_2：556.8，1995年SO_2：486.7（美元/t）
M. Lee（2005）	DF（I）	Translog	参数法	1977—1986年美国51个火电机组	资本/热量/硫化物/灰煤	发电量	硫黄/灰	TE：0.945	SO_2：167.4，灰：127.7（美元/磅，1976年价格）
R. Fare 等（2005）	DDF	二次型	决定性参数法	1993/1997年美国209家火电厂	劳动/装机容量/燃料	发电量	SO_2	1993年：0.814，1997年：0.785	1993年SO_2：1 117，1997年SO_2：1 974（美元/t）
			SFA					1993年：0.798，1997年：0.804	1993年SO_2：76，1997年SO_2：142（美元/t，1982—1984年价格）
S. Kumar（2006）	DDF	—	DEA	1971—1992年41个国家	劳动/资本/能源	GDP	CO_2	M 指数：0.999 8（效率改善：1.001 9；技术进步：0.998 1）ML 指数：1.000 2（效率改善：0.999 7；技术进步：1.000 6）	—
R. Fare 等（2007）	DDF	—	DEA	1995年美国92家火电厂	资本/劳动/燃料热量（煤炭、石油和气）	发电量	SO_2 NO_x		—

作者	实证方法			数据	变量			主要结果	
	模型	函数形式	估计方法		投入	合意产出	非合意产出	生产率	影子价格
T. Y. Ke 等 (2008)	DF (O)	Translog	参数法	1996—2002 年中国 30 个省份	资本/劳动	GDP	SO_2	东部: 0.831，中部: 0.706，西部: 0.682	东部: 0.516，中部: 0.529，西部: 0.508（亿元人民币/t，1996 年价格）
N. V. Ha 等 (2008)	DF (O)	Translog	参数计量估计	2003 年越南 63 家造纸作坊	资本/劳动/能源/废纸/其他原料/社会资本	纸张	BOD/COD/TSS	效率: 0.72	BOD: 575.2, COD: 1 429.7, TSS: 3 354.8（美元/t，2003 年价格）
M. Ghorbani 与 M. Motallebi (2009)	DF (O)	Translog	参数法	2006 年伊朗 85 家奶牛场	农场面积/能源/劳动/饲料	牛奶	$CH_4/CO_2/N_2O$	—	CH_4: 0.61, CO_2: 0.058, N_2O: 0.59（与牛奶价格比率）
胡鞍钢、郑京海、高宇宁等 (2008)	DDF	—	DEA	1999—2005 年中国 30 个省份	资本/劳动	GDP	$CO_2/COD/SO_2/$废水/固废	东部最高，西部最低（具体值取决于非合意产出类别）	—
涂正革 (2008)	DDF	—	DEA	1998—2005 年 30 个省规模以上工业	资本/能源/劳动	工业增加值	SO_2	东部: 工业与环境关系较为和谐 中西部: 环境保护与工业增长失衡	—
王兵、吴延瑞、颜鹏飞 (2008)	DDF	—	DEA	1980—2004 年 APEC 17 个国家和地区	资本/劳动	GDP	CO_2	ML: 1.005 6（技术进步: 0.76%）	—
涂正革 (2009)	DDF	—	DEA	1998—2005 年 30 个省规模以上工业	资本/能源/劳动	工业增加值	SO_2	—	SO_2: 2.09（人民币，亿元/万 t，1998 年不变价格）
吴军 (2009)	DDF	—	DEA	1998—2007	资本/劳动	工业	COD/SO_2	全国平均 ML：	—

作者	实证方法 模型	函数形式	估计方法	数据	投入	合意产出	非合意产出	生产率	影子价格
岳书敬、刘富华（2009）	逆产出倒数法 / DDF	—		2001—2006 年我国 31 个省工业部门	资本/劳动	增加值	SO₂	1.085（技术进步贡献率为 95.29%）；效率值：逆算法：0.55；倒数法：0.49；方向距离函数：0.68	
杨俊、邵汉华（2009）	DDF	—	DEA	2001—2006 年我国 36 个工业部门	资本/劳动	工业增加值	SO₂	东部：0.886，中部：0.703，西部：0.686	—
周建、顾柳柳（2009）	DDF	—	DEA	1998—2007 年 30 个省工业部门	资本/劳动	工业增加值	SO₂	2006 年技术效率指数：0.643 7（重工业）；0.739 6（轻工业）	—
陈茹、王兵、卢金勇（2010）	DDF	—	DEA	1997—2004 年上海大中型工业企业所组成的行业数据	资本/劳动/能源	工业总产值	SO₂	ML：0.902（2007）	—
王兵、吴延瑞、颜鹏飞（2010）	DDF	—	DEA	2000—2007 年东部 11 个省份规模以上工业	资本/劳动	工业增加值	SO₂	全国平均：0.712（VRS）；0.657（CRS）	—
董锋等（2010）	—	—	DEA	1998—2007 年中国 30 个省份	资本/劳动/能源	实际地区生产总值	COD/SO₂	ML：1.008	—
吴军、笪凤媛、	DDF	—	DEA	1995—2006 年 29 个省份；2000—2007	资本/劳动/播种面积/能源；资本/劳动/	GDP；GDP	环境污染指数；COD/SO₂	—	—

作者	实证方法			数据	变量			主要结果	
	模型	函数形式	估计方法		投入	合意产出	非合意产出	生产率	影子价格
张建华（2010）				年东/中/西部地区	人力资本				

注：价格如无特别说明，均是当年价格水平。DF（O）——产出距离函数；DF（I）——投入距离函数；DDF——方向性距离函数；DEA——数据包络法；SFA——随机前沿法；M 指数——Malmquist 生产率指数；ML 指数——Malmquist-Luenberger 生产率指数；VRS——规模可变；CRS——规模不变；BOD——生化需氧量；COD——化学需氧量；TSS——悬浮颗粒（Total Suspended Solids）；PART——颗粒；SO_x（sulfur oxides）——硫化物。

5 结 论

通过对上述有关环境敏感性生产率研究的介绍与评价可以看出，随着对环境问题的关注，越来越多的学者在考察企业（地区、国家）生产率时，开始考察污染物等其他一些非合意性产出对真实生产率的可能影响，在原有的生产率理论基础上，发展了如距离函数、方向性距离函数等理论模型，并借助参数法、非参数法进行求解和模拟。尽管在理论上取得了较大进展，但同现实及政策引导仍有一定差距，未来仍需要在以下方面展开更为深入细致的研究。

（1）需要在理论上进一步完善、放松现有假设，尤其是考虑在非完全效率、存在冗余的条件下，如何确定最优生产前沿面，以及发展出适当的准则条件来选择合适的方向性向量，从而决定各决策单元向生产前沿面趋近的路径。

（2）模型本身及其实现需要进一步简化，当前对于环境敏感性生产率的研究，需要融合经济学、管理运筹学、数学等相关知识，同时还需要借助计算机编程实现，这在一定程度上阻碍了该问题研究的普遍性。如果发展出相应的软件包，或者通用程序代码，相信会吸引更多的研究者。

（3）在实证应用上，需要更多的公开的微观数据支撑，一方面微观数据有利于揭示企业的真实行为偏好和技术，可以更好地揭示其作用机理，另一方面公开数据便于重复实验，可以对不同模型进行相互检验，使得理论结果进一步贴近现实问题，并更有效地运用到政策制定和生产实践中。

参考文献

[1] J. Aigner，S.F. Chu. On estimating the industry production function. American Economic Review，1968（58）：226-239.

[2] J. Aigner，C.A.K. Lovell，P. Schmidt. Formulation   and   estimation   of   stochastic   frontier production   function   models. Journal of Econometrics，1977（6）：21-37.

[3] I. Ali，L.M. Seiford. Translation invariance in data envelopment analysis. Operations Research Letters，1990（9）：403-405.

[4] S.E. Atkinson，J. H. Dorfman. Bayesian measurement of productivity and efficiency in the presence of undesirable outputs：crediting electric utilities for reducing air pollution. Journal of Econometrics，

2005，126（2）：445-468.

[5]   E. Ball，C. A. K. Lovell，R. F. Nehring，et al. Incorporating Undesirable Outputs into Models of Production： An Application to U.S. Agriculture. Cabiers déconomie et sociologie rurales，1994，31，60-74.

[6]   G. Boyd，J. Molburg，R. Prince. Alternative methods of marginal abatement cost estimation：Nonparametric distance functions，Paper presented at the 17th Annual North American Conference of the United States Association for Energy Economics and the International Association for Energy Economics，1996. October 27-30，Boston.

[7]   D.W.Caves，L.R.Christensen.，and W.E.Diewert. Multilateral comparisons of output，input and productivity using superlative index numbers. The Economic Journal，1982（92）：73-86.

[8]   陈茹，王兵，卢金勇. 环境管制与工业生产率增长：东部地区的实证研究. 产经评论，2010（2）：74-83.

[9]   Y. Chung，R. Färe，S. Grosskopf. Productivity and Undesirable Outputs：A Directional Distance Function Approach. Journal of Environmental Management，1997（51）：229-240.

[10]   T. Coelli，S. Perelman，Efficiency measurement，multiple output technologies and Distance Functions：with application to Indian Railways，CREP Working Papers 96/05 University Liege de，1996.

[11]   J.S.Coggins，J. R. Swinton. The Price of Pollution：A Dual Approach to Valuing SO2 Allowances. Journal of Environmental Economics and Management，1996，30（1）：58-72.

[12]   J. DeBoo. The costs of integrated environmental control. Statist. J. UN Econom. Commission Europe，1993（10）：47-64.

[13]   董锋，谭清美，周德群，等. 技术进步对能源效率的影响——基于考虑环境因素的全要素生产率指数和面板计量分析. 科学学与科学技术管理，2010（6）：53-58.

[14]   D.Ellerman，P. L. Joskow，S. Richard，et al，Markets for Clean Air：The U.S. Acid Rain Program. Cambridge University Press，2000.

[15]   R.Färe，S. Grosskopf. Shadow Pricing of Good and Bad Commodities. American Journal of Agricultural Economics，1998，80（3）：584-590.

[16]   R.Färe，Fundamentals of Production Theory. Lecture Notes in Economics and Mathenatical Systems，Berlin：Springer-Verlag，1988.

[17]   R.Färe，S. Grosskopf，C. A. Pasurka Jr.. Environmental production functions and environmental directional distance functions. Energy，2007，32（7）：1055-1066.

[18]   R.Färe，S. Grosskopf， W. L. Weber. Shadow prices and pollution costs in U.S. agriculture. Ecological

Economics，2006（56）：89-103.

[19] R.Färe，S. Grosskopf，C. A. K. Lovell，et al. Multilateral productivity comparisons when some outputs are undesirable：A nonparametric approach. Rev. Econom. Statist，1989（71）：90-98.

[20] R. Färe，S. Grosskopf，C. A. K. Lovell，et al. Derivation of Shadow Prices for Undesirable Outputs：A Distance Function Approach. The Review of Economics and Statistics，1993，75（2）：374-380.

[21] R.Färe，S. Grosskopf，D.W. Nohb，et al. Characteristics of a polluting technology：theory and practice. Journal of Econometrics，2005（126）：469-492.

[22] H.Fukuyama ，W. L. Weber. A directional slacks-based measure of technical inefficiency. Socio-Economic Planning Sciences，2009，43（4）：274-287.

[23] M.Ghorbani，M. Motallebi. The Study on Shadow Price of Greenhouse Gases Emission in Iran：Case of Dairy Farms. Research Journal of Environmental Sciences，2009，3（4）：466-475.

[24] B.Golany，Y. Roll. An application Procedure for DEA. Omega：The International Journal of Management Science，1989（17）：237-250.

[25] M.Gollop，M.J. Roberts. Cost-Minimizing Regulation of Sulfur Emissions：Regional Gains in Electric Power. Review of Economics and Statistics，1985（67）：81-90.

[26] S.Grosskopf，K. Hayes. Local public sector bureaucrats and their input choices. Journal of Urban Economics，1993（33）：151-66.

[27] S.Grosskopf，K. Hayes，J. Hirschberg. Fiscal stress and the production of public safety：A distance function approach. Journal of Public Economics，1995，57（2）：277-296.

[28] N.V.Ha，S. Kant，V. Maclaren. Shadow prices of environmental outputs and production efficiency of household-level paper recycling units in Vietnam. Ecological Economics，2008（65）：98-110.

[29] A.Hailu，T. S. Veeman. Environmentally Sensitive Productivity Analysis of the Canadian Pulp and Paper Industry，1959-1994：An Input Distance Function Approach. Journal of Environmental Economics and Management，2000，11（40）：251-274.

[30] L. Hetemaki. Essays on the impact of pollution control on a firm：A distance function approach. Helsinki Research Centre，Helsinki，1996.

[31] 胡鞍钢，郑京海，高宇宁，等. 考虑环境因素的省级技术效率排名（1999—2005）. 经济学（季刊），2008：933-960.

[32] T.Y.Ke，J.L.Hu.，Y.Li.，et al. Shadow prices of SO_2 abatements for regions in China. Agricultural and Resources Economics，2008，5（2）：59-78.

[33] C.D.Kolstad，M.H.L.Turnovsky. Cost Functions and Nonlinear Prices：Estimating A Technology with Quality-Differentiated Inputs. Review of Economics and Statistics，1998（80）：444-453.

[34] S.Kumar. Economic Evaluation of Development Projects：A Case Analysis of Environmental and Health Implications of Thermal Power Projects in India. Ph. D Thesis of Jawaharlal Nehru University，New Delhi，1999.

[35] S.Kumar. Environmentally sensitive productivity growth：A global analysis using Malmquist-Luenberger index. Ecological Economics，2006，56（2）：280-293.

[36] C.Kumbhakar，C.A.K. Lovell. Stochastic Frontier Analysis. Cambridge University Press，Cambridge，UK，2000.

[37] J.D.Lee，J.B. Park，T.Y. Kim. Estimation of the shadow prices of pollutants with production/environment inefficiency taken into account：a nonparametric directional distance function approach. Journal of Environmental Management，2002（64）：365-375.

[38] M. Lee. The shadow price of substitutable sulfur in the US electric power plant：A distance function approach. Journal of Environmental Management，2005（77）：104-110.

[39] W.Liu，J Sharp，DEA Models via Goal Programming，Data Envelopment Analysis in the Service Sector，Westermann G.（Ed.）.，Deutscher Universitatsverlag，Wiesbaden，1999.

[40] C.A.K.Lovell，S.Richardson，P.Travers，et al. Resources and functioning：A new view of inequality in Australia，Models and Measurement of Welfare and Inequality. Berlin，Heidelberg，New York：Springer-Verlag，1994：787-807.

[41] C.A.K.Lovell，J.T. Pastor，J.A. Turner. Measuring macroeconomic performance in the OECD：A comparison of European and non-European countries. European Journal of Operational Research，1995（87）：507-518.

[42] W.Meeusen，J. V. Broeck. Efficiency estimation from Cobb-Douglas production functions with composed error. International Economic Review，1977（18）：435-444.

[43] N.Murty，S. Kumar. Measuring cost of environmentally sustainable industrial development in India：a distance function approach，working paper no. E/208/2000，Institute of Economic Growth，Delhi.，Forthcoming in Environmental and Development Economics，Cambridge University Press，U.K，2000.

[44] R.W.Pittman. Multilateral productivity comparison with undesirable outputs. The Economic Journal，1983（93）：883-891.

[45] E.Reig-Martinez，P.T. Andres，H.S. Francesc. The calculation of shadow prices for industrial wastes

using distance functions：An analysis for Spanish ceramic pavements firms. Int. J. Production Economics，2001（69）：277-285.

[46] R.Repetto，D. Rothman，P. Faeth，et al. Has Environmental Protection Really Reduced Productivity Growth？World Resources Institute，Washington DC，1996.

[47] M.Salnykov，V. Zelenyuk. Estimation of Environmental Efficiencies of Economies and Shadow Prices of Pollutants in Countries in Transition. EERC Working Paper Series05-06e，EERC Research Network，Russia and CIS，2004.

[48] H.Scheel. Undesirable outputs in efficiency valuations. European Journal of Operational Research，2001（132）：400-410.

[49] W.Shephard. Theory of Cost and Production Functions，Princeton：Princeton University Press，1970.

[50] K.Surender. Environmentally sensitive productivity growth：A global analysis using Malmquist-Luenberger index. Ecological Economics，2006，56（2）：280-293.

[51] R.Swinton. At What Cost do We Reduce Pollution？ Shadow Prices of SO$_2$ Emissions. The Energy Journal，1998（19）：63-83.

[52] 涂正革. 工业二氧化硫排放的影子价格：一个新的分析框架. 经济学（季刊），2009，9（1）：259-282.

[53] 涂正革. 环境、资源与工业增长的协调性——基于方向性环境距离函数队规模以上工业的分析. 经济研究，2008（2）：93-105.

[54] D.Tyteca. Linear programming models for the measurement of environmental performance of firms — concepts and empirical results. Journal of Productivity Analysis，1997（8）：183-197.

[55] M.Vardanyan，D.W. Noh. Approximating pollution abatement costs via alternative specifications of a multi-output production technology：A case of the US electric utility industry. Journal of Environmental Management，2006，80（2）：177-190.

[56] 王兵，吴延瑞，颜鹏飞. 环境管制与全要素生产率增长：APEC 的实证研究. 经济研究，2008（5）：19-32.

[57] 王兵，吴延瑞，颜鹏飞. 中国区域环境效率与环境全要素生产率增长. 经济研究，2010（5）：95-109.

[58] 吴军. 环境约束下中国地区工业全要素生产率增长及收敛分析. 数量经济技术经济研究，2009（11）：17-27.

[59] 吴军，笪凤媛，张建华. 环境管制与中国区域生产率增长. 统计研究，2010：83-89.

[60] S.Yaisawarng，J.D. Klein，"The Effects of Sulfur Dioxide Controls on Productivity Change in the U.S.

Electric Power Industry", Review of Economics & Statistics 1994, 76: 447-60.

[61] 杨俊, 邵汉华. 环境约束下的中国工业增长状况研究——基于 Malmquist-Luenberger 指数的实证分析. 数量经济技术经济研究, 2009 (9): 64-78.

[62] 岳书敬, 刘富华. 环境约束下的经济增长效率及其影响因素. 数量经济技术经济研究, 2009 (5): 94-106.

[63] 周建, 顾柳柳. 能源、环境约束与工业增长模式转变——基于非参数生产前沿理论模型的上海数据实证分析. 财经研究, 2009: 94-103.

我国环境经济学研究述评

沈满洪

环境问题已经成为与人权问题、人口问题等相提并论的世界性重大社会问题。环境经济学也被称为经济科学中的朝阳学科。我国的环境经济问题研究在短短的 20 年左右时间里从无到有，从分散研究到组织研究，从专题研究到整个学科构造的研究，从理论研究到应用研究，都产生了一大批可喜的成果，出版了一系列环境经济学论著。为更好地将环境经济学研究引向深入，本文试图对我国环境经济学的研究作一简要评述。

1   关于环境经济学学科体系的研究

1.1   环境经济学的研究对象

关于环境经济学的研究对象，大体有 3 种提法：

（1）环境经济学是研究环境保护中的经济问题，即研究环境污染治理与环境质量改善中的有关经济问题。

（2）环境经济学是从经济学的角度研究环境污染与破坏的产生原因、控制途径及其污染防治的经济评价等问题。

（3）环境经济学的研究对象是发展经济与保护环境之间的关系，即研究环境与经济协调发展的理论、方法和政策。

上述（1）、（2）两种观点大体上反映了环境经济学不同发展阶段研究的侧重对象，但不够全面。而且，这两种观点只把环境问题看做是污染治理的经济问题和经济发展中产生的附属问题，就环境论环境，没有看到环境是经济发展的重要基础。第（3）种观

[发表期刊] 本文发表于《浙江社会科学》1996 年第 2 期，被中国人民大学复印报刊资料《新兴学科》(C8) 1996 年第 2 期全文转载。

点揭示了环境经济学研究的核心问题是经济与环境的协调关系，其研究对象就是社会经济再生产过程（传统经济学的研究对象）的结合部。环境经济学必须研究如何使经济再生产与自然再生产过程协调进行，以便实现持续发展。

1.2　环境经济学的特性

环境经济学的特性有各种不同的表述，如应用性、实践性、边缘性、交叉性、整体性、系统性、综合性、战略性等考虑到某些特性的提法在意思上存在交叉或重合，笔者把环境经济学的特性归纳为如下 4 个：

（1）应用性。是指环境经济学是一门应用性经济学，而不是基础性经济学科。环境经济学的应用性直接源于其产生或形成的条件。从某种意义上说，环境经济学是经济学家试图通过传统经济理论的一些变革，来形成解决外部性问题的手段和途径。

（2）边缘性。是指环境经济学和许多有关的学科"沾边""结缘"。环境科学和经济科学都是综合性科学，环境问题涉及自然、经济、技术等方面的因素，不仅与经济科学、环境科学直接有关，而且与生态学、化学、地理学、法学及管理科学等学科的内容和研究方法等方面都有较大的交叉。

（3）整体性。是指环境经济系统是有环境生态系统和社会经济系统耦合而成的有机整体。

（4）战略性。是指环境经济问题关系到人类社会的生存和发展，因而成为带有全局性、长远性、根本性的战略问题，而且越来越成为国际问题，越来越引起世人的关注。

1.3　环境经济学的内容

关于环境经济学的内容主要有 4 种看法：

（1）环境经济学的内容包括 4 个部分：环境经济学的基本理论，社会生产力的合理组织，环境保护的经济效果，研究运用经济手段管理环境。这种观点是一种较早的对环境经济学内容的认识，思路不甚清晰。特别是把社会生产力的合理组织作为内容之一有些勉强。

（2）环境经济学的内容包括 3 个方面，即环境经济学的基本理论、环境经济学的分析研究方法和环境经济政策与手段。这种将环境经济学的分析研究方法单独作为一块内容不是十分合适，因为方法是贯穿于理论研究与政策研究之中的。

（3）厉以宁等把环境经济学分成理论部分与政策部分两大块。前者包括有关环境与经济之间关系的理论分析，以及对上述关系进行定量研究的方法；后者则研究如何运用经济手段进行管理。这种观点类似于国外的"理论环境经济学与应用环境经济学"之分。严格地讲，环境经济学本身就是属于应用经济学的范畴，虽然它也少不了基础理论的研究，但主要是用现代经济学的方法分析解决现实中的环境经济问题。不过，上述观点简洁明了，有其优点。

（4）夏光提出，把研究人与自然之间的技术经济关系称为"环境的经济"，即关于对环境的经济计量和对环境技术的经济评价等。"环境的经济"由于抽象掉了人与人之间的差别，仅剩下关于环境问题的技术经济关系，所以可把这种环境经济学称为"环境技术经济学"。他把研究围绕环境问题和环境决策所发生的人与人之间的经济关系称为"环境与经济"，即关于经济发展与环境保护之间关系的理论性研究。由于人与人之间的关系是通过法律、政策、习惯等制度形式来调整的，因此，这种"环境与经济"可称为"环境制度经济学"。这种观点富有新意，抓住了环境经济学研究内容的重点，即怎么处理好人类与环境之间的关系；人类在处理环境问题时如何协调人与人之间的关系。

1.4 关于环境经济学流派的划分

对环境经济学的流派的划分主要有 4 种不同的看法：

（1）分成两个流派，即马克思主义的环境经济学和现代西方经济学的环境经济学。这种观点是缺乏理论依据的。理由如下：① 马克思主义经典著作中虽然有不少论及环境经济问题的观点，但并没有形成完整的环境经济学体系。② 环境经济问题既有包含阶级关系的问题，如环境制度经济学，也有超阶级关系的问题，如环境技术经济学。③ 环境经济学的学科构建是从现代经济学中延伸出来的。

（2）把环境经济学分成 3 个流派：① 悲观派；② 干预派；③ 调和派；这是从心理感受的不同、分析方法的不同以及预测结果的不同分别对环境经济问题提出不同的观点，形成不同的派别。

（3）"五派说"：① 福利主义学派；② 悲观主义学派；③ 理想主义学派；④ 改良主义学派；⑤ 现实主义学派（或乐观主义学派）等。一个流派应具有代表性的观点和理论，应具有代表性的人物或群体。"五派说"符合这一标准，因此，这种观点较为准确。

（4）将环境经济理论的派系划分得更细，包括以下 11 种：① 宇宙飞船经济；② 动态平衡经济；③ 增长的极限；④ 生存的蓝图；⑤ 小型化经济；⑥ 稳态经济学；⑦ 补偿论；⑧ 环境奢侈论；⑨ 国家调节论；⑩ 社会改造论；⑪ 新发展哲学。这里，有的是某种论点，有的是某本著作，有的是某种概念，以此来划分流派显然不够严密。

2　我国环境经济理论研究的主要成果

我国环境经济理论研究的主要成果大致可以概括为如下"五论"：环境资源论、环境价值论、环境生态论、持续发展论、环境产权论。

2.1　环境资源论

从资源经济学的角度来看，广义的资源包括自然资源和社会资源，自然资源又可分为实物资源和环境资源。可见，环境是一种资源，这就是环境资源论。环境资源除了一般资源所有具有的稀缺性和有限性外，还具有以下特性：① 环境资源再生的困难性；② 环境资源开发投资的递增性；③ 环境资源的公共物品属性。环境资源论是对传统的"环境是大自然的恩赐"的观念的重大突破。环境资源论观点的确立，才使环境经济学有存在的真正意义。

2.2　环境价值论

环境价值论是环境资源论的必然结果。环境价值论的含义是，环境是一个有价值的客观事物。环境资源以价格形式制约和影响环境经济系统的运行。

我国理论界对环境价值论有着不同的看法，争论的焦点集中在马克思的"劳动价值论"和西方的"效用价值论"的对立。笔者认为，两种理论依据在环境价值论上是可以统一的。"效用价值论"认为价值是产生于商品的效用，只要是有用的物品就有价值。环境对人类有用，因此它具有价值。这不难理解。难以理解的是，如何用劳动价值论来解释环境价值论。劳动价值论认为，未经人类劳动过滤的环境资源没有价值。但从环境资源的功能来说，环境是人类赖以生存的物质基础。随着人类认识客观事物的深化，原始森林与资源仅仅没有绝对价值（即指直接通过人类劳动创造的价值），但却具有相对价值（即指间接通过人类劳动创造的价值）。环境资源的再生、保护、砍伐和研究，人类都要付出巨大的劳动，可见，环境资源中已经凝结着人类的劳动。所以，从劳动价值论的角度看，环境也是有价值的。

2.3　环境生态论

环境生态论的含义是，环境是一个生态系统；环境的运动，本质上是一种生态的运动；保护环境，也就是维持生态系统的良性循环。而要实现生态系统的良性循环，保护环境质量，就要按生态平衡规律办事。

环境生态论的基本内容是：环境经济系统的发展变化规律运动，本质上就是生态经济系统的发展变化运动；环境经济系统是生态系统和经济系统耦合而成的复合系统，因而在系统的平衡、效益、目标、规律的基本方面都表现出双重性。

环境生态论表明了环境经济学与生态经济学的共同之处。对环境经济系统内在运行规律与运行机制的认识目前还缺乏深刻的认识，需作出较大的努力。

2.4 持续发展论

环境生态论是持续发展论的理论基础。我国学者从再生产理论研究了自然再生产与经济再生产的关系，提出了"三种再生产关系"及相互间的协调发展的理论。所谓"三种再生产"是指社会再生产过程是由经济再生产、自然（环境）再生产和人类自身（人口）再生产所组成的，它们相互间不是封闭、孤立进行的，而是相互间进行物质循环和能量流动，构成了一个完整的社会再生产全过程。要使社会再生产不断地循环并周而复始地进行，就必须实现经济、环境、人口的协调发展。

所谓可持续发展，就是要求在致力于追求发展的过程中，保持人类与自然之间的持久平衡，使发展不损害生态环境，不牺牲未来的利益，使经济社会得到持续协调发展。对这一问题，还需深入研究 3 种再生产过程相互之间综合平衡的具体计量方法，使之能作出定量分析，从而为国家宏观调控提供科学依据。

2.5 环境产权论

环境问题从经济学上看是个外部性问题。外部性理论的贡献在于：它引导人们在研究经济问题时不仅要注意经济活动本身的运行和效率问题，而且要注意由生产者消费活动引起的、不由市场机制体现的对社会环境造成的影响。产权理论对传统的外部性理论有了实质性的发展。它认为，一切经济交往活动的前提是制度安排，它是用经济学的方法研究外部侵害的制度根源，它要求制度安排必须以效益最大化为标准。产权理论由于环境损害的行为分析及其环境保护的制度选择研究，称为环境产权论。这是笔者首次使用这一概念。环境产权理论的研究在国内还处于起步阶段，但已有良好的开端，已发表了"产权安排与环境保护"等论文，其研究前景十分广阔。

3　关于环境经济政策和手段的研究

我国学者特别重视环境经济政策的研究，并已取得不少成果，其中有些已经付诸实践。

3.1　环境污染的经济本质

认识环境污染的经济本质是制定环境经济政策的前提。有的同志把环境污染的经济本质概括为 6 条：① 环境污染是排污者对环境资源的一种过度利用；② 环境污染是排污者对社会施加的外部不经济行为；③ 环境污染是现代物质生产过程中资源和能源不合理利用的一种表现形式；④ 环境污染是人们利用环境资源时，付出的机会成本越来越大的过程；⑤ 环境污染是经济增长过程中环境资源出现紧缺的信号；⑥ 环境污染是对环境资源的主权者——人类利益的侵害。这一概括看似全面，实为罗列。其中的第 2 点讲到了环境污染的经济本质，其他 5 点都是第 2 点的表现形式或必然结果。

还有同志认为，环境污染的实质是各经济主体或个人从自身利益最大化出发，在生产和消费过程中尽可能地节约需要支付报酬的资源，而不考虑公正性和整个社会的意愿，无节制地滥用无偿但有限的环境资源。面对快速增长的污染物，环境吸收介质是无法承受的，这就需要采用各种工程技术措施或增设净化装置等来处理这些各种形式的污染物。因此，社会将承担伴随环境污染而来的巨大社会成本。这一表述虽然讲到了环境污染将导致个人成本与社会成本的不一致，但表述冗长又不够准确。

笔者认为，环境污染的经济本质就是排污者对其他经济单位或社会施加的外部不经济，从而导致私人边际成本与社会边际成本的偏离，如图 1 所示。

图 1 中，纵轴表示成本，横轴表示产量，PMC、SMC 分别表示私人边际成本和社会边际成本，PMR、SMR 分别表示私人边际效益和社会边际效益。在不存在外部不经济时，帕累托最优状态应该是 MC=MR，SMC=PMC，SMR=PMR。也就是说，在竞争性市场结构中，可以实现帕累托最适度资源配置的产量 Q_0 将为 Q^*，而边际成本（或价格）由 C_0 上升至 C^*。这说明，竞争企业的利润最大化行为并不能自动导致资源的帕累托最适度配置。

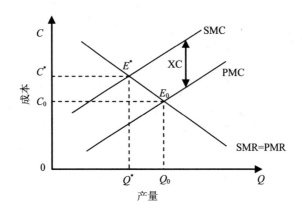

图 1 外部不经济引起的外部成本

3.2 制定环境经济政策与手段应该遵循的原则

厉以宁认为，制定环境经济政策要坚持"谁污染，谁治理"原则与"谁受益，谁分摊"原则相配合。童宛书提出如下 3 个原则："谁污染，谁治理"的原则；"谁开发，谁保护"的原则和切实可行的原则。概括起来，主要应遵循如下原则：

（1）"谁污染，谁治理"原则。这是指凡是造成环境污染的单位和个人，都负有治理污染或补偿污染损害的责任。我国目前实行的排污收费制度就是这一原则的体现。这条原则总的来说是正确的，但存在一定的局限性。比如在资源价格偏低时就不能完全解决治污问题，又如按照"谁污染，谁治理"的原则容易推出"先污染，后治理"的错误结论，另外"谁"难以界定。

（2）"谁开发，谁保护"的原则。这是指一切开发利用自然资源者，不仅有开发自然资源的权利，同时还有保护自然资源的义务。实行这一原则，体现了开发利用与养护更新并重。这一原则需要对开发和保护总的成本收益作比较，只有在收益小于成本的情况下是可行的，而我国传统的价格体制可能刚好相反。

（3）"谁受益，谁分摊"的原则。这是考虑到资源价格偏低，从而从事资源开采和冶炼的企业没有能力支付环境治理的全部费用，因此以"谁受益，谁分摊"的原则作为"谁污染，谁治理"原则的补充。这条原则的使用范围很有限，特别是间接受益者难以分摊成本。

3.3 环境保护的经济手段

环境保护的经济手段的分类主要有下列几种概括。

第 1 种分类：① 收费，包括排污收费、使用者收费、产品收费、管理收费、税收差别等；② 补贴，包括补助金、长期低息贷款、减免税办法；③ 押金制度；④ 建立市场，包括排放交易、市场干预、责任保险；⑤ 强制刺激，包括违章罚金、履行保证金等。夏光同志的分类与这一分类十分相近，只是将"强制刺激"改为"鼓励金"。

第 2 种分类：① 财政资助；② 税收优惠与低息贷款；③ 排污收费；④ 污染赔偿和罚款；⑤ 利润。

第 3 种分类：① 财政援助；② 低息贷款；③ 税收（包括征收排污费）。

上述第 1 种分类较为全面，已基本上被学术界所接受。第 2、第 3 种分类，有些简单化，另外分类混乱。

笔者认为，第 1 种分类法中的几种环境经济手段还可以分为两大类。第 1 类是按照"庇古传统"所制定的手段，如收费、补贴、押金制度等。根据庇古的福利经济学的观点，外部性导致市场失灵，必须通过政府干预才能使外部性内部化。第 2 类是根据"科斯定律"所制定的手段，即建立市场。科斯定律之处，只要产权关系明确予以界定，那么经济活动的私人成本与社会成本必然相等。科斯定律的引申结论是，只要交易费用大于零，就可以通过合法权利的初始界定以及经济组织形式的选择来提高资源的配置效率，实现外部效应内部化，而无须抛弃市场机制。这一分类的合理结论是，研究环境经济手段既要研究政府这只"看得见的手"的作用与局限性，也要研究市场这只"看不见的手"的作用与局限性，使市场机制与政府干预得到有机的结合。

4 我国环境经济学研究的展望

从目前的研究现状看，今后我国环境经济学的研究应着重向如下几个方面发展：

4.1 环境经济学与相关学科关系的研究

环境经济学是横跨自然科学和社会科学的交叉性科学，它与微观经济学、生态经济学、资源经济学、能源经济学、人口经济学、发展经济学、法律经济学等学科都有紧密的联系，因此，就有必要搞清环境经济学与相关学科的联系与区别，明确环境经济学自身的研究重点，做到环境经济学与其他相关学科既有分工又有协作，把环境经济学的研究引向深入。

4.2　用产权理论研究环境经济问题

环境资源属于公共物品。公共物品具有排他性、不可分割性等特征。因而在环境这一特殊商品的使用或消费中容易产生外部性问题和"搭便车"现象，从而导致经济主体的利益冲突。产权理论在环境经济问题中的应用，就是通过产权的界定、产权安排、产权经营来提高环境这一特殊商品的生产和使用效率。产权理论研究环境经济问题的主要课题有：关于市场机制与环境管理之间的关系；关于环境经济政策与手段的经济评价；关于在特定的经济体制下各行为主体的环境行为的实证及理论分析；持续发展的制度结构；环境权益均衡及制度结构等。

4.3　面向环境管理实践进行环境经济研究

我国在由计划经济向市场经济转轨的过程中，环境管理实践会遇到一系列的新课题，例如环境经济的定量分析，GNP 与环境评价的关系，产业结构升级与环境问题，对外贸易与环境问题，区域环境管理问题，等等。因此，环境经济学家和环境管理工作者不仅要为构筑环境经济学的理论大厦而努力，而且要面向经济建设主战场，为解决环境管理中遇到的新情况新问题而奋斗。

参考文献

[1]　王金南. 环境经济学. 清华大学出版社，1994.

[2]　张敦富，等. 环境经济. 人民大学出版社，1994.

[3]　厉以宁，等. 环境经济学讲座·第一讲. 环境保护，1992（8）.

[4]　夏光. 论两种环境经济. 中国环境报，1994-08-11.

[5]　张群，等. 现代环境经济学流派及其理论. 世界经济，1995（4）.

[6]　童宛书. 环境经济学. 浙江大学出版社，1993.

[7]　王炎庠. 环境与经济. 科学出版社，1989.

[8]　童宛书. 环境经济学的三大理论支柱. 浙江社会科学，1993（2）.

[9]　周富祥. 我国环境经济学的理论与实践. 管理世界，1993（2）.

[10]　王慧忠. 试论环境污染的社会成本及其转化途径. 管理世界，1993（2）.

[11]　厉以宁. 论环境污染治理费用的分摊. 北京大学学报：哲学版，1990（6）.

[12]　王金南，等. 经济手段在现代环境管理领域中的应用. 环境科学丛刊，1991（6）.

[13]　夏光. 环境保护的经济手段及其相关政策. 环境科学研究，1995（4）.

[14]　兰建洪. 环境保护中的经济手段. 环境，1994（6）.

[15]　杨瑞龙. 外部效应与产权安排. 经济学家，1995（5）.

PACE2011 中国环境经济与政策国际研讨会综述

沈满洪　张少华

　　由环球中国环境专家协会（Professional Association for China's Environment，简称 PACE）主办，浙江理工大学经济管理学院承办，中国环境规划院、香港中文大学环境能源与可持续发展研究所、中国环境科学学会环境经济学分会、浙江省环境监测院协办的"环球中国环境专家协会 2011 中国环境经济与政策国际研讨会暨华人资源环境经济学家夏令营"于 2011 年 7 月 12—16 日在杭州千岛湖隆重举行。来自国内外高校、科研机构和政府部门等关心中国环境和生态问题的百余位专家学者，围绕"中国的环境经济与政策"这个主题，就非市场评价、污染管理、生态系统、能源与气候、宏观环境、可持续性、水资源等问题进行了广泛的交流。会议共收到中英文论文 80 余篇。研讨会采取主题报告、小组讨论、Poster（海报）等形式。瑞典皇家科学院 Karl-Göran Mäler 院士、荷兰格鲁尼根大学 Henk Folmer 教授、世界银行高级经济学家王华博士、瑞典乌普萨拉大学李传忠教授、国务院发展研究中心社会发展研究部周宏春主任、中国环境保护部环境规划研究院副院长王金南总工程师、浙江理工大学副校长沈满洪教授、美国密西根州立大学赵金华教授、日本国立大学法人山口大学陈礼俊教授、中国科学院研究生院绿色经济研究室主任石敏俊教授、南京大学环境学院院长毕军教授、日本早稻田大学 Ken-Ichi Akao 教授、日本立命馆亚洲太平洋大学管理学院副院长 Zhang Wei-Bin 教授、加拿大谢布鲁克大学何洁副教授等分别作了主题报告。小组讨论中，每场指定 3 位专家就报告人的论文进行点评，使得每场报告都具有良好的互动。

[发表期刊] 本文摘要稿以《2011 中国环境经济与政策国际研讨会综述》为题发表于《经济学动态》2012 年第 4 期，完整稿以《PACE2011 中国环境经济与政策国际研讨会综述》为题发表于《环境经济与政策》2012 年第三辑。
[作者简介] 张少华，男，博士，浙江理工大学经济管理学院副教授。

1 中国环境经济与政策研究的关键议题

本次论坛最大的亮点就是在世界银行高级经济学家王华先生的倡导和主持下，诚邀与会专家就中国的资源环境经济学问题、从理论与政策两个层面、急需的和长远的两个视角进行了广泛和深入的探讨。浙江理工大学沈满洪教授倡导环境经济问题研究的"两个结合"：环境问题的本土化和研究方法的国际化的结合，新古典经济学传统与新制度经济学理论的结合。

北京大学张世秋教授认为应重点关注五大问题：① 资源的价值和价值评估；② 如何研究企业、公众行为对特定政策的响应模式；③ 关于政策衔接的问题，即政策的整合性、一致性和兼容性问题；④ 不仅讨论生态补偿，同时研究生态服务功能支付方式，因为这其中涉及不同的制度安排；⑤ 最小成本的环境污染控制的控制战略。

中国科学院石敏俊研究员侧重于环境相关的评价问题与空间问题。在评价方面，他主张研究企业、消费者、生产者等行为对政策的反映过程，同时进行政策模拟，以便于产生预见性的研究结果；在空间问题方面，他认为由于环境问题和经济活动的空间性密不可分，所以经济活动的空间组织、分布对环境问题的影响就变得十分重要。

南京大学毕军教授就环境与经济发展问题、不同利益相关者的行为机制研究、环境绩效评估（理论方法运用到实际）、方法论的问题（自上而下和自下而上的方法相结合）、环境公平性的研究、环境治理的研究，中国政策融合的问题等进行了详细的阐述。

北京师范大学徐琳瑜副教授则把研究的方向转到中小城镇上，她认为现有的环境政策在中小城镇不能使用，经济政策手段由于制度差异、文化教育的问题导致在中国难以施行，所以必须重视非技术手段，如生态文化教育的运用。

中国环境规划院程伟雪研究员认为，环境政策和经济学研究离不开环境的治理，如信息的公开获得、司法公正、政府的行为、公众环境意识等。最根本的问题在于研究"撞到了一堵墙"，如土地、资源所有的问题就在于制度不清楚。

瑞典乌普萨拉大学李传忠教授认为，价值评估的研究要加强，在这方面有更多的应用，如新能源、高铁的噪声等。在理论模型本身的扩展上，他认为偏好结构的扩展，异质性的引入，临界点的影响是重要的方向；他还强调气候变化与生物多样性的研究是环境经济学的新兴领域。

加拿大谢布鲁克大学何洁副教授从宏观和微观研究两个方面进行了论述。宏观研究方面，应当关注政府的效率问题以及最优政策与次优政策之间的权衡；微观研究方面，要多注重理性、非理性以及不确定性的行为。

香港中文大学陈永勤教授强调了环境政策研究的重要性、独立性、可执行性和有效性；同时提出要把握好中国的特色，就是快速变化带来的新问题，本土化、更具体的问题，在研究方法上要从关注人体的健康到关注整体的生态系统的健康，从下游往上游、从点源到非点源的结合。

香港中文大学林健枝教授则提出了 3 个重要的研究方向：① 环境健康的研究；② 生活消费模式的转变对环境的影响；③ 可持续发展问题，如生态补偿、体系的有效性等。

密西根州立大学赵金华教授强调研究 Quality 的重要性，衡量标准就是在好的期刊上发表文章，同时把研究方法水平提高到国际水平。他认为中国的学者可以在价值评估、中国特色的问题、行为经济学在环境经济学中的应用、自然实验等方面进行突破。

其他学者分别从环境公共财政研究、学科研究的界限问题、环境问题的文化、人文因素、案例研究的重要性以及政策研究的路径依赖等方面展开了讨论。

最后世界银行高级经济学家王华先生从环境经济学研究的层次、研究的内容以及在中国研究的重要性与紧迫性进行了总结。

2　环境经济理论研究

由于资源和环境问题日益成为全球经济的重要和紧迫问题，资源环境经济学的理论研究也开展得如火如荼。本次研讨会的与会专家也从不同的视角对相关理论问题进行了探讨和交流。

由于环境产品与服务常常没有价格，所以使得估值问题成为环境资源经济学的中心问题。荷兰格鲁尼根大学 Henk Folmer 教授首先指出在环境估值中经常忽略的几种计量问题，比如遗漏变量偏误、测量误差以及多重共线性等，而他提出的一个特征价格——有约束的自回归结构方程模型可以很好地解决这些问题，并且以印度尼西亚城市管道水为例实证检验了该模型。

瑞典乌普萨拉大学李传忠教授阐述了"社会生态系统中的状态转移的经济学：修复能力与可持续发展"。他介绍了如何评价系统的自我修复能力以及这种能力对可持续发展的重要影响，系统存在状态转移风险时，其自我修复能力对系统的可持续发展具有极其重要的作用，通过在一个动态模型中引入修复能力来刻画其对可持续发展的影响，并以澳大利亚的应用实例进行了数值模拟，对模型的扩展以及在其他地区和领域的应用进行了展望。

　　经济发展是否必须以环境恶化为代价？经济最优化与可持续发展这两种价值观是否存在根本冲突？在什么条件下可以实现两者的协调发展？即一个国家走上一条经济优化的可持续发展道路。日本早稻田大学的赤尾健一 Ken-Ichi Akao 教授通过一个理论模型系统回答了实现上述两种价值观融合的必要条件，并且指出技术进步的方向应该是：增长的发动机应该是干净的；我们应该避免依赖于不可再生资源；废物、污水应该很容易在自然的过程分解；有一个特别的偏好约束。

3　环境经济政策研究

　　进入"十二五"时期，我国的环境问题呈现出几大特点：经济增长举世瞩目，生态环境"翻天覆地"，环境污染史无前例；发展模式转变极其困难，环境压力空前严峻，公众环境诉求迅速上升；市场经济发育依然不健全，特别是环境资源价格在市场配置中的地位没有建立起来；党中央国务院重视环境保护，表现出强烈的政府环境保护政治意愿；经济增速、经济危机和节能减排对出台环境资源价格改革政策形成直接的压力和挑战。由此，本次论坛也分别邀请了几位专家对当前我国紧迫的环境经济政策问题进行了深入探讨。

　　中国环境保护部环境规划研究院王金南总工程师主讲了新时期我国环境经济政策的创新问题，指出环境经济政策是解决环境问题的一种长效机制，是中国环境政策的发展方向，是新时期下环境政策的创新重点。环境经济政策是实现科学发展和建设环境友好社会的一种灵活、有效、公平的环境政策。体现全成本的环境价格体系是实现科学发展的必然条件。环境经济政策长效机制需要跨专业、系统化、长期跟踪研究，经济部门应主导政策制定。当前最需要的是大胆的试点探索。中央政府应该积极支持地方的试点、改革和创新。新时期下的环境经济政策创新重点：环境财政政策、环境价格政策、环境税费政策、市场创建制度、生态补偿政策、绿色资本市场、绿色贸易制度等。

　　南京大学毕军教授主讲了中国"十二五"时期环境科技发展战略研究，他认为环境经济的本质是"减物质化"的过程，环保趋势、环境压力等迫切需要环境科技的有力支撑，今后要在循环经济技术、区域环境污染治理、质量改善技术、环境风险控制技术，提出了发展环境科技的指导方针"支撑减排、改善环境、引领产业、惠及民生"，在此基础上，进一步提出八大重点发展领域。

　　浙江理工大学沈满洪教授从生态环境恶化已经成为引发群体性冲突事件的重要根源这一社会现象出发，从对本次会议主办地——千岛湖的未来忧虑现实入手进行分析，以新安江流域为例，系统论述了以生态经济化制度促进区域经济协调发展的思路。指出生态保护补偿机制是实现生态经济化的重要制度，是促进区域经济协调发展的重要机制。建立多主体协作的生态补偿机制和生态保护补偿与环境损害赔偿联动的机制是符合中国国情的制度安排。建立生态补偿机制的困难主要在于技术障碍和制度障碍，因此，必须大力推进技术创新（生态环境价值的评价等）和制度创新（生态产权制度的变革等）。

日本国立大学法人山口大学陈礼俊教授主讲了环境税的改革视角以及对绿色预算的挑战，首先引出环境会计与绿色预算的概念，接着介绍了环境税改革的理论，然后讲解了欧盟成员国的环境税改革，尤其是德国在 1999—2003 年的环境税改革。

4　非市场评估

环境资源除了具有市场价值外，还具有无法进行货币计量的非市场价值，这部分价值主要包括：生态价值、社会价值和人们为确保环境资源的各项服务功能能够长时间存在所愿意支付的存在价值、为了确保未来要用时能够随时可用现在所愿意提前支付的选择价值以及为后代将来能继续利用环境资源愿意事先支付的馈赠价值等。世界银行资深经济学家王华先生以云南的案例，采用条件价值评估法，分析了河湖水质改善的社会经济价值及公共投资项目效益价值估算，研究发现，水质改善一个级别的经济价值相当于居民收入的 2.5%～5.5%；投资水质改善的社会经济回报率为 15%～20%。

北京大学谢旭轩、张世秋等认为，健康效益评估、特别是统计寿命价值研究是环境公共政策决策和成本效益分析的基础，健康效益的支付意愿研究方法在发达国家较为成熟，但发展中国家的实证案例和方法讨论还很缺乏。中国快速的经济增长和城市化进程与环境污染健康损害之间的矛盾凸显，健康效益评估具有重要研究意义和迫切需求。他们通过采用选择实验方法，克服了条件价值评估方法对风险的理解和支付存在较大不确定性，价值评估结果表明：因空气质量改善减少一次类似感冒症状的支付意愿约为 50 元，减少一个呼吸道或心脑血管病例的支付意愿约为 77 万元，统计寿命价值约为 168 万元。

王会和王奇则观察到，农业面源污染已经成为我国水环境污染的重要威胁。与工业点源污染、城市生活污染可以通过"末端治理"来减少污染物排放不同，农业面源污染的防治需要从农业生产环节入手，减少农业面源污染物的产生，即"源头控制"。其中，促使农户采取环境友好的生产技术是其中的关键环节。而"什么样的农户偏好什么样的技术"成为环境友好技术研发与推广中的一个基础性问题。基于选择实验法，并对沿南四湖区域的农户进行分析,他们发现年龄较大的农户偏好产量较高的技术,性别对技术无明显的偏好差异,受教育程度和培训使得农户偏好施肥量少、劳动投入少的技术,收入高的农户则对产量、补贴相对不偏好。考虑到具有不同特征的农户对具有不同特征的生产技术偏好不同,应针对农户特征推广适合的农业生产技术。

耕地资源除了具有市场价值外,还具有无法进行货币计量的非市场价值,耕地作为准公共物品,经济激励是解决其供给问题的有效手段。耕地保护经济补偿机制建构的基础就是耕地资源价值评估,而非市场价值长期流离于市场机制之外,导致对耕地的完全价值缺乏合理有效的货币化计量。随着可持续发展理念与环保意识的增强,耕地非市场价值在国内也逐步受到关注,开展这方面评价不仅是耕地保护经济补偿机制建设的迫切需要同时也是提高耕地资源配置效率、遏制耕地盲目转用与农户资产价值坍塌的有效手段。北京师范大学的金建君、江冲采用目前国际上用于评估具有公共物品特性的自然资源和环境物品经济价值的一种相对较新的方法——选择试验模型法,以浙江省温岭市耕地资源保护为例,探讨选择试验模型法在耕地资源保护经济价值评估实践的可行性。研究结果表明,对于温岭市居民来说,今后耕地资源保护的实施应该重点改善田间设施和提高土壤肥力,而耕地景观的改善也同样可以提高温岭市居民的福利水平。

针对目前国内主要城市热衷推出的"公共自行车"服务,南京大学张飞飞、毕军、刘蓓蓓探讨了影响南京市民使用公共自行车的支付意愿(WTP)的因素。以 1 138 问卷调查为基础,采用线性回归模型和 logit 模型,估计出使用公共自行车的平均 WTP 分别是 3.78 元/h 和 2.57 元/h。结果表明,无论居民是否知道该方案,居民的乘车模式和一些人口统计变量都会影响其使用公共自行车的支付意愿。

5 污染治理

城市交通产生的噪声已经成为城市污染的一个重要方面,也为城市污染治理提出了更大的挑战。传统的治理城市噪声的方法单纯依赖于减少噪声,但是这种单向的治理方式越来越不适应迅速发展的城市规模和数量,其边际成本也迅速上升。香港中文大学林健枝教授研究了城市交通污染治理的范式转变问题,介绍了音景法(The Soundscape approach),详细讲述了音景的概念框架,并且阐述了音景法在香港的应用。

排放权交易被认为是一个具有成本效益的污染控制的环境经济手段,尽管自 20 世纪 80 年代以来,我国开展了包括水污染权和大气污染权交易的多地试点,但在中国的排放权交易的政策设计和执行情况仍广受批评。因此,南京大学张炳、毕军等系统地研究了在中国的排放权交易方案的政策设计，调查了影响排放权交易政策设计的关键要素，包括津贴分配、交易成本、初始分配、市场力量、银行和借款、监测和执法等，还深入研究了排放权交易的国际经验。

在过去的几十年里，中国在水体污染控制方面作出了艰苦的努力。不幸的是，这种努力不包括非点源，水环境状况并未得到改善，非点源水污染已成为中国水质量退化的重要原因。流域治理点源和非点源之间的交易可能会作为一个成本效益的方式来处理这个问题。南京大学张炳、毕军等主要研究了"流域治理点源和非点源交易在中国的可行性"。他们使用随机规划模型，研究由于随机事件导致的不确定性和交易成本对交易框架设计的影响，结果表明在中国特殊的情境中，Point-non-point 交易框架，通过交易成本的影响更为显著，总的不确定性的影响是不固定的，取决于两种不确定性规模。

水污染交易（WPT）被认为是一个成本有效控制水体污染的政策工具。然而，在中国，WPT 的方案实施进展缓慢和项目本身都没有取得预期的效果。政策重叠或冲突，被认为是阻断部署在中国的有效的 WPT 项目的主要因素之一。南京大学张永亮、张炳、毕军以太湖流域为例，审查和分析在太湖流域的水污染控制系统，以及规管和 WPT 太湖试点方案的做法。研究的结果表明，在太湖流域，水污染交易方案从根本上与其他环境监管制度，如环境影响评价制度和五年计划目标存在冲突。

南京大学刘恒、张炳、毕军从成本效益评价和综合优化两个方面研究了太湖流域最佳管理实践：他们根据实地调查，政府工作报告，文献综述和其他数据来源，将太湖流域的最佳管理实践分为三大类，即经济刺激政策、治疗技术、生态恢复网。结果表明，每个类别有一些成本效益的措施，即相当少量的财政投入和高营养物减少率。此外，他们还建立了一个从每个类别中选择 3 个 BMPs 的最优组合的综合模型。这个模型包括两个交互组件，即一个分水岭的营养负荷模块与遗传算法的优化模块。营养负荷估计在目前的工作模式，可作为一个处理太湖流域的有效的方法。

环境污染治理投资对改善我国环境质量和保障经济持续发展发挥了重要作用。"十一五"期间，我国大量的环境污染治理投资取得了良好的污染物减排效果。但随着污染治理的边际成本递增，研究我国及各地区环境污染治理投资效果的影响因素及各因素的变化趋势对"十二五"时期污染减排具有非常重要的政策意义。北京大学王奇、夏溶矫、张瑾等以大气污染治理为例，基于 LMDI 分解模型和完全分解模型方法，分别从全国层面和地区层面构建污染物治理分解模型，分解结果表明我国污染治理投资的地区分布结构趋向于更有效率的分布，东部地区污染治理投资的规模的增长空间已趋向饱和，应该着重加强污染末端治理的技术和管理水平，中西部地区需要同时提高污染治理投资规模以及污染治理的技术和管理水平。

随着污染总量控制力度的加大以及末端治理接近极限，通过技术进步来降低生产活动环节污染的产生至关重要。工业生产活动中技术进步对污染产生的影响包括两方面：通过促进经济规模的增加引起污染产生量增加（规模效应）和通过降低污染产生强度带来污染产生量降低（强度效应）。北京大学王奇、李明全以 Malmquist 指数表征技术进步水平，计算我国 2006—2009 年 29 个省技术进步对经济增长与工业 SO_2 产生强度变化的贡献，进而计算技术进步对工业 SO_2 产生量的影响。结果表明：2006—2009 年技术进步降低了全国工业 SO_2 产生量；从时间上看，2006—2007 年和 2008—2009 年技术进步增加了全国工业 SO_2 的产生量，而 2007—2008 年技术进步作用相反；从空间上看，东部地区技术进步的规模效应更显著，中部地区技术进步的强度效应更显著。

6 生态系统与可持续性问题

环保部环境规划院和香港中文大学的董战峰、林健枝和陈永勤在调研中国流域生态补偿实践最新进展的基础上，将我国流域生态补偿归结为 3 种模式：基于流域上下游跨界断面水质目标考核的生态补偿模式、基于流域上下游跨界断面污染物通量核算的生态补偿模式、特定面向水源地的生态补偿补偿模式；并发现：流域生态补偿机制建设的关键在于形成统一协调的上下游综合管理体制、形成配套的财政机制、运用合理设计的补偿标准以及具备配套的监测能力。进而指出：在中国目前的制度环境下，流域生态补偿机制是强化流域综合管理的一种有效机制，该机制能够为流域综合管理提供有效的经济激励和财政资金来源，有望解决过去长久未能解决的流域内不同行政区用水利益诉求差异与流域综合一体化管理的体制矛盾，并与污染物总量减排、推进落后产能等政策协同发挥流域综合管理效用，可成为将来流域综合管理工作深入开展的重要切入点。

20 世纪 80 年代以来，中国政府多次强调，中国不应该采取发达国家曾经走过的"先发展后治理"的路径。然而，在中国，许多地方官员甚至将环境库兹涅茨曲线（EKC）当做一条定律。与之相对应的是，环境评价、绿色增长、绿色会计、环境正义和可持续性的概念已成为发达国家和世界公认的准则。美国密苏里大学刘力副教授通过几十年的现场调研，发现北京密云、怀柔，广东省珠海市等在保护他们的环境，并遵循了绿色增长上取得了显著的成就。分解 EKC 与环境评价表明，以牺牲环境为代价来获取快速的经济增长不是最优选择，绿色增长是一个更健康的替代品，即使这可能意味着短期的收入增长。

作为消除生态环境资源开发利用过程中负外部性的重要手段，研究生态补偿机制对于指导我国流域生态环境资源开发和流域环境污染治理具有重要的现实意义。而生态补偿标准的测算是建立生态补偿机制的核心问题，也是难点所在。辽宁省环境科学研究院王彤、王留锁在对现有生态补偿标准计算方法进行总结分析的基础上，分别从供给方和需求方的角度探索建立了水库流域生态补偿标准测算体系。并以大伙房水库流域为例，对其补偿标准进行测算，得出基于研究区生态系统服务功能的补偿标准为 64 661.3 万元，基于研究区生态保护建设总成本的补偿标准为 9 221.4 万元，基于意愿支付价格的补偿标准分别为 8 637.6 万元、12 956.4 万元，最终确定将补偿金额定在 10 000 万元是令双方都比较容易接受的一个价格。

南京大学王军锋、侯超波等选取流域生态补偿机制作为研究对象，从生态补偿思想的来源、内涵、实施模式、补偿标准等角度系统梳理了相关领域的研究成果，并论述了市场主导的流域生态补偿机制和政府主导的流域生态补偿机制两种模式的区别与联系。他们以子牙河流域生态补偿机制为研究对象，发现子牙河流域生态补偿机制是将生态补偿基金扣缴制度、改良的政绩考核制度、生态补偿基金使用监督管理制度等组成有机整体的运行体系，属于典型的政府主导模式。

自 1997 年以来，我国陆续开展了环保模范城、生态示范区、生态省市县等环境保护示范创建活动。但是，这些环保示范创建活动通常以运动式开展，可在短期起到环保工作"强心剂"的作用，不能从根本上、从长远上扭转我国当前环境质量"局部好转、总体恶化"的局面。同济大学徐美玲、包存宽以太仓市为例，从生态文明的内涵与建设内容出发，通过生态文明建设试点，探索了持续推进地方环境境保护工作长效机制。

南开大学王萍利用 1 403 份农村居民的随机调查数据，探讨了中国农村的可持续消费的影响因素，调查发现，中国农村居民的可持续消费行为的水平低，环保知识、环保责任、环保价值、感知行为控制对农村居民有较大的敏感性。

北京师范大学谢晓东、徐琳瑜认为城市生态系统是一个社会-经济-自然复合系统，它可以划分到经济社会的子系统和自然生态的子系统。因此，城市生态风险评估是比其他自然生态风险评估更为复杂，同时必须开发新的方法，适用于这个复杂的生态系统的生态风险评估。城市生态风险评估，使用广泛的信息来源和技术，这存在很大的不确定性。例如，数据并不适用于所有的风险评估过程的各个方面，那些可用的数据可能是质量可疑或未知的。在这种情况下，城市的生态风险评估必须依靠主观的专业判断，类比推论、估计技术相结合。因此，城市生态风险评估必须基于一个假设不同程度的不确定性和可变性。

　　地理景观、土壤和水资源的多样性决定了世界各地生态系统不同的服务潜力。然而，现实世界中发展实践通常不遵循生态系统的潜力和局限，这使得土地利用规划成为一个可持续发展的重要政策处理手段。西北农林科技大学薛建宏教授和格罗宁根大学的亨克·福楼教授认为，鉴于中国存在高度多元化的岩石圈，水圈和生物圈的广大地区，确定在目前的土地利用格局空间分布的生态系统服务，以形成适当的政策策略，最大限度地减少经济活动造成的环境损害和提高干扰或破坏的生态系统的恢复能力，应该根据目前的产权制度，在中国制定一个以科学为基础的环境土地利用规划体制框架。

　　经过多年的经济社会发展和生态环境改造，中国农村景观正在经历历史上最具戏剧性的转变，改造农村景观和当代生活已经威胁到中国农村经济社会的可持续发展。有没有科学的规划和政策，来解决中国农村社会发展的环境和健康问题。西北农林科技大学薛建宏教授认为精密的环境景观规划方法集成了水文和土壤中的基本原则和成本效益的经济原则。它的实施，将有助于实现在中国的农村社区的长期可持续性发展。

　　节能减排的代价是什么？能否在实现效率的基础上同时实现扩大就业的目标？清华大学蔡闻佳等利用投入产出方法分析了节能减排对就业的直接和间接效应。她们证明了在中国目前的发电行业的排放削减措施，不仅损害这一部门的就业，而且损害整个经济中的就业。然而，开发可再生能源将有助于提高全社会的就业收益，并有利于经济结构的升级，以确保绿色经济和绿色就业并存。

7　水、能源与气候问题

　　随着经济的发展，中国的水资源日益存在"水太多、水太少和水太脏"的三难困境。香港中文大学陈永勤教授详细介绍了香港城市生活用水的成功经验。在长期的实践中，香港摸索出了一条"两条腿走路"的经验，也可以说是开源节流。一方面，通过跨流域、跨边境调水导入东江水，提供约80%的供水；同时在尽可能大的面积开发本地水资源，通过雨水收集等，提供约20%的供水；另一方面，通过采用最新的技术替代资源（海水淡化，污水回用）增加供应；通过海水冲厕，教育和经济激励，减少渗漏来减少水的消费。香港对生活用水的精细化管理对我们大陆日益紧张的生活用水难题提供了诸多有益的启示。陈永勤教授还进一步研究了香港城市日用水量的趋势、模式等问题。以1990—2007年的香港的水资源消费数据和气候变化数据，他研究发现，基本生活用水呈现不断增长的趋势，并占有水资源消费的绝大部分；季节性、气候效应、周期效应以及农历新年假期等会对用水模式产生影响；最后陈永勤教授还构建了一个统计模型来预测未来的水资源消费状况。

浙江理工大学胡剑锋教授利用 IPCC 方法测算了浙江省 1995—2008 年的碳排放量，并从时间序列、产业结构及能源消费 3 个方面分析了浙江省的碳排放特征，同时运用环境的库兹涅茨曲线（EKC）研究了浙江省碳排放与经济增长之的动态变化规律。然后基于扩展的 kaya 恒等式将浙江省人均碳排放量分解为碳排放系数、能源结构、能源强度、产业结构、经济增长 5 个影响因素，并运用对数平均迪氏指数法（Logarithmic Mean Divisia Index，LMDI）比较了这些影响因素对碳排量的贡献率。研究表明，经济增长与产业结构对浙江省人均碳排放量具有正向的效应，而能源强度和能源结构则具有反向的效应。各影响因素对碳排放的绝对贡献率按递减的顺序排列分别为：经济增长、能源结构、能源强度和产业结构。

美国内布拉斯加大学助理教授倪金兰等使用数据包络分析（DEA）方法构造了全要素能源技术效率指数后，对 156 个国家 1980—2007 年的能源技术效率进行了比较。结果表明，中国的能源效率大大落后于其他国家，尽管它已在过去 28 年中显著提高。进一步的分析表明，规模效率低，而不是纯技术效率低，造成了中国的能源低效。

云南大学王赞信副教授研究评估了利用水葫芦的植物修复特性修复富营养化湖泊的经济可行性和财政可行性。结果表明，所提议的项目在财政上不可行，但经济可行。影响财务可行性的主要因素是折现率、沼气价格和投入成本。影响经济可行性的主要因素是折现率，减少温室气体排放的价值。

瑞典乌普萨拉大学余海珊博士实证探讨了北欧电力市场的电力价格跳跃背后的可能原因。在采用一个时间序列模型（混合 GARCH - EARJI 跳跃模式）捕捉电价的共同统计特征之后，通过有序 probit 模型进一步分析电价跳跃的原因。实证结果表明，无论电力市场的需求和供给冲击是否转化为价格跳跃，电力市场的市场结构电价的跳跃产生了重要的影响。

北京大学余嘉玲、张世秋和谢旭轩采用环境投入产出法，分析我国居民能源消耗在地区之间、城乡之间的时空结构特征，并在此基础上分析相关因素对居民能源消耗结构产生的影响以及影响机制。研究结果显示，城乡居民能源（标准煤）消耗的平均水平在 0.5～3 t/a，城乡、区域和收入差距是居民能源消耗差距的 3 个主要贡献因素，其中城乡差距的贡献最大，且呈上升趋势。居民能源消耗随收入的上升而上升，主要因为居民生活方式和能源使用方式的变化所致，20 世纪 80—90 年代能源消耗差距大于收入差距，90 年代以后能源消耗差距的扩大速度小于收入差距的变化，到 2005 年之后能源差距水平开始出现下降趋势。

西藏水资源丰富，为全国之首，"十二五"规划已将其作为我国水力资源第一大省区进行开发利用，如何合理开发水资源，保证西藏的可持续发展是当地政府的首要任务。北京师范大学于冰、徐琳瑜从经济学角度分析水资源补偿的原因，基于生态系统服务价值评估和机会成本探讨补偿标准的核算方法，为合理开发水资源，建立西藏水资源生态补偿机制提供有益参考。

中国科学技术大学汝醒君选取美国、加拿大、日本、英国、德国、法国、澳大利亚等世界主要工业化国家（发达国家）以及中国、巴西、印度 3 个主要的发展中大国 1970—2005 年的经济发展与碳排放数据，采用 Tapio 脱钩弹性模型进行定量分析，结果表明大部分发达国家曾出现过经济发展与碳排放的强脱钩现象且其脱钩弹性变化趋势基本一致，但是 3 个发展中国家的经济增长与碳排放的关系表现出较大的差异，且发达国家与发展中国家的脱钩弹性特征存在显著的不同。

我国汽油需求持续迅速增长且进口依存度高，研究我国汽油需求行为意义重大。中国人民大学王潇玮、邹骥使用协整和 ECM 的方法研究了 1993—2009 年我国汽油需求、GDP 和汽油价格之间的关系，结果表明：我国汽油需求和 GDP、价格之间存在一种长期的均衡关系；汽油的长期和短期价格与汽油需求不存在弹性关系，通过改变汽油价格来影响汽油需求的政策效果有限；汽油的长期 GDP 弹性为 0.352，弹性关系不明显；短期 GDP 弹性为 0.903，收入的短期波动对汽油需求的影响更明显。

浙江大学吴文博博士采用 VAR 模型分析了石油价格冲击对中国碳排放的影响。基于 1983—2008 年的年度数据，选取包括中国碳排放、中国经济、世界石油价格、货币供给和通货膨胀率在内的 5 个变量构建 VAR 模型。格兰杰因果检验结果显示世界石油价格是中国碳排放和中国经济的格兰杰原因，而中国经济不是世界石油价格的格兰杰原因。脉冲响应函数结果显示石油价格冲击将会显著降低中国碳排放，方差分解结果显示世界石油价格对中国碳排放和中国经济的波动贡献较为显著。上述结果说明调整石油价格的政策有助于降低中国碳排放。

8 宏观经济与环境问题

《京都议定书》的两个原则（生产者责任原则、共同而有区别责任原则）和经济全球化的盛行，使得发达国家的碳泄漏成为可能，也就是说，《京都议定书》存在效率隐患。绝大多数研究也证实了发达国家向发展中国家碳泄漏现象的存在，即发达国家通过贸易向发展中国家转嫁碳排放。作为世界第二大贸易国以及最大的发展中国家的中国，是污染避难所吗？加拿大谢布鲁克大学何洁副教授以 1996—2004 年的 16 个制造业部门的数据，通过投入产出法来衡量中国国际贸易中的各行业隐含碳排放的情况，研究发现中国的比较优势主要在劳动密集型产业和碳强度小的产业；中国通过进口减轻了部分的碳负担，但中国是碳净出口国。中国贸易创造的碳排放量很大，而这主要由中国相对于国际其他国家而言碳强度还是很高造成的；而直接由贸易转移的碳排放量很小。一个碳净出口国并不一定是碳排放的避难所，从中国的例子看，碳泄漏并不能用《京都议定书》的效率隐患来解释。如果中国想改变碳净出口国的现状，重要的是从自身碳减排能力的提高做起。

环境规制政策和要素禀赋是一国比较优势的两个主要因素，而两者对专业化分工的决定作用是不同的。环境规制严格度是否是中国工业制成品比较优势的决定因素？严格的环境规制是否影响中国污染产业的国际竞争力？对上述问题的回答有助于加快我国贸易发展方式的转变和缓解资源环境压力。暨南大学副教授傅京燕、李丽莎使用 1996—2004 年我国 24 个制造业的面板数据并通过构造综合反映我国实际情况的产业环境规制指标和产业污染密度指标，对环境规制效应与要素禀赋效应与产业国际竞争力的作用机制进行了分析。所得主要结论如下：通过对比较优势指标和污染强度的分析，得出我国污染密集型行业并不具有绝对比较优势，因而我国并不是发达国家的"污染避难所"。环境规制、物质资本和人力资本指标均对比较优势产生负面影响，且环境规制的二次项与比较优势正相关，这表明环境规制对比较优势的影响呈"U"形。

南京大学王远副教授用 1990—2009 年期间的人为物质流分析（MFA）和自回归分布滞后（ARDL）方法，来研究中国东部江苏省的资源利用和经济增长之间的因果关系。边界测试结果表明，经济增长和解释变量之间建立一个长期均衡的协整关系。

空间集聚可能是影响工业污染排放强度的重要因素。复旦大学经济学院的冯皓、荣健欣、陆铭基于 1993—2006 年中国省级行政区下属地级市的市辖区人口规模与建成区面积数据，构造了反映省级行政区空间集聚水平的变量，并与环境污染排放的省级数据相匹配，发现人口和经济活动向大城市集聚有利于降低工业污染物质的排放强度。因此，为了实现中国既定的减排目标，需要在与环境和城市发展有关的政策中充分考虑空间集聚的重要性。

作为描述污染与收入之间关系的 EKC 曲线，从提出到现在一直是环境学界讨论的重点。当前有关研究大多探讨国家内部污染排放与收入之间的关系，而忽视了不同国家之间通过国际贸易而产生的隐性污染转移以及其对污染-收入关系的影响。北京大学刘巧玲、刘勇和王奇基于"谁消费、谁生产"的基本理念，选取世界 26 个主要国家，以

SO_2 污染排放为例，通过计算不同国家出口商品与进口商品中隐含的 SO_2 排放量，将其对外贸易中隐含的净 SO_2 转移量纳入各国污染排放总量中，建立基于消费的污染-收入关系，并与传统的基于国内生产排放的污染-收入关系进行比较。分析结果表明：由于大量污染排放通过国际贸易实现了国家之间的转移，与基于生产的 EKC 曲线相比，基于消费的 EKC 曲线拐点出现在更高的经济发展水平上，这也意味着发达国家通过污染转移而将拐点时间大大提前；而发展中国家在两种情况下均位于 EKC 的左支且未表现出转折的趋势。

浙江理工大学李太龙副教授借助晋升锦标赛理论构造了一个地方政府竞争模型，在一个统一的框架下讨论经济增长、环境保护和政府在不同发展阶段的行为决策问题，从而为研究环境保护，促进经济发展方式转变提供基础层面的理论支撑。研究发现，目前情况下，中央政府在考核地方政府时应当采用注重环境质量的绿色 GDP 考核方式，而且尤为重要的是，中央政府对环境质量的重视程度必须超过地方公众对环境质量的注重程度，这才能激励地方政府在环境保护上做出符合社会福利最大化的行为决策。

在中国，地方政府之间的策略互动会影响城市的污染。法国奥弗涅大学的玛丽·弗朗索瓦和熊杭提供了一个理论框架和实证研究来分析策略互动在整个中国城市的污染行为中的潜在作用。首先，她们建立了一个反映中国政治集权和环境经济政策分权特征的政治经济模型，模型预测策略互动结果可以是正面的也可以是负面的，依赖于概率函数中的经济与环境偏好的弹性、生产函数中的污染弹性以及污染物外溢性等。然后，她们利用空间计量经济学估计了中国 253 个城市从 2003—2008 年工业 SO_2 排放上的策略互动行为，研究存在显著的证据表明中国城市之间在污染物的排放上是正的策略互动。

法国奥弗涅大学杜维威尔和熊杭研究是否跨界污染问题在中国存在。要做到这一点，她们利用每年由中国环境保护部和河北省环保局公布的污染企业名单，研究河北省的污染企业是否更有可能在边境县建立。研究结果表明对于污染企业而言，边境县比内陆县更具吸引力，并且这种效应随着时间的推移得到加强。

自 1978 年的经济改革以来，中国的能源消耗强度已经大幅下降，是什么推动了中国的能源消耗强度的下降？中国人民大学宋枫讲师使用中国分省数据来构造 1997—2005 年的能源消耗强度指数，并分解成效率指数和结构指数，研究发现驱动中国的能源强度变化的主要力量既有效率的提高又有经济结构的变化。

在国际资本市场上，以环境保护为核心的旨在正确处理金融业与可持续发展关系的"绿色金融"已成为一种趋势。绿色金融通过影响技术创新、企业行为、公众、投资、创业导向以及纠正市场失灵对节能减排产生直接和间接的作用。证券制度的"绿色化"，对于规范和促进上市公司加强资源节约、污染治理和生态保护，限制高耗能、重污染企业的排污行为，指导投资者进行"绿色投资"决策，避免环境风险的重要性也逐渐被人们所认识。中国人民大学田慧芳、邹骥、王克等从 4 个方面分析了日美的资本市场在低碳融资中发挥的角色及对新兴经济体国家资本市场与绿色融资的启示：资本市场结构与"绿色"企业的市场准入，包括绿色企业的资本市场准入机制、对有活力的中小企业进入资本市场融资的特别政策措施、污染企业的重组及有效的退出制度等；企业社会责任与环保信息披露制度，包括证交所的角色、环保部门的角色、财务会计标准委员会的角色、企业自身的社会责任披露等；第三方参与及环评制度，即如何保证监管的有效性；金融产品与服务的创新包括碳交所、碳金融产品、环保概念指数、环保指数基金及责任投资指数基金、绿色债券等。

9　研讨会的启示与意义

本次研讨会的成功召开，为国内外学者深入探讨中国的环境经济与政策问题提供了一个良好的交流平台，学者们集思广益，拓宽了研究思路。本次研讨会的意义表现在以下 3 个方面：

（1）中国经济的成功崛起走出了一条与英美成熟经济体既相似又截然不同的道路，经济快速发展与资源环境的恶化之间积累了一系列深层次的矛盾和问题。这些矛盾和问题不仅是政府和企业面临的严峻挑战，也是发达国家所形成的基本理论所无法解释的，同时也是我国环境经济学理论界所面临的重大理论课题。

（2）"十二五"时期是中国经济转型和资源环境问题集中爆发和有效处理的关键阶段，本次研讨会的与会学者在结合国外环境经济学的经典理论的同时，紧紧把握住中国资源消费和环境演变的特征，就如何从实践中解决中国的环境问题提出许多政策建议，这些建议无论是为政策制定者还是企业的经营者，都提供了重要的参考价值，并为未来的研究提供了新的方向。

（3）本次研讨会展现了特别的教育功能和价值。研讨会除了得到国内外环境经济学知名学者的关注外，更是吸引了相当多的在读博士生和硕士生参与报告与讨论，展现了中国环境经济学研究的勃勃生机，提升了我们解决中国资源与环境问题的力量和信心。

第四篇　生态经济

中国生态经济学会生态经济教育委员会作为中国生态经济学会的分支机构在推动生态经济理论创新方面作出了重要贡献，每年都组织学术会议。从 20 世纪 90 年代后期开始，沈满洪几乎参与了中国生态经济学会及其生态经济教育委员会的全部年会，并承担了部分学术会议的综述撰写工作。

本篇收录了沈满洪撰写的《生态经济学的发展与创新》《2004 年全国生态经济建设理论与实践学术研讨会综述》《全国生态经济建设理论与实践研讨会综述》3 篇综述。

《生态经济学的发展与创新》一文作为纪念许涤新先生主编的《生态经济学》出版 20 周年的纪念文章，总结了中国生态经济学发展的理论和实践两大贡献，揭示了中国生态经济学发展存在的 5 个突出问题，构建了中国生态经济学学科的五大体系。该文在研讨会讨论的基础上成为沈满洪主编《生态经济学》的开端和基础。

《2004 年全国生态经济建设理论与实践学术研讨会综述》一文是对科学发展观提出不久后便召开的生态经济学年会的综述。综述重点阐述了会议的几个重要议题，如科学发展观、可持续发展观、正确的政绩观以及生态经济学和环境经济学的前沿问题如水权交易制度等。

《全国生态经济建设理论与实践研讨会综述》一文是对 2002 年召开的生态经济学会年会的一个综述。该文既总结了生态经济理论创新的主要成果，又概括了生态经济建设实践的主要经验。

学术会议的综述需要提炼出研讨会上有代表性的观点、代表学科发展方向的观点、对实践活动具有重大影响的观点。从这个角度看，《2004 年全国生态经济建设理论与实践研讨会综述》与《全国生态经济建设理论与实践研讨会综述》，虽然篇幅简短，但是符合会议综述要求。

生态经济学的发展与创新

——纪念许涤新先生主编的《生态经济学》出版 20 周年

沈满洪

[摘要]　生态经济学的提出在美国，生态经济学的诞生在中国。中国生态经济学的发展对于树立科学的发展观、规划观、环保观、政绩观等均作出了重要贡献。本文揭示了该学科发展所存在的缺乏核心概念和基本范畴、尚无完整的学科体系、学科边界和学科性质比较模糊 5 个问题。按照确立基本范畴、推动学科交叉和注重实证研究等原则，提出了包括生态系统篇、生态价值篇、生态产业篇、生态消费篇、生态制度篇 5 篇、12 章的生态经济学理论体系。

[关键词]　生态经济学　学科建设　理论体系

1　中国生态经济学发展的两大贡献

虽然美国经济学家鲍尔丁早在 1966 年就提出创建生态经济学的倡议，但是生态经济学的最早诞生地却在中国。在许涤新等老一辈中国经济学家的倡导下，中国首创了生态经济学。生态经济学会的创建、生态经济学杂志的创办与生态经济学科的创建，均可见证这一点，见表 1。

[发表期刊] 本文是作者向中国生态经济学会生态经济教育委员会 2006 年学术年会递交的论文，发表于《内蒙古财经学院学报》2006 年第 6 期。该文也是沈满洪主编的《生态经济学》第一章的部分内容。

表 1　中外生态经济学创建之比较

比较项目	中国	国际
建立学科的最早倡议者和时间	许涤新于 1980 年 8 月提出"要研究我国的生态经济问题，逐步建立我国生态经济学"的倡议	鲍尔丁于 1966 年发表了《一门新的学科——生态经济学》一文
学会创建时间	1984 年中国生态经济学会成立，许涤新为第一任理事长	1989 年国际生态经济学会（International Society of Ecological Economics，ISEE）成立
杂志创办时间	1987 年中国生态经济学会与云南省生态经济学会创办《生态经济》杂志	1989 年国际生态经济学会创办《生态经济》（Ecological Economics）杂志
代表性专著出版时间	1987 年 9 月许涤新主编的《生态经济学》由浙江人民出版社出版	1973 年戴利等编的《走向稳态经济》出版；2001 年 5 月布朗著的《生态经济》（通俗性读物）由诺顿公司出版
特点	先建立学科，再逐步丰富理论。表现为已有几个版本的《生态经济学》及部门生态经济学	先研究问题，再建立学科。表现为各类深度论著很多（如戴利的《超越增长》），但以"生态经济学"命名的少见

1.1　理论贡献

自从许涤新先生主编的《生态经济学》（浙江人民出版社，1987）出版以来，中国生态经济学取得了长足的发展。主要标志是：以中国生态经济学会为纽带形成了一支相对稳定的老、中、青结合的生态经济学研究队伍；以《生态经济》（中文版）、《生态经济》（英文版）、《生态经济学报》等为代表拥有了生态经济学的学术期刊；以中国生态经济问题为着眼点发表了一系列生态经济学代表性论著，见附件 1。这些论著，有的对学科体系进行系统构建，有的从某个角度进行深入研究；有的侧重于产业的生态化或生态产业的发展战略研究，有的侧重于生态环境的生态化和经济化的思路研究；有的从制度角度入手进行产权经济分析，有的从技术角度入手进行生态价值的量化研究。它们均对生态经济学的发展作出了自己独特的贡献。如刘思华所著的《理论生态经济学若干问题研究》、马传栋著的《资源生态经济学》、廖卫东著的《生态领域产权市场制度研究》、戴星翼等著的《生态服务的价值实现》、金涌等主编的《生态工业：原理与应用》等均具有相当的理论深度。

1.2　实践贡献

随着生态经济理论的迅速发展，生态经济理念逐渐进政府、进企业、进家庭、进学校，并实现了一系列生态经济理念和行为上的转型。

开始了从追求"白色经济""黑色经济"到追求"绿色经济""阳光经济"的转变，渗透于农业、工业、服务业的生态经济产业备受青睐。生态经济理念深入人心，绿色经济浪潮席卷而来。传统的现代化主要方向是农业经济向工业经济的转型，而新型的现代化则同时要求各种产业的生态化。我们正在经历"农业经济—工业经济—生态经济"的第二次转型。在生态经济学者的积极参与下，科学的发展观已经基本确立。

开始了从"先定经济指标再定生态目标"到"先定生态目标再定经济指标"的转变，或者说完成了从"生态是经济的子系统"到"经济是生态的子系统"的转变。在"十五"规划以前，相当多的规划将生态环境保护作为软约束，从"十一五"规划以来，生态规划被看做基础性指标或约束性指标，而且属于刚性指标。在生态经济学者的大力推动下，正确的规划观已经逐步形成。

开始了从"末端治理"到"源头控制"的转变，经历了从环境保护到生态建设，再由生态建设到生态省建设的实践转型，实现了认识上的飞跃，指导思想上确立了"从源头保护生态环境"的理念。传统的环境保护主要解决环境污染的治理问题，环境保护部门是一个职能单一的部门；现在的环境保护已经从生态经济、生态环境、生态人居及其相互关联的角度考虑环境质量的源头控制等，环境保护部门在生态省建设等领域已经成为职能综合的部门。在生态经济学者的大力推动下，正确的环保观已经基本确立。

开始了"唯 GDP 论英雄"到"不唯 GDP 论英雄"的转变，政绩考核开始走向全面考核，"保护生态就是保护生产力"等观念开始被人们接受，环境事故问责制度开始建立。相当长的一段时间中，政府对 GDP 的狂热追求成为中国发展模式的一大特色。在生态经济学者的大力推动下，包括经济发展、生态保护、社会发展在内的综合的正确的政绩观逐步形成。

如果没有生态经济学的快速发展，在经济社会发展的伟大洪流中就不能完成上述一系列的转变。

2 中国生态经济学发展中存在的 5 个问题

虽然中国生态经济学 20 年来作出了历史性的贡献，但从总体上看，生态经济学的理论发展还跟不上轰轰烈烈的生态经济实践，还跟不上国际生态经济学的发展水平。主要表现在：

2.1 尚未提炼出生态经济学的核心概念和基本范畴，导致学科发展缺乏理论基石

一门学科的发展离不开核心概念和基本范畴，它是理论内核，不同学者可以对某个学科的理论进行不断地创新，但是这个理论内核不能改变。改变内核意味着改变整个学科赖以存在的根基。商品的二重性、劳动的二重性、资本的二重性等概念和范畴奠定了政治经济学的理论基石；成本-收益比较、需求-供给分析等概念和范畴奠定了现代经济学的理论基石；交易成本、社会成本、外部成本等概念奠定了新制度经济学的理论基石。生态经济学也试图提出这样的一些概念和范畴，如生态经济系统、生态经济平衡、生态经济效益等，但是这些概念和范畴难以成为该学科发展的理论基石。由于生态经济学缺乏理论基石，导致学科发展面临摇摆，时而向可持续发展经济学靠拢，时而向资源与环境经济学逼近。由此导致该学科的发展难以建立一个共同的参照系，难以在一个共同的平台上进行学术交流、学术争鸣和学术批判。

2.2 尚未构建起完整的学科体系，导致学科之间的边界模糊

由于缺乏核心概念和基本范畴，导致生态经济学至今缺乏共同能够接受的学科体系。虽然《生态经济学》冠名的著作不少，但不少《生态经济学》论著还难以谈得上"学"，常常是一种"大杂烩"：东拼一点，西凑一点。而且，使得该学科与相关学科之间缺乏明确的边界。例如，生态经济学与资源经济学、环境经济学、可持续发展经济学等学科之间，到底是相对独立的，还是相互交叉的，还是基本重合的，尚无定论。作为经济学的分支学科，以现代西方经济学为基础的《资源与环境经济学》更加广泛地进入大学课堂。而生态经济学由于缺乏具有较强解释力的理论体系，导致学科发展中出现"跟风"现象，"可持续发展"概念的提出，似乎"可持续发展经济学"可以替代生态经济学；"循环经济"概念的引入，又似乎"循环经济学"可以替代生态经济学。

2.3 尚未作为一个独立的学科进入有关目录，而且对学科性质的认定也比较模糊

在学科建设中，将经济学分为两个一级学科，即理论经济学和应用经济学。学位与研究生教育系统，并没有将"生态经济学"列入理论经济学或应用经济学的二级学科目录中，"人口、资源与环境经济学"倒是列入理论经济学的门下，成为理论经济学的六个方向之一。在国家社科基金项目申请中，曾经将生态经济学列入"理论经济学"门下，

后来又将生态经济学列入"应用经济学"门下。事实上这些分类并无令人信服的依据，而且时常变换，让人难以适从。这种学科性质的不确定性以及学科目录的不完整性，严重制约了作为经济学分支学科的生态经济学的发展进程。

2.4 尚未形成一个开放的学科体系，处于被其他学科挤压的状态

一个学科的发展与进步是与该学科的开放程度相联系的。封闭的学科体系将走向僵化，开放的学科体系会与时俱进。中国生态经济学的发展似乎走入一个困境。由于自身体系相对封闭，不能及时接纳生态经济学发展的最新成果。例如，循环经济理论分明是生态经济学家鲍尔丁最早提出，而循环经济的大旗并不是生态经济学学者在高举，甚至有的生态经济学者将之拒之门外。由此导致生态经济学的相对地位不升反降。循环经济是以"一个中心（资源高效利用）、两个基本点（资源节约、环境友好）"为基本特征的。这一特征不正是生态经济学所关注的吗？确实，"生态经济"比"循环经济"具有更加宽泛的内涵，生态经济未必循环，循环经济一定生态。而且，生态经济与循环经济具有不同的侧重点，前者侧重于生态环境保护，后者侧重于资源节约利用。但是，这种差别不可能成为生态经济学排斥循环经济理论的理由。

2.5 尚未形成高水平的生态经济学研究队伍，尤其缺乏学科发展的领军人物

虽然中国生态经济学会历经 20 多年的发展，但是从队伍构成上看依然不尽理想。在中国的学者队伍中，如果做一个大致分类，可以看出，从事生态经济学的大多以政治经济学为背景；从事资源与环境经济学的大多以现代西方经济学为背景；从事可持续发展经济学的大多以自然科学为背景。这种分类虽不严格，但是大体如此。一方面，生态经济学者知识更新速度缓慢，难以与国际生态经济学接轨；另一方面，生态经济学与其他学科的交叉研究不足，缺乏生态经济学的重大创新成果。两个因素共同导致该学科的发展缺乏领军人物。另外，虽然高等院校研究生中选择生态经济学方向的人数不少，但是愿意为之奋斗终生的为数不多。

3 中国生态经济学发展创新的五大篇章

中国生态经济学的发展创新，必须遵循学科发展的基本规律。特别需要强调的是：确立基本范畴——以基本范畴为理论基石，不断扩展其理论体系；推动学科交叉——在学科交叉过程中拓展学科发展空间，开辟新的研究领域；注重实证研究——在问题导向

的研究过程中加强知识积累，丰富基本理论和研究方法。同时，作为经济学的分支学科，生态经济学同样必须按照成本-收益、需求-供给的分析范式来构建自己的学科理论体系。这样，生态经济学大致上可以构建为生态系统篇、生态价值篇、生态产业篇、生态消费篇、生态制度篇 5 个篇章。

3.1　　生态系统篇

从认识生态系统与经济系统的关系入手，坚持经济系统是生态系统的子系统这一基本观点，据此，来认识生态经济系统运行过程中的物质流（按照物质不灭定律）、能量流（按照热力学第一、第二定律）和信息流。这部分内容具有坚实的自然科学理论基础，是生态经济学的优势之一。

本篇可以包括"生态经济系统理论"和"生态经济运行理论"两章。前者着力分析生态系统与经济系统的各自特点及其相互关系，后者着力研究生态经济系统的物质流、能量流和信息流及其交互关系。

3.2　　生态价值篇

生态经济学只有采取成本-收益分析方法，才能真正成为经济学。成本-收益分析必须解决生态效益——生态的经济化、生态经济效益的量化问题。为此，必须有生态价值评估理论这一基石，从而可以确立生态补偿机制理论、生态资本增值理论、生态经济核算理论等。

本篇可以包括"生态价值评估理论"和"生态经济核算理论"两章。前者属于微观经济问题，着力评析市场价值法、替代市场法和假想市场法等各种已有评估方法，指出各种方法的适用范围及适用条件。后者属于宏观经济问题，着力构建绿色国民收入核算体系及其投入产出关系分析。

3.3　　生态产业篇

生态产业的发展实际上是从供给角度解决经济的生态化问题。为此，必须回答生态农业、生态工业、生态服务业等的发展模式问题。生态经济不是一个独立的产业形态，而是渗透于各大产业之中，实现产业的生态化。

本篇可以包括"生态农业理论""生态工业理论""生态服务业理论"和"生态产业结构理论" 4 章。每章均要注意借鉴自然界的"生态链"规律，构建产业内部和产业之间的"生态产业链"。同时，要着力解决"生态不经济"问题——由于发展生态经济存在外部经济效果而出现的经济主体吃亏现象，实现"生态且经济"的目的——通过科技创新和制度创新保障生态经济的发展主体有利可图。

3.4 生态消费篇

生态消费实际上是从需求角度研究人们的消费行为。高质量的生态系统是一种奢侈品。这种产品随着收入水平的上升是按照递增的速度上升的。因此，就要引导这种消费需求。生态产业篇所要解决的是生态经济的供给问题，本篇所要解决的是生态经济的需求问题。

本篇可以包括"生态经济需求理论"和"生态经济市场理论"两章。前者从人的需要层次理论及其效用理论，来揭示生态经济需求的演变规律。后者从消费者的市场行为角度，来规范生态经济市场秩序，根据生态经济产品的特殊性采取产品标志制度和信息披露制度等，例如通过绿色标志，推行绿色消费。

3.5 生态制度篇

实现经济的生态化和生态的经济化，关键靠制度。这种制度既包括正式制度，又包括非正式制度。为此需要研究生态产权制度的演变规律，根据其产权制度的特征，来选择相应的制度结构。

本篇可以包括"生态制度结构理论"和"生态机制设计理论"两章。前者需要研究政府、企业和家庭在生态经济建设中的功能定位以及与这 3 个主体相对应的 3 种制度——政府机制、市场机制和社会机制的作用范围和三足鼎立的制度结构关系。后者需要研究，生态经济活动的激励和约束机制，并据此提出相应的生态经济政策。

参考文献

[1] 腾藤. 我国生态经济学 20 年回顾. 生态经济通讯，2000（4）.

[2] 腾藤. 以科学发展观为指导，推进生态省建设和循环经济的实践，发展生态经济学. 生态经济通讯，2004（14）.

附件 1   我国部分生态经济学著作

许涤新主编，生态经济学探索，上海人民出版社，1985 年。

许涤新主编，生态经济学，浙江人民出版社，1987 年。

马传栋著，生态经济学，山东人民出版社，1986 年。

马传栋著，生态经济学，山东人民出版社，1998 年。

姜学民等著，生态经济学，湖北人民出版社，1985 年。

唐建荣主编，生态经济学，化学工业出版社，2005 年。

王松沛著，生态经济学，陕西人民教育出版社，2000 年。

陈德昌主编，生态经济学，上海科学技术文献出版社，2003 年。

王全新等著，生态经济学原理，河南人民出版社，1988 年。

姜学民等著，生态经济学通论，中国林业出版社，1993 年。

鲁明中，生态经济学概论，科技卫生出版社，1992 年。

徐中民等著，生态经济学理论方法与应用，黄河水利出版社，2003 年。

严茂超著，生态经济学新论——理论、方法与应用，中国致公出版社，2001 年。

王干梅著，生态经济理论与实践，四川省社会科学院出版社，1988 年。

中国生态经济学会编，中国生态经济问题研究，浙江人民出版社，1985 年。

陈大珂，生态经济学引论，东北林业大学出版社，1995 年。

刘思华著，理论生态经济学若干问题研究，广西人民出版社，1989 年。

刘思华主编，绿色经济论，中国财政经济出版社，2001 年。

刘思华著，当代中国的绿色道路，湖北人民出版社，1994 年。

马传栋著，城市生态经济学，经济日报出版社，1989 年。

马传栋著，资源生态经济学，山东人民出版社，1995 年。

丁举贵等主编，农业生态经济学，河南人民出版社，1990 年。

王松霈等著，农业生态经济导论，浙江人民出版社，1987 年。

王松霈主编，自然资源利用与生态经济系统，中国环境科学出版社，1992 年。

王松霈主编，走向 21 世纪的生态经济管理，中国环境科学出版社，1997 年。

陈予群主编，城市生态经济理论与实践，上海社会科学院出版社，1988 年。

叶谦吉著，生态农业，重庆出版社，1988 年。

边疆主编，中国生态农业的理论与实践，改革出版社，1993 年。

时政新等著，简明农业生态经济学，上海人民出版社，1987 年。

张建国著，森林生态经济问题研究，中国林业出版社，1986 年。

樊万选等主编，区域生态经济社会协调发展论，河南人民出版社，1994 年。

沈满洪等著，绿色制度创新论，中国环境科学出版社，2005 年。

廖卫东著，生态领域产权市场制度研究，经济管理出版社，2004 年。

王树林等主编，绿色 GDP 国民经济核算体系改革大趋势，东方出版社，2001 年。

中国 21 世纪议程管理中心等著，发展的基础——中国可持续发展的资源、生态基础评价，社会科学文献出版社，2004 年。

戴星翼等著，生态服务的价值实现，科学出版社，2005 年。

蓝盛芳等编著，生态经济系统能值分析，化学工业出版社，2002 年。

范大路著，生态农业投资项目外部效益评估研究，西南财经大学出版社，2001 年。

周国逸等编著，生态公益林补偿理论与实践，气象出版社，2000 年。

柳杨青著，生态需要的经济学研究，中国财政经济出版社，2004 年。

戴星翼著，走向绿色的发展，复旦大学出版社，1998 年。

李向前等编著，绿色经济——21 世纪经济发展新模式，西南财经大学出版社，2001 年。

邹进泰等著，绿色经济，山西经济出版社，2003 年。

焦必方主编，环保型经济增长——21 世纪中国的必然选择，复旦大学出版社，2001 年。

严立冬著，经济可持续发展的生态创新，中国环境科学出版社，2002 年。

周纪纶主编，城乡生态经济系统，中国环境科学出版社，1989 年。

吴人坚主编，生态城市建设的原理和途径，复旦大学出版社，2000 年。

李锦等著，西部生态经济建设，民族出版社，2001 年。

王兆骞主编，中国生态农业与农业可持续发展，北京出版社，2001 年。

金涌等主编，生态工业：原理与应用，清华大学出版社，2003 年。

2004年全国生态经济建设理论与实践学术研讨会综述

沈满洪

［摘要］　本文从"科学发展观是当代的指导思想""可持续发展是科学发展观的重要组成部分""正确的政绩观是科学发展观的应有内容"等角度对 2004 年全国生态经济建设理论与实践学术研讨会进行了学术综述。

［关键词］　科学发展观　可持续发展　生态经济

由中国生态经济学会生态经济教育委员会、内蒙古财经学院联合主办的"2004 年全国生态经济建设理论与实践学术研讨会"于 2004 年 7 月 24—28 日在具有生态多样性和地质多样性的内蒙古自治区赤峰市召开。来自全国各省、市、自治区的近 100 位生态经济学者向大会递交了 67 篇论文，50 余位学者参加了研讨会，10 多位学者作了大会发言。中国生态经济学会副理事长、中国生态经济学会生态经济教育委员会会长刘思华教授作了题为《关于科学发展观的几个问题》的主题报告，生态经济教育委员会副会长、福建农林大学副校长张春霞致开幕词，内蒙古自治区赤峰市委常委、副市长马爱国与会并讲话。这次大会做到会议论文正式出版同会议召开的同步实现，使会议文集《生态经济与可持续发展论》一书成为大会召开的重要成果。大会先后由严立冬教授、杨文进教授和沈满洪教授主持，自始至终在一种热烈、愉快的氛围中进行。现将主要观点综述如下：

1　科学发展问题研究

科学发展观是当今时代的指导思想。本次会议特别关注这一时代课题。刘思华教授

［发表期刊］本文发表于《内蒙古财经学院学报》2004 年第 3 期。

在报告中针对目前政府官员和学术界对科学发展观的片面理解，分析指出科学发展观的指导原则是"以人为本"，基本内容是"全面、协调、可持续"，追求目标是"经济社会和人的全面发展"。这一论述正好符合党的十六届三中全会《决定》所指出的"坚持以人为本，树立全面、协调、可持续的发展观，促进经济社会和人的全面发展"这一完整表述。刘思华教授进而指出：科学发展观是社会经济发展观和自然生态发展观的统一，树立科学发展观要警惕新自由主义经济思潮，要反对"片面强调效率，忽视公众利益和社会公平"的做法，要反对"片面强调竞争，忽视和谐发展和共同繁荣"的做法。针对目前我国有的权威经济学家作出的"中国经济怕冷不怕热"的经济形势判断，刘思华教授认为，基于我国"人口大国、资源小国、生态弱国"的基本国情，中国经济既怕冷又怕热。资源短缺、环境容量负荷力、生态承载力这"三大压力"加重，必然导致我国经济运行依靠"环境透支"和"生态赤字"，从而出现"生态环境泡沫经济"。北方工业大学赵继新教授补充指出，准确理解科学发展观，就必须正确回答"为什么发展""为谁发展""怎样发展"这 3 个问题。郑州大学商学院院长宋光华教授指出，三大产业的发展均对生态环境构成破坏，因此，必须将生态经济纳入到以人为本，全面、协调、可持续的科学发展观中。而生态经济建设的含义就是经济建设生态化。赤峰市副市长马爱国说，生态经济理论是对传统发展理论的革命。传统的发展只重视经济指标，而忽视环境成本和环境代价。科学发展观的提出是发展理论史上的一块里程碑。落实科学发展观就要做到生态建设与经济建设互为条件、相互促进、共同发展。

2 可持续发展问题研究

可持续发展是科学发展观的重要组成部分。关于可持续发展是否可能的问题在会上展开了激烈的讨论。浙江工商大学经济学院杨文进教授在会上发表了题为《可持续发展：理想与现实的碰撞》的发言。他说，人的利己本性以及人的需要由生理性需要向文化制度性需要的转向，意味着追求经济增长是人们共同的目标。从长时期看，任何一个大于零的指数增长，其最终结果都是无限大的。这与有限的资源和环境供给之间形成尖锐的矛盾。所以说，只要人类不改变追求经济增长的做法，那么，真正的可持续发展就是不可能实现的。有些学者赞同这一观点，中南民族大学余石教授在《我国西部少数民族地区县域经济可持续发展的经济学分析》中所指出的"人口的分母效应和自然资源的相对无增长，加剧了西部民族县的经济增长与生态保护之间的矛盾"的论述，在一定程度上佐证了杨文进教授的观点。但更多的学者则明确表示反对。石家庄经济学院陈安国教授等针锋相对地说，"可持续发展不可能论"的错误之一在于其立论的前提假设是"技术水平是既定的"。其实，科学技术日新月异，单位产值的资源消耗量和污染排放量在日趋下降，替代资源和污染治理技术在不断涌现，因此，虽然人类不可能马上达到可持续发展的境界，但是终将不断逼近可持续发展的目标。杨文进教授则进一步反驳道，技术进步也许可以解决一时的资源短缺问题，但是无法解决因资源大量消耗所产生的生态环境问题，生命之网最终会在生态环境的恶化中瓦解。不管技术进步的速度有多快，都注定了人类社会经济发展的不可持续性。

3　政绩观问题研究

正确的政绩观是科学发展观的题中应有之义。本次会议对此给予了高度重视。杨文进教授在其递交的论文中指出，当今人类社会发展的进程和得到的物质福利，不仅远远超出了古人能够想象的范围，更超过了历史上产生过的各种理想社会所设想的程度。但是，人们并没有因此变得更加幸福和安宁，全球性的恐怖活动、日益增多的区域和民族冲突、不断恶化的阶级关系、日益紧张的劳资关系、空前严峻的生态危机等不断困扰着人类。而个人除了遭到这些困扰外，还遭受着因过度竞争而产生的各种精神折磨。陈安国教授在发言中也指出，GDP 的提出原本是为了衡量人们的福利水平的，但由于该指标固有的缺陷，它又无法全面而准确地衡量国际间、区域间、人际间的福利状况。因此，不能以仅仅反映最终产品和劳务的 GDP 来衡量实际福利。生态建设是一种生态投资，生态资本的增值是一种福利的增进。中南财经政法大学严立冬教授认为，在生态经济时代，必须将生态因素纳入经济分析的内生变量之中，因为生态资本存量的增加和生态科技进步对经济持续性增长均具有重要作用。上海财经大学杜卫华在《绿色财富：城市可持续发展纽带》一文中实证分析了中国人均收入水平与环境投资的依存关系。山东省社科院马传栋研究员等的《建立以生态国内生产净值或绿色 GDP 为核心的国民经济核算体系》一文则提出了"环境和经济核算体系（SEEA）的基本结构"。这些研究都在人类福利的科学衡量方面做出了积极的探索。但是，也有的学者认为，幸福感是一种主观感受，它是因人而异的，是难以准确量化的。

4　生态文明问题研究

这次会议还提出了关于"生态经济可持续发展前沿理论与战略研究""区域经济与

可持续发展研究""自然资源保护与可持续发展研究""产业经济可持续发展研究"等方面的精彩观点。浙江大学沈满洪教授对其博士论文《水权交易制度研究——中国的案例分析》的介绍，引起与会代表的共鸣和反响。20世纪80年代末期以来，刘思华教授在一些论著和学术会议上从生态经济协调发展视角反复阐述，社会主义现代文明应该是社会主义的物质文明、精神文明、生态文明的有机统一与协调发展。福建南平师专校长廖福林教授在此基础上经过潜心研究，撰写了《生态文明建设的理论与实验》一书。他在会上介绍了本书的基本观点，阐述了生态安全观、生态生产力观和生态伦理观等，认为生态文明理论的形成是生态经济理论与可持续发展理论的重大突破，为科学发展观提供了基本的科学依据。党的十六大报告中已经充分体现了生态文明的理念，但是尚未将这一重要概念写入政治报告。现在，生态文明概念已经成为自然科学界和社会科学界以及许多实际工作部门的共识。

全国生态经济建设理论与实践研讨会综述

沈满洪

由中国生态经济学会教育委员会主办、福建农林大学承办的"全国生态经济建设理论与实践研讨会"于 2002 年 7 月 28—30 日在福州市召开。来自全国各地的 60 余位代表向大会递交了 30 余篇论文。本次会议认真贯彻江泽民同志在中国社科院和中国人民大学的讲话精神，按照"双百"方针，提出了许多富有创建的观点。综述如下：

1 关于生态经济学的发展与理论创新

中国生态经济学会副会长、博士生导师刘思华教授在会上做了题为《论"空的世界"经济学与"满的世界"经济学》的学术报告。他将研究经济系统的输入输出没有生态环境限制的世界的经济问题的科学称为"空的世界"经济学；反之，称为"满的世界"经济学。他认为，传统经济学的理论体系是物本经济学的理论体系，传统经济学的理论框架是生态与经济相分离的经济学理论框架。与传统经济学相对应的"空的世界"经济学发展观表现为经济第一主义、经济功利主义和物质享乐主义。这种发展模式导致了生态危机与生存危机的同时并存，再也不能继续下去了。因此，经济学必须由"空的世界"经济学向"满的世界"经济学转变。实现这种转变的首要问题是生态环境从经济发展的外生变量转化为内生变量，核心思想是经济发展与可持续性的内在统一，中心环节是市场原则、技术原则和生态原则三者紧密结合与成功协调，关键所在是经纪人向社会生态经纪人的转变。

刘思华教授向生态经济理论工作者提出了肩负历史的使命：拓展可持续发展的经济科学视野和领域，把新兴经济学科研究推上新水平和新境界，创建新兴经济学综合的理

[发表期刊] 本文发表于《经济学动态》2003 年第 4 期。

论平台。这一理论的实质与特征在于，以马克思主义经济学说为指导，以当今世界非主流新兴经济学为基础，科学综合古今中外一切经济学说的合理成分，构建一种超越当今世界主流经济学的"满的世界"经济学的新范式，即新建在经济全球化和环境全球化相互融合大背景中科学揭示生态文明时代现代经济运行机制和发展规律的经济学范式。

中国城市经济学会副会长、东北财经大学博士生导师饶会林教授对刘思华教授的报告给予充分肯定。他指出，传统的经济学是时间经济学（价值通过劳动体现，劳动通过时间体现），目前正在向空间经济学转变，传统经济学是半个经济学（只研究经济系统，不研究生态系统），目前正在向整个经济学转变。这种转变需要经济理论工作者的合作与协同。

教育部人文社科重点研究基地之一武汉大学经济发展研究中心主任、博士生导师郭熙保教授向大会递交了《试论人口、资源、环境与经济发展的关系》的论文，并做了两次大会发言。他说，从发展经济学的演变过程来看，早期的发展经济学强调的是资本积累、工业化、人口转移问题，并不注重资源、环境与经济的关系。早期的发展经济学之所以不重视资源问题，是因为发展与资源无关，没有资源优势的国家发展得很好；之所以不注重环境问题，是因为发展之初山清水秀，直到 20 世纪 70—80 年代发达国家和发展中国家才出现环境危机。实践证明，传统经济理论有缺陷。他在全面阐述了人口与发展、资源与发展、环境与发展的辩证关系后指出："环境与可持续发展问题在发展经济学已成为一个重要的研究题目。"

杭州商学院杨文进教授针对生态经济理论与实践十分重要而生态经济学逐渐被可持续发展经济学同化的问题，专门论述了生态经济学与可持续发展经济学的关系。他认为，生态经济学与可持续发展经济学既存在共同点，又存在区别。两者的共同点是：研究的实质内容和目标都是经济的可持续发展；都将生态环境和资源作为经济发展中最重要的内生变量来对待；都注重生态需要与生态文明内容的研究；有相同的伦理价值和目标等。两者的区别是：可持续发展经济学的研究范围比生态经济学要宽，生态经济学研究的是狭义的生态环境问题，可持续发展经济学研究的是广义的生态环境问题；可持续发展经济学将社会制度等因素纳入分析范畴，而生态经济学则不然，生态经济学因其研究内容相对单纯，更容易建立较严格的理论体系，而可持续发展经济学由于其无所不包性，难以形成其理论内核。

福建农林大学博士生导师林卿教授认为，生态经济协调是可持续发展的本质特征，可持续发展必须是遵循包括经济规律和生态规律在内的生态经济协调发展规律。只有知识经济才能实现这种协调：知识经济可以改变资源供给基础，以无限的智力资源为可持续发展提供动力；知识经济可以改变经济增长方式，实现边际收益递增；知识经济可以扩大资源利用的方向和范围，扩展生产可能性边界。

杭州商学院柳杨青副教授认为，人的需要可以分为物质需要、精神需要和生态需要，人的需要是"三个需要"的统一，并存在一定程度的交叉性和可替代性。生态经济学应加强对生态需要内涵的研究。她认为，生态需要包括：对良好的自然和社会景观的需要、对优美的生活和工作环境的需要、对足够的休闲活动空间的需要、对生物多样性的需要、对生态平衡的需要等。

中央党校贾华强教授指出，随着生态经济学和可持续发展经济学研究的深化，可持续发展观念已经从不那么被人理解到被人理解和接受，从可持续发展理论已经从研究转向课堂教学，可持续发展思想已经从民间转向政府的整体性指导思想。但是，与现实要求相比，可持续发展理论的深入研究还是相对不够的，需要进一步做好可持续发展基础理论与传统经济学基础理论的衔接，需要把生态环境问题由经济发展的外生变量转向内生变量，需要使可持续发展研究由理论层面上升到法律和政策层面。

上海大学石士钧教授特别强调开放经济条件下的可持续发展问题。他指出，全球可持续发展必须依靠强有力的经济手段，WTO 正在为全球可持续发展提供新的契机，贸易与环境协调是全球可持续发展的重要方面。

2 关于生态经济建设的实践

中国生态经济学会成立以来的 15 年，是生态经济理论创新的 15 年，也是逐渐从理论走向实践的 15 年。如今，绿色观念深入人心，生态经济初露端倪。据不完全统计，吉林、海南、黑龙江、江西、福建、浙江等省的生态经济建设已经进入政府运作阶段，北京、上海、云南、安徽、内蒙古、四川等省市则已经有了大量的理论和思想准备。

福建农林大学副校长、博士生导师张春霞教授介绍了福建省进行生态经济省建设的进程和体会。她说，生态经济省建设的核心内容是发展绿色经济。福建省的生态经济省建设突出了六大体系建设：生态效益型的经济体系、持续利用的资源保障体系、自然和谐的人居环境体系、良性循环的农村生态环境体系、可靠有力的生态安全体系、先进的科技人才体系。

福建农林大学许文兴教授分别阐述了福建绿色经济发展的绿色农业策略、绿色工业策略、绿色服务策略等。并从政策上鼓励绿色生产、倡导绿色消费、建设绿色市场、开发绿色技术、创新绿色制度。

　　刘思华教授通过考察了解后向福建省政府提供了生态经济省建设的六大对策建议：① 寻找生态建设与经济建设的切入点，解决生态资本的有效运作问题；② 致力于探索制度创新、科技创新和生态创新有机结合的新型模式；③ 学习国外生态城市建设的经验，实施生态城市发展战略；④ 加强人口、资源、环境经济学科建设，将这一学科建设成为省级重点学科；⑤ 发挥绿色社团建设，抓紧筹建福建省生态经济学会；⑥ 加强公众生态经济教育，提高人民生态道德和意识。

　　上海交通大学陈德昌教授以上海崇明前卫村为例分析了滩地资源开发与农业可持续发展问题。他指出，前卫生态村可持续发展模式充分体现出复合型大循环、高技术渗透、集约化等特点。

　　湘潭大学陈湘满副教授认为，都市区生态经济建设十分重要。长江、株洲、湘潭都市区 3 座城市呈现"品"字形分布，湘江一水串起 3 个市，建设集旅游观光、生态绿化、道路、防洪、科技园区、住宅区和重点小城镇于一体的带状生态经济综合体，即湘江生态经济带，具有极其重大的意义。

　　总之，本次会议充分体现了社会科学工作者与自然科学工作者的交融、生态经济理论工作者与生态经济实际工作者的交融、新兴的生态经济理论工作者与正统的主流经济理论工作者的交融。

第五篇　低碳经济

　　人类人为活动导致温室气体过度排放，温室气体过度排放导致全球气候变暖，全球气候变暖导致气候灾害频发。这是国际社会的普遍共识。因此，要实现人类社会的可持续发展，必须完成从高碳经济转向低碳经济，从高碳发展转向低碳发展。

　　本篇收录了沈满洪、吴文博与魏楚合作撰写的《近二十年低碳经济研究进展及未来趋势》、沈满洪与苏小龙合作撰写的《能源低碳化研究文献述评》、沈满洪与王隆祥合作撰写的《低碳建筑研究综述与展望》3 篇综述。第一篇是综合性文献综述，后两篇是专题性文献综述。

　　《近二十年低碳经济研究进展及未来趋势》是在阅读数百篇中外文献的基础上选用 70 篇文献作为思想来源，分别从低碳经济的内涵及本质、碳排放的测算及因素分解、低碳发展的财政税收手段、低碳发展的碳权交易手段做了述评，并提出了低碳经济研究的未来趋势。该文对于后续的低碳经济研究既可以节省文献阅读时间，又可以明确研究方向。

　　《能源低碳化研究文献述评》一文从低碳能源的内涵、能源碳排放测算、能源结构对碳排放的影响、能源效率对碳排放的影响等方面做了述评。该文有利于能源低碳化的发展。不足之处是文献阅读不够全面，主要针对高碳能源低碳化做了述评，而对非化石能源等低碳能源的开发缺乏述评。

　　《低碳建筑研究综述与展望》一文从低碳建筑的内涵、建筑碳排放测算、建筑碳排放的影响因素分析、低碳建筑发展的财税政策等方面做了述评，并提出了该领域的未来研究趋势。主要缺陷是文献阅读量不足尤其是高层次的文献阅读量不足（文献本身不足也是原因），从而缺乏综述的权威性。

近二十年低碳经济研究进展及未来趋势

沈满洪　吴文博　魏　楚

[摘要]　气候变暖的核心在于碳排放，人类传统的经济发展方式是高碳经济。低碳经济是以二氧化碳等温室气体减排为基本特征的经济形态，主要表现为经济低碳化和低碳经济化。碳排放和碳减排是国际外部性和代际外部性并存的环境问题，由此出现"吉登斯悖论"。发展低碳经济的核心是碳减排。促进碳减排的政策手段主要是基于庇古税理论的财税手段和基于科斯定理的碳交易手段。碳税的"双重红利"假说有待进一步检验。全球和中国的碳交易机制设计有待进一步改进。初始碳排放权的分配、碳减排的政策手段选择、碳减排的成本收益比较、区域碳减排的政策设计、碳减排与能源定价机制的关联等均可能是低碳经济研究的重点领域。

[关键词]　低碳经济　碳减排　碳税　碳交易

低碳经济是全球经济发展的大趋势。低碳经济研究呈现出越来越热的趋势以及起点高、来势猛、需求旺的特点。为了及时总结已有成果，节约文献阅读时间，展望未来研究趋势，本文选取近 20 年来低碳经济研究的部分代表性文献进行简要回顾。

[发表期刊] 本文发表于《浙江大学学报（人文社会科学版）》2011 年第 3 期，被《高等学校文科学术文摘》2011 年第 4 期的"学术述评"转载。

[基金项目] 教育部新世纪优秀人才支持计划（NCET-08-0487）；国家社会科学基金重点资助项目（08AJY031）；教育部人文社科青年项目（09YJA820074）；中国经济改革研究基金会 2010 年资助项目"资源价格及财税体系改革与低碳经济的发展"。

[作者简介] 吴文博，男，浙江大学经济学院博士研究生，主要从事资源与环境经济学研究。

1 低碳经济的内涵及其本质研究

尽管关于低碳经济的内涵众说纷纭，但综合起来主要有以下几种：英国政府在 2003 年发布的能源白皮书《我们能源的未来：创建低碳经济》中首次提出低碳经济的口号。在能源白皮书中，英国政府认为，低碳经济是通过更少的自然资源消耗和更少的环境污染，获得更多的经济产出；低碳经济是创造更高的生活标准和更好的生活质量的途径和机会，也为发展、应用和输出先进技术创造了机会，同时也能创造新的商机和更多的就业机会[1]。庄贵阳认为，低碳经济是人文发展水平和碳生产力同时达到一定水平下的经济形态，旨在实现控制温室气体排放的全球共同愿景，其实质是能源效率和清洁能源结构问题，核心是能源技术创新和制度创新，目标是减缓气候变化和促进人类的可持续发展[2]。冯之浚等提出，低碳经济是低碳发展、低碳产业、低碳技术、低碳生活等一系列经济形态的总称[3]。

以往的定义存在两个倾向：① 扩大化倾向，将低碳经济等同于绿色经济或循环经济；② 缩小化倾向，将低碳经济等同于低碳能源。我们认为，低碳经济是以二氧化碳为主的温室气体减排为基本特征的经济形态，主要表现为经济低碳化和低碳经济化。经济低碳化就是产业经济活动和消费生活方式都要进行碳减排；低碳经济化就是低碳技术和低碳产品等成为企业获取利润的新契机和居民获得效用的新时尚。

关于低碳经济的经济学本质，则需要回归到环境经济学最核心的概念——外部性。A. Marshall 最早提出外部经济概念[4]。A. Pigou 将外部性理论系统化并使之成为新古典经济学的重要组成部分[5]。R. H. Coase 则另辟蹊径，对外部性内部化提出了市场解决的途径[6]，该理论进而成为新制度经济学的重要内容。

碳排放的经济学本质是外部性问题。由于温室气体的排放属于私人行为，但由此造成气候变暖的后果却由其他人共同分担，因而存在一定的外部成本，而这部分成本却没有纳入私人决策，碳排放就是属于边际社会成本高于边际私人成本的负外部性现象。

碳减排的经济学本质也是外部性问题。一部分人减排温室气体所带来的好处却由所有人共同分享，因而存在一定的外部收益，这部分收益并没有体现在私人减排的收益中。碳减排就是属于边际社会收益高于边际私人收益的正外部性现象。

如何消除外部性？福利经济学之父 A. Pigou 认为，当存在负外部性时，应向外部性的制造者征税，单位税额就是边际外部成本；当存在正外部性时，应向外部性的生产者补贴，单位补贴就是边际外部收益。如此即可实现外部性内部化，碳税的理论依据即源于此。新制度经济学的奠基人 R. H. Coase 则认为，在产权得到明晰且交易费用足够低的前提下，自愿协商和市场交易同样能够实现外部性的内部化。遵循这一思路，J. H. Dales 提出通过"污染权"的界定解决外部性问题的思想[7]。

碳排放和碳减排虽然都是外部性问题，但与一般外部性问题相比，其特殊性在于全球性的空间范围和代际之间的外部性。因此，出现了"吉登斯悖论"：现代工业所制造的温室气体的排放正在引起全球的气候变暖，这对于未来而言具有潜在的灾难性后果，然而全球变暖带来的危险尽管看起来很可怕，但它们在日复一日的生活中是如此地不显眼而使许多人袖手旁观，一旦它们变得显著，那时再去临时抱佛脚，定然是太迟了[8]。显然，吉登斯悖论的根源就在于国际外部性和代际外部性同时并存，这也是碳减排国际合作进展如此艰难的原因所在。

2　碳排放状况及其因素分解研究

工业革命以来人类因为大量使用化石燃料而向大气层中排入包括二氧化碳、甲烷等在内的大量温室气体，导致阿伦尼乌斯 1896 年预测的"大气中二氧化碳浓度升高将带来的全球气候变化"已成为不争的事实。联合国政府间气候变化专门委员会（IPCC）在 2007 年 11 月发布的第四次评估报告的结果显示：1906—2005 年的 100 年时间里，全球地表平均温度上升了 $0.74℃$；2005 年全球大气二氧化碳当量含量高达 $379×10^{-6}$，为 65 万年以来最高。IPCC 进一步认为全球气温升高的阈值在 $2℃$，为了达到这一目标，必须要将全球大气二氧化碳当量含量控制在 $450×10^{-6[9]}$。然而目前的全球大气二氧化碳当量含量已经达到 $460×10^{-6[10]}$，可知全球气候变暖仍在持续。因此，气候变暖问题并非是伪命题。

既然气候变暖已是公认的事实，那么厘清造成气候变暖的原因则是顺理成章的事情。尽管有少数科学家如美国学者 S·弗雷德·辛格和丹尼斯·T·艾沃利在其所著的《全球变暖——毫无来由的恐慌》中提到，地球变暖只是地球气候的正常演化过程[11]。这种观点也得到了北京大学钱维宏教授等的支持[12]，但绝大部分自然科学家支持 IPCC 第四次评估报告中所得出的结论：人类活动是造成全球气候变暖的主要原因的可能性高达 90%[9]。

而在人类的各种活动中，尽管包括温室气体、气溶胶、土地利用、城市化等在内的人为因素都会导致气候变暖，但越来越多的学者研究认为，气候变暖主要是源于人类活动排放出大量的二氧化碳和甲烷等温室气体，而其中排放二氧化碳所造成的温室效应又占到总体效应的50%[13]。国际能源署（IEA）提供的数据显示，1989—2007年，世界二氧化碳排放从185.25亿t上升至299.14亿t，在不到20年的时间内，上升幅度为61.5%。而从更长的时间维度来看，工业革命以来的人类碳排放一直在增加，如果不加限制任其发展，碳排放将会继续增加而不会自动减少。

综上所述，碳排放对于理解气候变化问题至关重要，因而国内外的学者都把研究重心聚焦于碳排放方面，主要通过因素分解方式考察影响碳排放的各种因素及各自贡献的大小。此外，有些学者还单独从经济增长、经济结构演变和出口贸易等方面研究这些因素对碳排放的影响。

就碳排放的因素分解方式而言，目前比较常见的3种方法是：IPAT方程、Kaya等式和LMDI方法。IPAT方程是P. R. Ehrlich首次提出的，具体表达式为：

$$I = P \times A \times T$$

式中：I —— 环境影响；

P —— 人口；

A —— 富裕程度；

T —— 技术水平，影响碳排放的因素包括人口、人均GDP和碳排放强度[14]。

Kaya Yoichi在IPCC的一次研讨会正式提出Kaya等式，具体表达式为

$$CO_2 = \frac{CO_2}{PE} \times \frac{PE}{GDP} \times \frac{GDP}{POP} \times POP$$

式中：CO_2 —— 经济中的碳排放量；

PE —— 一次能源消费量；

GDP —— 经济产出；

POP —— 人口。

碳排放可以分解为能源的碳排放系数、GDP的能耗强度、人均GDP和人口四个因素的乘积[15]。

与IPAT方程相比，Kaya等式对碳排放强度作了进一步的分解，Kaya等式本身也可以进一步分解为更多的影响因素。LMDI方法使用乘积分解和加和分解两种分解方式，认为碳排放可以分解为排放因子、能源结构、能源强度、产业结构、经济产出和人口规模6个因素[16]。

根据上述3种方法，我国学者对碳排放尤其是中国自身的碳排放问题进行了重点研究。刘扬等基于IPAT方程对经济增长与碳排放间关系进行了理论分析，发现碳排放随经济增长的变化，依次遵循碳排放强度、人均碳排放和碳排放总量3个倒U形曲线高峰

规律[17]。朱勤等基于扩展的 Kaya 恒等式并应用 LMDI 分解方法对能源消费碳排放进行因素分解，结果显示对于中国 1980—2007 年的能源消费碳排放而言，经济产出是影响碳排放的最重要因素[16]。徐国泉等根据 LMDI 方法对 1995—2004 年中国的碳排放作了分解，结果显示经济发展对中国人均碳排放的贡献率呈指数增长，而能源效率和能源结构对抑制中国人均碳排放的贡献率都呈倒 U 形[18]。

除上述文献外，徐玉高等用计量方法对中国、日本、美国的时间序列数据和 1990 年的全球截面数据进行分析，结果显示人均碳排放与人均 GDP 之间不存在倒 U 形环境库兹涅茨曲线（Kuznets Curve）所描述的关系[19]。王中英等通过计量方法证明碳排放与经济增长之间存在显著的相关性[20]。张雷根据对发达国家、中国以及印度两个发展中国家的对比研究，发现经济结构和能源消费结构的多元化演进最终促进国家发展完成从高碳燃料为主到低碳燃料为主的转变[21]。刘慧等综述了国内外有关能源消费量、能源消费结构、经济发展阶段、经济结构和经济发展速度等因素对碳排放影响的研究进展[22]。宁学敏基于协整理论和误差修正模型对中国 1988—2007 年碳排放量和商品出口之间的关系进行研究，发现碳排放与对外出口贸易之间具有长期均衡关系，并且两者之间存在双向因果关系，出口的短期变动也同样对碳排放量存在正向影响[23]。

碳排放状况分析及因素分解有利于了解碳排放的轨迹和根源，从而为制定有针对性的碳减排政策奠定基础。

3 促进低碳经济发展的财税手段研究

促进低碳经济发展的重要手段是碳税政策。一般而言，碳税是依据所用化石燃料含碳量来征税，其征税目的一般为减少温室气体排放。经济学家关于碳税制度的争论主要围绕"双重红利"假说展开。双重红利的首创者是 Pearce。为了减少碳税制度在政治上的反对，在对碳税的分析中正式提出了"双重红利"概念。"双重红利"是指：一方面，环境税通过环境质量改善提供 "绿色红利"；另一方面，环境税通过收入返还来削减具有扭曲效应的税收负担，不仅减少了税制的效率损失，而且还提高了就业水平，由此带来了"蓝色红利"。Pearce 指出，用碳税来替换扭曲性税收，不仅约束了对环境损害的经济活动，也促使税制的效率损失进一步降低，因而会间接导致社会福利的增加，这样一种税收中性①的改革可能在改善环境质量的同时获得第二份红利（即通常所称的收入

---

① 税收中性是指在增加碳税的同时降低其他税负如减免低收入家庭的税收。

循环效应），这样，碳税的实施就会产生"双重红利"[24]。此后，大量文献围绕"双重红利"的存在性及其大小展开研究，包括碳税的环境效应、碳税的经济效应、碳税对收入分配的影响、碳税对贸易的影响等。D. W. Jorgensen 等系统分析了碳税的经济福利，指出碳税可以将外部性内部化，即可以达到征收碳税的本意——减少温室气体排放[25]。针对目前各国对碳排量分配的争论，M. Hoel 指出建立依据各国碳排量按比例缴纳碳税给国际组织的国际性碳税协议，可以弥补现有国际气候协议难以在各国间有效配置碳排放空间的不足，即碳税也可以实现对现有国际气候协议的改进而发挥作用[26]。针对碳税和现有税种如收入税等的交叉问题，L. H. Goulder 分析了当碳税同现有税种存在交叉的前提下碳税的福利成本，认为降低现有税种税率有助于减少福利成本，即从税收体系的角度研究了碳税对经济整体的影响[27]。针对碳税的实践效应，A. Baranzini 等通过研究已征收碳税的 6 个国家的市场竞争、收入分配和环境影响等方面，指出如果对碳税税制以及财政收益使用的设计适当，则可以抵消碳税带来的主要负面影响[28]。从以上分析可以看出，在理论上，无论在一国内部还是在全球范围内，通过对碳税机制的有效设计，碳税的确可以达到减少温室气体排放的作用。而且，只要进行适当调整和设计，碳税的征收不仅不会带来福利成本的显著增加，并且可以减少碳税的主要负面影响。

　　关于碳税的最早分析一般是基于碳税的福利成本考量，此后的碳税分析更趋于定量化，也更多聚焦于碳税对经济整体、收入分配等方面的影响。关于征收碳税对宏观经济以及其他变量如失业率等的精确影响，目前国际上一般采取模型模拟的方法进行研究，尤其是可计算一般均衡模型更是对这方面的研究贡献良多。W. K. Jager 分析指出，在降低现有税负的前提下，一项税收中性的碳税政策将使减缓全球气候变化的净福利为正。如果在模型中只是单独考虑税收效率，那么最优碳减排率是 37%，如果加入减缓气候变化所带来的福利，则最优碳减排率是 40%[29]。P. Ekins 着重从减少化石燃料的使用所带来的次要福利①出发计算合理的碳税，计算显示次要福利大体上总是高于碳减排带来的主要福利[30]。因此可知从定量研究的角度出发，征收碳税不仅会带来温室气体减排的效应，而且会带来其他福利。而从经济总量的角度出发，R. Kamat 等通过建立包含 32 个部门的 CGE 模型研究美国 SRB 区域的碳税征收效应②，结果显示，在 SRB 区域将碳税设置为 16.96 美元/t 对总体经济几乎没有负面影响，但是对于能源产业的负面影响是巨大的[31]。此外，研究者还从公平效应、能源需求、社会损失、辅助收益和收入分配效应

① 次要福利是指由减少化石燃料的使用所带来的污染排放的降低，主要福利是指所直接带来的温室气体排放减少。
② SRB 区域覆盖美国宾夕法尼亚、纽约和马里兰 3 个州 64 个县，该区域比较适合研究开放经济前提下征收碳税所带来的经济影响。

的角度来研究碳税的各种效应。S. Speck 着重研究了碳税和能源税的公平效应，指出征税对象和税收收益返还对收入分配影响较大[32]。T. Nakata 等通过构造一个日本能源的局部均衡模型来研究征收碳税和能源税将导致日本能源系统到 2040 年为止的变化情况，说明碳税和能源税的确将有助于达成给定的碳减排目标，但减排成本同其他方式基本相同[33]。W. K. Jaeger 根据气候变化影响生产率的模型显示，次优的碳税将比边际社会损失高出 53%，而比边际私人损失高出 73%[34]。I. W. H. Parry 指出碳税或者可交易的碳排放许可证将由增加产品价格和降低居民的实际工资而导致劳动力供给的减少，但通过对碳税和许可证收益的运用可以减少扭曲效应[35]。A. Bruvoll 等评价了挪威从 1991 年开始执行的气候变化政策，并通过分解实际观测到的碳排放以及运用一般均衡模型来模仿碳税的具体效应[36]。N. Floros 等通过研究希腊制造业部门的能源需求，构建出一个两阶超越对数的成本函数理论模型，将其应用于 1982—1998 年的时间序列数据，发现电力同固体燃料之间，资本、能源和劳动力之间存在替代性[37]。C. L. Jennifer 则着重研究了通过构造动态不规则一般可计算均衡模型来度量征收碳税以减少温室气体排放所带来的辅助收益，一种类型的辅助收益是当地污染排放减少而使人们健康状况得以改善[38]。T. Callan 等研究了爱尔兰征收碳税并通过收益返还所导致的收入分配效应[39]。通过以上分析可知，是否实行税收中性的碳税政策将对收入分配影响较大。征收碳税对能源需求不仅存在总量的影响，而且对能源的需求结构以及能源技术也会存在较大影响，还会带来许多辅助收益。

考虑到中国碳排放问题的严重性和紧迫性，目前研究重点聚焦于征收碳税对中国宏观经济的影响。目前碳税在中国征收仍然处在规划阶段，因此这些文献基本采用模型模拟和情景预测的方法，CGE 模型在其中也发挥了较大的作用，当然也有部分学者独立创建模型研究此类问题。

部分学者认为征收碳税不会对中国宏观经济造成太大影响。中国气候变化国别研究组采用 ERI-SGM 模型预测，通过设定 100 元/t 碳和 200 元/t 的不同税率进行分析，结果显示征收碳税对经济没有显著负面影响[40]。贺菊煌等利用 CGE 模型分析后认为，碳税对 GDP 影响很小并将导致石油和煤炭价格上升，能源消耗减少，就业分布发生转移[41]。朱永彬等从产品供给角度分析，通过征收税率为 20～100 元/t 碳的碳税不仅不会降低社会总产品的供给，反而使其略有增加[42]。

但是，更多的学者认为碳税政策对经济影响显著。魏涛远利用一个基于新古典经济理论的准动态 CGE 模型，分别从短期和长期分析经济与环境的变动情况，在碳税税率相同的情形下，尽管都会导致短期和长期 GDP 减少，但短期内经济下降严重，同时碳排放量降低，长期内则效果不断弱化[43]。X. Zhong 和 C. Zhang 运用动态 CGE 模型模拟了二氧化碳减排率不同的情景下的碳税水平和各种经济效应，当减排率为 20%和 30%时，GDP 下降 1.521 %和 2.763 %[44]。曹静基于 2005 年的社会核算矩阵对中国近期实施碳税政策进行系统的动态 CGE 模型分析，经过一系列的假设，分别从碳税返还给消费者、碳税对其他税种的替代两方面考察从 2010 年开征碳税到 2015 年的综合效果，说明碳税返还和税收替代都会导致 GDP 下降幅度显著降低，但同时却有效降低了碳排放和能源消费[45]。苏明等利用 2005 年的投入产出表建立 CGE 模型，设定了 6 个短期碳税税率和 5 个长期碳税税率，分别对各个宏观指标进行了分析，研究结果表明：相同税率下长期 GDP 和碳排放下降的累积幅度显著大于短期结果，碳排放下降幅度也是长期效果更为显著。苏明等的研究结论中关于对经济的长期和短期影响较之其他研究者的结论存在显著差异，即长期影响和短期影响的大小程度正好与其他研究者相反[46]。高鹏飞等则应用 MARKEL-MARCO 模型进行预测，结果显示：征收碳税将导致较大的 GDP 损失，但存在减排效果最佳的碳税税率[47]。W. Y. Chen 用 MARKAL-MACRO 模型分析了碳税所带来的碳减排的经济成本，说明当边际减排成本在 12 美元/t 碳至 216 美元/t 碳时，GDP 下降幅度为 0.1%～2.54%[48]。王金南等采用国家发展和改革委员会能源研究所自主开发的中国能源政策综合评价模型——能源经济模型模拟了不同碳税方案对中国国民经济、能源节约和二氧化碳排放的影响，结果显示：尽管征收碳税会导致经济下降，但下降幅度不超过 0.5%，而能源节约的收益和碳排放下降较为显著[49]。Q. M. Liang 等运用 CGE 模型及 2002 年投入产出表构建中国碳税政策的分析体系，比较不同碳减排率对宏观经济的影响，在碳减排率设定为 5%和 10%的前提下，GDP 变动方向和程度均不同。总体而言，GDP 呈现下降趋势，最大下降幅度为 0.845 %[50]。

可见，不同研究的结论差异较大，这主要是由于不同模型的参数假定、模型结构的设定以及数据来源等多方面存在较大的差异[47]。即便都是采用 CGE 模型，也因数据时段选取和模型设置的不同，结论有所差别。总体上看，征收碳税既可能带来正面效应，也可能带来负面效应。负面效应是短期的，正面效应是长期的，正面效应大于负面效应。

4 促进低碳经济发展的碳权交易手段研究

促进低碳经济发展的另一个重要手段是"Cap-and-Trade"[51]，即碳排放配额与交易，其重点在于初始排放权的分配。碳交易手段涉及两个层面的问题：① 全球初始碳排放权的国际分配及其交易；② 各国初始碳排放权的确定、分配及其交易。从目前来看，前者要达成国际共识尚需时日，后者则取决于各国的政策取向。

现有的文献大多围绕温室气体排放权分配的公平、公正及效率原则进行讨论[52]。英国全球公共资源研究所在 1990 年提出了"紧缩趋同"方案，该方案以目前人均排放水平为起点，设想不同国家人均排放目标在未来如 2050 年趋同至某一水平后，所有国家再一起减少排放从而将温室气体浓度稳定在一个可接受水平上[53]。在 1997 年《京都议定书》谈判中，巴西推出了《关于气候变化框架公约议定书的几个设想要点》（以下简称"巴西案文"），提出"温室气体有效排放"概念，对附件 I 国家（说明：附件 I 国家是指根据《京都议定书》规定在缔约期内需承担具体的、具有法律约束力的温室气体减排目标的国家，包括发达国家和经济转型国家。采取加脚注方式予以说明。）设定相应减排义务标准，如果在承诺期内不能完成，则用其超标排放的罚金设立"清洁发展基金"，用于支持适应和减缓气候变化的项目[54]。瑞典斯德哥尔摩环境研究所（SEI）提出的"温室发展权框架"中，认为只有富人才有责任和能力减排，通过设置发展阈值，保障低于发展阈值的穷人的发展需求，根据超过发展阈值的人口总能力（购买力平减的 GDP）和总责任（1990—2005 年累计历史排放）两个指标，对全球减排量进行分配[53]。上述方案中尽管也考虑了历史排放问题，但大多基于国别排放指标，忽略了人均公平原则，此外没有考虑处在不同阶段的国家的发展需求，忽略了对未来排放的需求分配，在公平角度仍然存在偏颇[55]。Perroni 等认为对二氧化碳排放的限制会影响国际贸易的比较优势模式，依据静态一般均衡模型，碳排放权的国际贸易是对能源密集型产品贸易的替代，也会降低碳减排所带来的部门效应[56]。

我国学者对全球温室气体排放权分配也进行了大量研究。国务院发展研究中心课题组根据产权理论和外部性理论，提出了"国家排放账户"方案，通过明确界定各国历史排放权和未来排放权，给各国建立起"国家排放账户"，根据人均相等的原则分配各国排放权，从而使"共同但有区别的责任"得以明确界定[57]。潘家华等则提出了基于人文发展理论的"碳预算方案"[56]。丁仲礼等同样基于"人均累计排放指标"思路，对各国在 1900—2005 年的人均累计排放量、应得排放配额以及 2006—2050 年的排放配额进行了测算[58]。

在全球和地区层面上，已经存在碳交易的实际操作体系和机制，主要包括欧盟排放贸易体系（EUETS）、芝加哥气候交易所（CCX）、美国的绿色交易所（Green Exchange）、亚洲碳交易所（ACX）和欧洲能源交易所（ECX）。中国也已开展了初始的碳交易机制，但目前还没有出台规范碳交易的相关政策。关于交易机制方面，1997 年通过的《京都议定书》为帮助发达国家更好地进行减排，特别制定了 3 个减排的灵活机制：联合履行（Joint

Implementation，JI)、排放额交易（Emissions Trading，ET）和清洁发展机制（Clean Development Mechanism，CDM）。前两个机制都是在发达国家间展开，而清洁发展机制是在发达国家和发展中国家展开。此外，还有自愿减排市场交易机制。

在上述 4 个交易机制中，关于 CDM 机制研究的文献较多，研究方向也往往集中在 CDM 的减排效应和提升发展中国家可持续发展能力上。CDM 被认为是解决气候问题的可行方案，结果由于谈判者的利益和取舍而偏离原有轨道，无法实现减排的目标[59]。E. Niesten 等着重关注了 CDM 中的碳汇市场的"漏出效应"①影响[60]。R. Schwarze 等区分了两种漏出效应：活动转移和市场效应[61]。A. Muller 认为从经验上看，CDM 过度的市场化导向导致 CDM 目前并未达到可持续发展的目标[62]。X. M. Liu 认为参与 CDM 项目，发展中国家会失去成本低的排放可能性，只得到非常小的持续性收益[63]。H. Gundimeda 等研究了 CDM 项目的风险和交易成本[64]。R. M. Shrestha 等认为基准线测量方法导致较高的交易成本，这对小规模项目不利[65]。因此，CDM 机制还有待于进一步改进。

碳权交易之所以在国际间比较活跃，如 CDM 机制在不少国家均得到成功应用，是因为碳减排的边际成本在发达国家和发展中国家之间存在巨大差异，能够实现交易双赢。碳权交易制度在国内的应用，关键看能否建立碳排放总量控制制度以及市场机制的完善程度。

5 低碳经济研究的可能趋势

低碳经济要从概念走向行动、从目标变成措施，必须深入开展一系列的理论研究，包括以下几个方面：

5.1 国际初始碳排放权的界定和分配有待深入研究

既然低碳经济的目标定位于降低温室气体排放，那么温室气体排放权的划分就至关重要，初始的分配方式直接决定了未来的努力方向。现有的有关排放权的分配包括紧缩趋同、"巴西案文"、温室发展权框架、国家排放账户、碳预算方案等，但并未真正解决有关分配权的问题。发达国家和发展中国家至今还在为碳足迹的流量和存量计算方法而争论，即使发达国家作出让步愿意以存量方式计算，如现有的温室发展权框架分配方案，但以什么时点为计算基期、数据来源是否具有较高可信度以及是否能被各国接受都存在

---

① 联合国气候变化框架公约给"漏出效应"的定义是：发生在 CDM 项目边界以外的人类排放的净变化和温室气体蓄水池的移动，并且这一变化是可以归因于某一 CDM 项目，同时也是可以测量的。

疑问，而一旦前提不同将导致结论存在很大偏差，而且各国国情、地理状况、宗教文化差异如此之大，找到一个为大家所共同接受的方案难度很大。

5.2 碳减排政策手段的选择有待深入探讨

中国在哥本哈根气候大会前夕提出"到 2020 年碳排放强度在 2005 年基础上削减 40%～45%"的中期替代目标；从长期来看，中国在 2030—2040 年碳排放总量将达到峰值[56, 66-68]，其后实施碳排放总量削减势在必行。根据经典理论，碳减排既可以选择庇古手段——碳税，也可以选择科斯手段——碳市场。这两种手段的优劣至今尚无定论。樊纲主编的《走向低碳发展：中国与世界》明显倾向于采用碳税政策[69]，而国务院发展研究中心课题组的《全球温室气体减排：理论框架和解决方案》则明确建议采用碳市场制度[57]。虽然有人试图将以价格为基础的碳税和以数量为基础的排污权交易制度结合起来，形成所谓的复合排放权交易制度[70]，但从总体上讲，碳税政策与碳市场制度是替代性的，而不是互补性的。因此，亟需理论研究者开动脑筋，选定适合中国国情的碳减排主体政策。

5.3 碳减排的成本收益测算有待深入研究

作为发展中的大国，中国的碳减排不能"不惜一切代价"，而要将发展阶段和经济可承受能力结合考虑。因此，要优化已有经济模型，更加准确地测算碳减排的成本与收益，既不能被动应付，也不能急于求成，要找出最佳的碳减排方案和减排路径。现有的研究是基于"无低碳约束"的假设，采用 CGE 等模型对碳减排的环境效应、经济冲击、收入分配进行模拟和评价。在现有低碳经济路线和指标确定的前提下，可以"中期降低碳强度 40%～45%"为约束条件，综合分析碳减排对经济产出、能源消费、温室气体排放、产业结构调整、收入分配等的宏观影响。

5.4 碳减排与中国工业化、城市化的匹配问题研究有待展开

发达国家是在基本完成工业化后才开始探索碳减排问题的，而中国目前仍处于工业化中期。由于工业化、城市化是中国经济增长的两条主线，也是推动能源消费及温室气体排放的主因，因此在研究实现低碳经济目标的同时，必须考察相关的经济政策对工业化、城市化进程的影响，在政策设计时，也必须考虑低碳经济目标与工业化、城市化目标间的协调关系。

5.5 碳减排与中国能源市场定价机制改革之间的关联

根据第一部分的文献可知，能源消费对于中国的碳排放起着至关重要的作用，那么中国的能源定价机制对中国的碳排放理应存在影响。随着中国能源市场化进程的推进，其对碳排放的影响应当逐渐显现出来。因此，碳减排与中国能源市场定价机制之间的关联就需要众多学者努力探讨。

参考文献

[1] Department of Trade and Industry. UK Energy White Paper：Our Energy Future—Creating a Low Carbon Economy. London：The Stationery Office，2003.

[2] 庄贵阳. 低碳经济：气候变化背景下的中国发展之路. 北京：气象出版社，2007.

[3] 冯之浚，金涌，牛文元，等. 关于推行低碳经济促进科学发展的若干思考. 广西节能，2009（3）：24-26.

[4] A.Marshall. Principle of Economics. London：The Mcmillan Company，1890.

[5] A. Pigou. The Economics of Welfare. London：The Mcmillan Company，1920.

[6] R.H.Coase. The Problem of Social Cost. The Journal of Law and Economics，1960（3）：1-44.

[7] J.H.Dales. Pollution，Property and Prices. Toronto：University of Toronto Press，1968.

[8] 吉登斯. 气候变化的政治. 曹荣湘译. 北京：社会科学文献出版社，2009.

[9] Intergovenmental Panel on Climate Change（IPCC）. Climate Change 2007：The Physical Science Basis. New York：Cambridge University Press，2007.

[10] 贾鹤鹏，郑千里. 科学理性地对待气候变化问题——专访中科院副院长丁仲礼院士. 科学新闻，2010（14）：38-40.

[11] S·弗雷德·辛格，丹尼斯·T·艾沃利. 全球变暖——毫无由的恐慌. 林文鹏，王臣立译. 上海：上海科学技术文献出版社，2008.

[12] 胡浩. 人类活动导致全球变暖并非定论. 人民日报海外版，2010-02-11（4）.

[13] 傅桦. 全球气候变暖的成因与影响. 首都师范大学学报：自然科学版，2007（6）：11-15.

[14] P.R.Ehrlich，A.H.Ehrlich. Population，Resources，Environment：Issues in Human Ecology. San Francisco：Freeman，1970.

[15] Y.Kaya. Impact of Carbon Dioxide Emission on GNP Growth：Interpretation of Proposed Scenarios. Paris：IPCC Energy and IndustrySubgroup，Response Strategies Working Group，1990.

[16] 朱勤，彭希哲，陆志明，等. 中国能源消费碳排放变化的因素分解及实证分析. 资源科学，2009（12）：2072-2079.

[17] 刘扬，陈劭锋. 基于 IPAT 方程的典型发达国家经济增长与碳排放关系研究. 生态经济，2009（11）：28-30.

[18] 徐国泉，刘则渊，姜照华. 中国碳排放的因素分解模型及实证分析：1995—2004. 中国人口·资源与环境，2006（6）：158-161.

[19] 徐玉高，郭元，吴宗鑫. 经济发展，碳排放和经济演化. 环境科学进展，1999（2）：54-64.

[20] 王中英，王礼茂. 中国经济增长对碳排放的影响分析. 安全与环境学报，2006（5）：88-91.

[21] 张雷. 经济发展对碳排放的影响. 地理学报，2003（4）：629-637.

[22] 刘慧，成升魁，张雷. 人类经济活动影响碳排放的国际研究动态. 地理科学进展，2002（5）：420-429.

[23] 宁学敏. 我国碳排放与出口贸易的相关关系研究. 生态经济，2009（11）：51-54.

[24] D.Pearce. The Role of Carbon Taxes in Adjusting to Global Warming. The Economic Journal，1991，101（407）：938-948.

[25] D.W.Jorgensen，D.T.Slesnick，P.J.Wilcoxen. Carbon Taxes and Economic Welfare. Brookings Papers on Economic Activity：Microeconomics，1992：393-454.

[26] M.Hoel. Harmonization of Carbon Taxes in International Climate Agreements. Environmental and Resource Economics，1993，3（3）：221-231.

[27] L.H.Goulder. Effects of Carbon Taxes in an Economy with Prior Tax Distortions：An Intertemporal General Equilibrium Analysis. Journal of Environmental Economics and Management，1995，29（3）：271-297.

[28] A.Baranzini，J.Goldemberg，S.Speck. A Future of Carbon Tax. Ecological Economics，2000，32（3）：395-412.

[29] W.K.Jaeger. The Welfare Cost of a Global Carbon Tax When Tax Revenues are Recycled. Resource and Energy Economics，1995，17（1）：47-67.

[30] P.Ekins，S.Speck. Competitiveness and Exemptions from Environmental Taxes in Europe. Environmental and Resource Economics，1999，13（4）：369-396.

[31] R.Kamat，A.Rose，D.Abler. The Impact of a Carbon Tax on the Susquehanna River Basin Economy. Energy Economics，1999，21（4）：363-384.

[32] S.Speck. Energy and Carbon Taxes and Their Distributional Implications. Energy Policy，1999，27（11）：659-667.

[33] T.Nakata，A.Lamont. Analysis of the Impacts of Carbon Taxes on Energy Systems in Japan. Energy

Policy，2001，29（2）：159-166.

[34] W.K.Jaeger. Optimal Environmental Taxation from Society's Perspective. Land Economics，2002，78（3）：354-367.

[35] I.W.H.Parry. Fiscal Interactions and the Case for Carbon Taxes over Grandfatherd Carbon Permits. Oxford Review of Economic Policy，2003，19（3）：385-399.

[36] A.Bruvoll，B.M.Larsen. Greenhouse Gas Emissions in Norway：Do Carbon Taxes Work？. Energy Policy，2004，32（4）：493-505.

[37] N.Floros，A.Vlachou. Energy Demand and Energy-related CO_2 Emissions in Greek Manufacturing：Assessing the Impact of a Carbon Tax. Energy Economics，2005，27（3）：387-413.

[38] C.L.Jennifer. A Multi-period Analysis of a Carbon Tax Including Local Health Feedback：An Application to Thailand. Environment and Development Economics，2006，11（3）：317-342.

[39] T.Callan，S.Lyons，S.Scott，et al. The Distributional Implications of a Carbon Tax in Ireland. Energy Policy，2009，37（2）：407-412.

[40] 中国气候变化国别研究组. 中国气候变化国别研究. 北京：清华大学出版社，2000.

[41] 贺菊煌,沈可挺,徐嵩龄. 碳税和二氧化碳减排的 CGE 模型. 数量经济技术经济研究,2002(10)：39-47.

[42] 朱永彬,刘晓,王铮. 碳税政策的减排效果及其对我国经济的影响分析. 中国软科学,2010(4)：1-9.

[43] 魏涛远,格罗姆斯洛德. 征收碳税对中国经济与温室气体排放的影响. 世界政治与经济,2002(8)：47-49.

[44] X.Zhong，C.Zhang. China Afford to Commit Itself an Emissions Cap？ An Economic and Political Analysis. Energy Economics，2000，22（6）：587-614.

[45] 曹静. 走低碳发展之路中国碳税政策的设计及模型分析. 金融研究，2009（12）：19-29.

[46] 苏明,傅志华,许文,等. 我国开征碳税的效果预测和影响评价. 经济研究参考,2009(72)：24-28.

[47] 高鹏飞，陈文颖. 碳税与碳排放. 清华大学学报：自然科学版，2002（10）：1335-1338.

[48] W.Y.Chen. The Costs of Mitigating Carbon Emissions in China：Findings from China MARKAL-MACRO Modeling. Energy Policy，2005，33（7）：885-896.

[49] 王金南,严刚,姜克隽,等. 应对气候变化的中国碳税政策研究. 中国环境科学,2009(1)：101-105.

[50] Q.M.Liang，Y. Fan，Y.M.Wei. Carbon Taxation Policy in China：How to Protect Energy-and Trade-intensive Sectors. Journal of Policy Modeling，2007，29（2）：311-333.

[51] D.Burtraw，K.Palmer，D.Kahn. Allocation of CO_2 Emission Allowances in the Regional Greenhouse

Gas Cap-and-Trade Program. http：//www.rff.org/Documents/RFF-DP-05-25.pdf，2011-01-25.

[52] G.Chichilnisky，G.Heal，D.Starrett. International Emission Permits：Equity and Efficiency. http：//hdl. handle.net/10022/AC：P：15578 2011-02-28.

[53] 潘家华，陈迎. 碳预算方案：一个公平、可持续的国际气候制度框架. 中国社会科学，2009（5）：83-98.

[54] 祁悦，谢高地. 碳排放空间分配及其对中国区域功能的影响. 资源科学，2009（4）：590-597.

[55] 潘家华，陈迎，李晨曦. 碳预算方案的国际机制研究. 北京：经济科学出版社，2009.

[56] C.Perroni，T.F.Rutherford. International Trade in Carbon Emission Rights and Basic Materials：General Equilibrium Calculations for 2020. The Scandinavian Journal of Economics，1993，95（3）：257-278.

[57] 国务院发展研究中心课题组. 全球温室气体减排：理论框架和解决方案. 经济研究，2009（3）：4-13.

[58] 丁仲礼，段晓男，葛全胜，等. 2050 年大气 CO_2 浓度控制：各国排放权计算. 中国科学 D 辑：地球科学，2009（8）：1009-1027.

[59] E.Boyd，E.Corbera，M.Estrada. UNFCCC Negotiations（pre-Kyoto to COP-9）：What the Process Says about the Politics of CDM-sinks. International Environmental Agreements：Politics，Law and Economics，2008，8（2）：95-112.

[60] E.Niesten，P.C.Frumhoff，M.Manion，et al. Designing a Carbon Market that Protects Forests in Developing Countries. The Royal Society，2002，360（1797）：1875-1888.

[61] R.Schwarze，J.O.Niles，J.Olander. Understanding and Managing Leakage in Forest-Based Greenhouse-gas-mitigation Projects. Mathematical，Physical and Engineering Sciences，2002，360（1797）：1685-1703.

[62] A.Muller. How to Make the Clean Development Mechanism Sustainable—The Potential of Rent Extraction. Energy Policy，2007，35（6）：3203-3212.

[63] X.M.Liu. Rent Extraction with a Type-by-type Scheme：An Instrument to Incorporate Sustainable Development into the CDM. Energy Policy，2008，36（6）：1873-1878.

[64] H.Gundimeda，Y.Guo. Undertaking Emission Reduction Projects Prototype Carbon Fund and Clean Development Mechanism. Economic and Political Weekly，2003，38（41）：4331-4337.

[65] R.M.Shresthaand，A.M.A.K.Abeygunawardana. Small-scale CDM Projects in a Competitive Electricity Industry：How Good is a Simplified Baseline Methodology. Energy Policy，2007，35（7）：3717-3728.

[66] 何建坤，张希良，李政，等. CO_2 减排情景下中国能源发展若干问题. 科技导报，2008（2）：90-92.

[67] 中国科学院可持续发展战略研究组. 2009 中国可持续发展战略报告——探索中国特色的低碳道路. 北京：科学出版社，2009.

[68] 姜克隽，胡秀莲，庄幸，等. 中国 2050 年低碳情景和低碳发展之路. 中外能源，2009（6）：1-7.

[69] 樊纲. 走向低碳经济：中国与世界——中国经济学家的建议. 北京：中国经济出版社，2010.

[70] 刘小川，汪曾涛. 二氧化碳减排政策比较以及我国的优化选择. 上海财经大学学报：哲学社会科学版，2009（4）：73-80.

能源低碳化研究文献评述

沈满洪　苏小龙

[摘要]　低碳能源是以低能耗、低排放为主要特征，以能源清洁技术、温室气体减排技术等为基本手段，以减少化石燃料的消耗和二氧化碳排放为目标的能源生产和能源消费体系。能源消费量与碳排放存在紧密的联系，我国以化石能源为主的能源生产与消费结构以及低能源使用效率导致碳排放量过高。实现能源低碳化可以从优化能源结构和提高能源效率两方面入手。

[关键词]　低碳经济　低碳能源　能源结构　能源效率　文献综述

化石燃料燃烧是目前大气中碳增加的首要原因。据有关资料显示，每年使用化石燃料产生的碳排放约占大气中碳排放总量的 70%，而世界能源需求的 80%～85% 来源于化石燃料。然而，在经济持续快速增长的情况下，必须实现高碳能源向低碳能源的转型即能源低碳化转型。为此，必须两条腿走路：一方面，大力发展低碳能源，优化能源结构；另一方面，大力提高能源效率，减少能源消耗。就低碳能源及其能源结构、能源效率与碳减排之间的关系的研究文献进行文献综述，显得十分迫切。

[发表期刊] 本文发表于《低碳经济》2013 年第 2 期。

[基金项目] 教育部新世纪优秀人才支持计划（NCET-08-0487）；浙江省重点创新团队（文化创新类）生态经济研究团队（20120303）资助。

[作者简介] 苏小龙（1989—　），男，浙江理工大学经济管理学院硕士研究生，从事能源效率与低碳经济研究。

1 低碳能源的内涵研究

1.1 低碳能源的定义

目前学界很少对低碳能源作出内涵界定。低碳经济关注于能源领域，重点在减少温室气体排放量，强调经济发展与气候变化双赢[1]。但是，低碳能源不等于低碳经济，因此，要注意低碳能源与低碳经济的区别。国内对低碳经济研究较早的是庄贵阳。他提出低碳经济的实质是能源效率和清洁能源结构问题，核心是能源技术创新和制度创新，目标是减缓气候变化和促进人类可持续发展[2]。有学者认为低碳经济是从高碳能源时代向低碳能源时代演化的一种经济发展模式[3]。以上学者把低碳经济聚焦于能源问题，而忽略了产业经济活动以及消费生活方式等方面的内容，具有片面性。但是对于低碳能源的内涵界定具有借鉴意义。

有学者从微观角度给出了低碳能源的定义，即一种含碳分子量少或无碳分子结构的能源[4, 5]。该定义仅仅是以能源自身的含碳量作为界定标准，这样难免会造成减排体系的缺失，还可能引起某种误导。例如，电能在其使用过程中是不产生二氧化碳的，应当作为"零碳"能源，但是火电是以碳基燃料燃烧等能量转换形式来获得电能的，其生产过程伴随着大量二氧化碳的排放。因此仅从能源本身界定高碳能源还是低碳能源具有片面性。从能源的使用过程来看，低碳能源通过清洁技术等低碳技术和先进的生产工艺所带来的高能源效率来实现二氧化碳的减排目的。从二氧化碳排放的结果来看，低碳能源的碳排放水平要低于高碳能源。针对电能、石油制品等二次能源，要将其从一次能源转变为二次能源的过程中所产生的碳排放计算到总的碳排放中，以此判断其是属于高碳能源还是低碳能源。

有学者认为低碳能源是采用能源使用管理的方法，通过市场机制、政策引导、行政手段及法规等途径，以产业调整、技术改造、产品升级等措施，调整能源使用方式，优化能源消费结构，提高能效，达到降低能源需求及节能减排的目的[6]。该定义总体上比较全面，但是存在的问题是其夸大了发展低碳能源的目的。

综上所述，低碳能源是以经济社会与生态环境的永续发展理念为指导，以低能耗、低排放为主要特征，以能源清洁技术、温室气体减排技术等为基本手段，以减少化石燃料的消耗和二氧化碳等温室气体排放为目标的能源生产和能源消费体系。发展低碳能源的实质是建设清洁能源结构和提高能源利用效率。清洁能源结构就是发展绿色能源体系，实现能源结构多元化发展。提高能源利用效率就是以技术进步为主要手段实现用较少的能源提供同样的能源服务。

1.2 低碳能源与高碳能源的区别

高碳能源与低碳能源是相对的两个概念。有学者从能源的含碳量角度对高碳能源和低碳能源进行区分，但结果并不一致。部分学者把煤炭、石油、天然气等化石能源称为高碳能源，而把水能、核能等非化石能源称为低碳能源[7]。而部分认为高碳能源主要是指煤炭，而低碳能源是指石油和天然气[8]。以上学者认为低碳能源和高碳能源的区别在于单位热值所含碳的数量的高低，他们的共同缺陷在于忽视了通过技术进步和能源效率的提高同样可以实现碳含量高的能源在使用过程中低碳排放的目的。另外，即使像电能之类的"零碳"二次能源，在其生产过程中也不可避免地会产生大量的二氧化碳，不能因为其本身不含碳而归类为低碳能源。可见，他们对高碳能源和低碳能源的分类标准存在片面性。不同能源形式的单位热值所含碳的数量的高低固然重要，但是更加重要的是能源使用的过程以及由此带来的碳排放的高低。

可以通过高碳能源与低碳能源在一些主要指标上的对比来区分两者的不同特点。高碳能源与低碳能源是相对而言的，热值相同的不同能源形式所排放的二氧化碳是不同的。例如在煤炭、石油、天然气 3 种化石能源中，煤炭的碳密度最高，因此相对于石油和天然气来说，煤炭属于高碳能源品。从能源品角度来看，低碳能源主要是以低碳能源为主的能源消费结构，其碳排放系数相对来说要低，而高碳能源则相反。在产出相同的条件下，使用高碳能源所产生的二氧化碳排放量要高于低碳能源。由于技术水平的高低，使得高碳能源和低碳能源的能源效率存在差异，表现在进行同样的生产活动下，前者的能源强度和单位产品能耗要高于后者。从能源系统效率看，前者要低于后者。

1.3 低碳能源的基本特征

有学者认为作为一种清洁能源，低碳能源突出减少 CO_2 对全球性的排放污染，同时也兼顾对社会污染排放的减少。它的基本特征是：可再生，可持续应用；高效且环境适应性好；尽可能实现大规模化产业应用[4]。该学者对低碳能源特征的概括具有片面性，例如核能在使用过程中不会产生碳排放，是一种清洁能源，但是它不具有可再生性。因此可再生不是低碳能源具有的基本特征。此外核能的使用不当会对周围环境造成灾难性的影响，所以不能将低碳能源在使用过程中产生的二氧化碳少等同于环境适应性好。

我国处于高碳能源时代是因为我国是典型的以煤为主的化石能源消费结构以及能

源利用技术落后、能源利用率低、能源消耗和 CO_2 排放总量巨大[9]。从高碳能源向低碳能源转变的过程中往往表现出单位能源的碳含量的相对下降；生产同样产品或者提供同质的服务所排放的二氧化碳的相对减少；能源的开采、能源的中间使用环节和能源终端利用效率相对提高。

综上所述，低碳能源的基本特征主要表现在以下 3 个方面：① 能源结构清洁化。在提供相同热量的前提下，煤炭所排放的二氧化碳要远远高于石油、天然气等化石燃料和核能、太阳能等新能源。因此如果要实现经济发展与二氧化碳排放"脱钩"，必须调整能源结构，使其朝着清洁化方向发展。② 能源使用高效化。一方面要提高能源经济效率，即单位产出的能源消耗量的降低以及由此带来的二氧化碳排放的减少；另一方面要提高能源技术效率，即从能源开采到能源的终端使用，通过生产工艺的改进，减少能源使用过程中的浪费及由此造成的二氧化碳的增加。③ 能源技术低碳化。一方面要开发和运用能效技术，使得生产单位产品或提供同质服务所需的能源投入减少；另一方面要使用可再生能源技术和清洁能源技术，以调整能源结构，使得碳排放系数低的能源品代替碳排放系数高的能源品。

2　能源碳排放状况研究

能源碳排放状况研究是实现能源低碳化的基础。有学者对能源消耗与碳排放的关系进行了定量研究。U. Soytas 等采用 VAR 模型研究美国的能源消耗、GDP 与碳排放量之间的因果关系。结果表明碳排放量的格兰杰成因不是 GDP 增长，而是能源消耗。后来对土耳其的实证研究中也得到了类似的结论[41, 42]。X. P. Zhang 等以 1960—2007 年为研究区段，对中国的能源消费量、碳排放量与经济增长之间的格兰杰因果分析及方向进行研究。实证结果显示能源消耗量对碳排放量存在单向的格兰杰成因，而碳排放量和能源消耗量都不是经济增长的格兰杰成因。从而认为中国政府可以实现碳减排和经济增长的脱钩[43]。L. M. Xue 等对 1980—2008 年中国的能源消费与碳排放进行协整分析，结果显示当一次能源消费量变动 1%，碳排放量将变动 0.965 %[44]。而 R. Ramanathan 采用 DEA 方法分析能源消费与碳排放量之间的联系。在 DEA 分析效率指标的构建中，将 GDP 和碳排放量作为产出，非化石能源消耗作为投入。基于 DEA 分析的技术预测得到了碳排放量和能源消耗量存在紧密的联系。定量分析结果表明，化石能源消耗是 CO_2 排放的主要来源，降低能源消费增长速度能够一定程度上减少 CO_2 的排放[45]。

我国的能源消费以化石能源为主。其中，煤炭与石油、天然气等燃料相比，单位热

量燃煤引起的 CO_2 排放比使用石油、天然气分别高出约 36%和 61%。而我国的煤炭消费比重大，因此造成能源消费中 CO_2 的排放强度也相对较高。目前全国 85%的 CO_2 是由燃煤排放的[8]。而非化石能源相对于化石能源来说，碳含量比较低或不含碳。如生物燃料，燃烧释放的碳相当于植物生长的碳量[10]。基于此，有学者提出了发展低碳能源的实现途径：大力发展分布式能源系统；尽最大可能促进生物质能源的有效利用；全方位推进核能、风能和太阳能的安全利用等[4]。但是考虑到我国以煤炭为主的能源消费结构在短期内难以改变的事实，有学者提出了针对煤炭能源的低碳化发展，即在开发与利用过程中减少温室气体排放、提高煤炭资源利用效率，从而实现低能耗、高能效和低碳排放。并给出了以"绿色"为特征的资源保护性开采等八项具体措施[11]。

根据上述文献可知，能源消费量是影响碳排放的重要因素。化石能源相对于非化石能源的碳含量要高，而不同形式的化石能源的碳含量又不同。我国以化石能源为主的能源消费方式导致碳排放量过高。能源碳排放状况分析有利于了解能源与碳排放之间的关系，从而为促进低碳能源的发展奠定基础。

3　能源结构与碳排放研究

能源结构与二氧化碳的排放存在密切的联系。优化能源结构是能源低碳化的核心内容。根据世界银行发展报告，发达国家能源构成以油、气为主，水、核等非化石能源也占了较大份额，而中国的能源构成以煤炭为主，不仅其利用效率低于石油和天然气，而且其碳含量也使得中国单位能源消费的碳排放比 OECD 国家高出 20%。从现有文献来看，针对能源结构与二氧化碳排放之间的关系的研究主要通过因素分解方法来进行的。刘红光等借助 LMDI 分解法，将工业燃烧能源导致的碳排放量分解为 6 个因素，即能源消费总量、能源消费结构、技术因素、中间投入量、产业结构以及工业总量，分析了中国 1992—2005 年工业燃烧能源导致碳排放的影响因素，结果显示能源结构总体没有达到很大的改善是碳排放迅速增加的根本原因[12]。朱勤等对 1980—2007 年中国的碳排放进行因素分解，结果表明能源结构效应为−0.77%，而经济产出是碳排放快速增长的主要动因[13]。也有学者以碳排放为约束条件，对能源结构的变化进行了预测。陈文颖等通过建立中国 MARKAL-MACRO 模型研究中国未来能源发展与碳排放的基准方案以及碳减排对中国能源系统的可能影响进行研究，结果表明如果从 2030 年开始减排，减排率为 10%～46%时，最终能源消费量将由于燃料结构的优化和能源服务需求的减少而减少，一次能源在高减排率下，煤的比重将大大下降[14]。林伯强在考虑节能以及二氧化碳对能源结构的影响和约束的基础上对最优一次能源结构及宏观经济影响展开研究。不管是能源结构对中国碳排放变动的贡献度的研究还是在碳排放约束条件下能源结构的变化的研究，结果都显示能源结构与碳排放存在密切的联系，而且能源结构优化有助于碳减排[15]。

我国的能源现状不容乐观，无论在存储量、分布、生产结构或消费结构方面都存在各种矛盾，这迫使我们优化能源结构[16]。目前对能源结构优化存在以下两种观点：① 改变以煤为主的能源结构。林琳认为发展低碳经济，创建低碳能源体，我国必须改变以煤为主的能源结构，大力发展各种新能源[17]。持这种观点的还有王顺庆[18]、周德群[19]等。② 在以煤为主的基础上发展多元化能源结构。林伯强等认为，基于资源禀赋的特点及能源安全的需要，未来中国一次能源结构仍将以煤为主，但排放限制造成的转变会使得整体经济对煤炭的依赖度下降，改变能源结构意味着降低二氧化碳排放[15]。王丽敏[20]、刘卫东[21]等学者也认为以煤为主发展能源多元化战略，发展替代能源，实现传统能源之间、传统能源与新能源之间的替代是实现我国低碳能源发展的有效途径。在这两种观点中，前者着眼于改变，后者侧重于改善，两者都是在现实和发展的基础上做出优化，但从实际情况来看，改善现行的能源结构是一种更为合理和良好的途径[16, 22]。

目前针对能源结构优化的研究主要体现在以下两方面：

（1）能源价格对能源结构的作用及能源品之间的替代研究。国内对此类问题开展的研究较少，多见于国外。W. G. Cho 等使用 1981—1997 年的季度数据，采用双阶段超对数成本函数对韩国的要素间替代关系与能源间替代关系做了联合估计，考虑到要素间替代与能源间替代的反馈效应，发现电力、煤炭和石油的自价格弹性皆为负；其中煤炭的自价格弹性最大，石油最小。动态调整模型显示煤炭与石油之间是可替代的；煤炭与电力之间、石油与电力之间是互补的[46]。R. S. Pindyck 的跨国研究发现，所有样本国家中煤炭最具弹性，而电力弹性最小；煤炭、石油和电力相互之间是可替代的[47]。A. A. Andrikopoulos 等也发现在加拿大的一些行业里，煤炭、石油和电力多数情况下是相互可替代的[48]。P. Söderholm 研究西欧发电部门由价格所引发的化石燃料之间的替代效应。石油和天然气之间存在短期替代效应[49]。

（2）能源结构的预测研究。Y. Huang 等分析了台湾的能源需求与供给情况，采用 LEAP 模型分析了 2008—2030 年台湾的能源需求结构变化、能源转换变化以及 CO_2 排放变化[50]。Wang 等在分析中国能源情况以及各种能源政策的基础上，预测了中国 2010—2030 年 3 种情景模式下的能源消费结构[51]。国内相关研究起步较晚，陈文颖等假定未来中国的 SO_2 和 CO_2 排放量控制在一定水平下，采用 MARKAL 模型预测终端能源消费构成、一次能源消费构成、装机容量构成和发电量构成的变动方向，在此基础上提出相应的排放控制对策[23]。管卫华等建立中国能源消费结构变化动力模型，对中国能源消费结构进行模拟和预测[24]。

综上所述，目前绝大多数的文献是通过实证分析考察能源结构与碳排放之间的关系，主要研究方法包括因素分解法和碳排放约束条件下的能源结构预测法。因素分解法是基于历史数据进行分析的，其结果显示能源结构对于碳减排的贡献小，主要原因在于我国以煤炭为主的能源消费结构没有发生改变。能源结构预测法是在碳约束的条件下预测未来的能源结构变化，其结果显示在能源结构得到优化的前提下，碳减排的效果是相当可观的。对比两种研究方法所得到的结论，能源结构优化能够很大程度上促进我国碳减排。对于能源结构优化的研究，国内多数是定性研究，从实践层面上给出相应的对策建议；国外则多从实证角度进行研究，有较多文献是分析不同能源结构之间的替代关系。这种差别存在的主要原因在于我国资源禀赋决定了短期内没有能源能够替代煤炭成为基础能源。

4 能源效率与碳排放研究

提高能源效率是能源低碳化的又一核心内容。绝大多数关于能源效率与碳排放之间的关系的研究是实证层面的。R. M. Shrestha 和 G. R. Timilsina 运用迪氏指数分解法对包括中国在内的 12 个亚洲国家的电力行业的 CO_2 强度变化的研究，研究表明在 1980—1990 年期间影响中国电力行业的碳强度的主要因素是燃料强度的变化[52]。B. W. Ang 等采用因素分解法对中国工业部门的 CO_2 排放进行研究，该研究的因素分解涉及工业部门的 4 种燃料和 8 个行业，结论表明：1985—1990 年，工业部门能源强度变化对 CO_2 排放起到了较大的抑制作用[53]。L. Liu 等把对工业部门 CO_2 排放的研究扩大到了 36 个行业，结果显示，1998—2005 年影响工业部门的 CO_2 排放变动的最重要因素是工业经济发展和工业终端能源消费强度[54]。陈彦玲等采用迪氏因素分解法分析中国的人均碳排放的变动原因，结果发现人均碳排放的增长主要是高速经济增长引起的，而能源消费结构和产业结构的改善和能源效率水平的提高可以在很大程度上降低由经济增长带来的碳排放[25]。宋杰鲲建立了二氧化碳排放量与经济增长、人口、产业结构和技术等影响因素的计量模型，结果表明能源强度的上升会导致碳排放量的增长。综上文献研究，结果显示能源效率的提高对碳减排具有一定的促进作用的[26]。

当前针对能源效率的研究主要从时序和截面两个角度进行：① 时序波动分析。

蒋金荷分析了 1980—2000 年我国物理能源效率、单位产值能耗、单位产品能耗，并通过 1990—2000 年我国不同产业的能源经济效率指标比较，分析我国经济结构调整与产值能耗的关系，并提出了相关的节能减排的建议[27]。史丹等则通过计量模型分析，验证我国从 1978—2000 年的能源消费变动以及能源强度变动是与产业结构变动相关的[28]。② 截面差异分析。具体又可以分为省际能源效率差异分析和国际能源效率差异分析两个角度。在省际能源效率差异分析方面，史丹认为中国能源效率较高的省市集中在东南沿海地区，能源效率最低的地区在内陆省区。提高能源效率需要改变目前地区自我平衡的能源配置方式，使能源流向效率高的地区[29]。史丹等还采用方差分解法对中国能源效率地区差异进行研究，结果表明东部地区的能源效率存在显著收敛趋势，而中西部能源效率内部差异呈现波动性变化[30]。齐绍洲等则通过计量模型进行实证估计，研究了西部地区和东部地区的能源强度的收敛速度与人均 GDP 的收敛速度的关系[31]。在国际能源效率差异分析方面，使用不同的能耗指标或不同的方法计算 GDP 能耗，所得出的结果存在较大的差异。以对中国的能源效率研究为例：按购买力平价（PPP）计算的单位 GDP 能耗可能偏低，2000 年中国仅比日本高 20%，比 OECD 国家的平均值甚至低 8%。但按照汇率计算的 GDP 能耗可能被高估，2000 年我国产值能耗为日本的 9.7 倍，世界平均水平的 3.4 倍，1990 年则分别为 19 倍和 5.7 倍[27]。如果采用物理能源效率指标进行比较，2002 年中国能源效率为 33%，比国际先进水平（日本）低 10%左右，如果利用单位产品能耗指标进行比较，2000 年 8 个行业的产品能耗指标平均比国际先进水平高 47%[32]。

一般认为能源效率在时序上的波动和截面上的差异主要受以下因素影响：

（1）结构变动。结构变动对能源效率的影响，有两种截然相反的观点。一种观点认为结构变动对能源效率的作用是正向的。结构变动对能源效率的影响最初反映在"结构红利假说"中[55]。由于不同部门生产效率和速度存在差别，当能源要素从低生产率或者生产率增长较慢的部门向生产率或者生产率增长较快的部门转移时，就会促进经济体总的能源效率提高[56]。由于各产业能源消耗密度的不同，大力发展第三产业有利于降低国家整体能源强度，这已经被先进工业化国家所证实。因此国内学者往往将大力发展第三产业作为降低能源强度的一条重要途径[27, 33]。但是有学者认为依靠第三产业降低能耗必然是经济发展到一定程度从而第三产业成为主导产业时才能真正发挥作用[34]，因此目前我国节能降耗的重点应是调整工业和内部结构[35]。也有观点认为影响能源效率的主要因素可能是第二产业尤其是工业的生产技术水平而不是第二产业比重[26]。另一种观点认为结构变动对能源效率的作用是不明显的，甚至是反向的。李国璋等对中国能源强度变动进行区域因素分解，发现区域产业结构变换和区域产出结构表示的区域结构变动因素对能源强度变动的作用不明显[33]。吴巧生等通过研究表明部门结构的调整对降低能源消耗强度的作用是负的。大部分学者采用了因素分解的方法进行此类的研究[36]。之所以产生上述差别，原因在于不同学者对目标样本进行分解时采用的行业划分层次不同。K. Fisher-Vanden 对比了 6 种不同产业层次的因素分解，结果显示随着分解层次的增加，结构变动对能源强度变动的贡献就越大[57]。李峻等指出，因素分解模型中用来表征技术性效率份额的指标其实是一个综合性指标，是包括结构性因素的，该模型本身就存在解释变量太少的缺点[37]。

（2）技术进步。在经济发展的过程中，新技术、新工艺、新设备的采用，在相同产出下可以节约能源投入或者相同投入下可以扩张产出[58]。齐志新等分析了我国 1980—2003 年宏观能源强度以及 1993—2003 年工业部门能源强度下降的原因，发现技术进步是我国能源效率提高的决定因素[38]。持这种观点的还有 J. E. Sinton 和 M. D. Levine[59]，X. Lin 和 K. R. Polenske[60]等。但是由于回报效应的存在，技术进步促进经济的快速增长又对能源产生新的需求，部分地抵消了所节约的能源[61]。

（3）能源价格。F. Birol 和 J. H. Keppler 指出影响能源效率的主要途径有能源的相对价格变化和引进新技术，两者存在反馈效应[62]。他们从理论上阐明了能源相对价格变化影响能源强度的传导机制，分为两种：要素间相对价格变化对现行技术的选择机制；能源价格变化对新技术的诱导机制。J. Cornillie 和 S. Fankhauser 关于中东欧与前苏联一些转型经济国家的比较研究发现，能源价格上涨和企业重组是提高能源利用效率的主要动力[63]。K. Fisher-Vanden 关于中国大中型工业企业的研究发现能源强度降低 54.4%归功于能源价格调整的结果[57]。

（4）经济制度。近年来对中国及其他国家的研究发现，经济制度在转型国家对能源效率的影响比较大，这主要是因为良好的制度创新及灵敏的市场信号有助于企业微观效率的改进，进而促进能源效率的提高[40]。K. Fisher-Vanden 等认为中国的企业改革，包括逐步明确产权和权力下放，对企业层面的能源效率的提高有一定的影响[57]。魏楚等研究表明继续深化国有经济改革、降低国有经济比重也是提高能源效率的有效手段，如果国有职工就业比重减少 1%，其对能源效率的改善作用与产业结构调整的效果接近，为0.15%～0.16%[40]。

从现有的关于能源效率的研究文献来看，大多数是从能源经济效率角度进行研究的，而鲜有文献考察能源的经济效益以及环境效益。能源在消费过程中，在创造经济效益的同时也给生态带来了负面的影响。只有在能源经济效率的基础上减去其带来的负面效益，才能真正评价能源效率，在此基础上的相关研究才更有参考价值。此外，对能源效率的影响因素的分析尽管涉及了大量不同的变量，但对于哪些是最根本的影响因素仍缺乏深入的分析。如何从理论或者从微观模型而非从直觉上推导出最本质的影响因素是解决"解释变量满天飞"的根本途径，同时也是对影响因素进行实证分析的基础。

5　综合述评

综上所述，目前学界对于低碳能源概念的界定缺乏系统的论证，且有与低碳经济概念混淆的现象。两者既有区别又存在联系。低碳能源的范围要小于低碳经济，后者除了包括能源这部分外，还包括产业经济活动以及消费生活方式等方面的内容。当然两者也存在目标一致性的特点，即都追求能源使用过程中减少碳排放的目标。如何鉴别两者的关系，在此基础上给出低碳能源的定义，对于低碳能源领域深入的研究和发展具有重要的意义。此外，对于低碳能源和高碳能源，特别需要建立指标体系加以界定和识别，这对于确定能源发展的方向以及相应的政策制定可以提供依据。该指标体系不能仅停留在能源消费层面上，必须充分考虑能源生产、能源加工转换、能源运输以及能源消费等各个环节，且指标体系的建立不能仅从理论角度出发，要充分考虑到数据可得性以及实际可操作性。

为了达到降低碳排放的目的，从能源本身来讲需要减少能源的消耗量，或者是提高能源自身的品质以及使用效率，即能源结构的改善和能源效率的提高。目前国内外对于能源与碳排放之间的研究也比较多，国外更偏向于实证研究而国内则从理论层面给出对策建议，但是他们的结论是一致的，能源消耗量与碳排放存在紧密的联系，且通常是正向关系。

在能源消耗量一定的前提下，改善能源结构以及提高能源效率同样能够达到碳减排的目的，国内外有大量文献对以上的结论进行了验证。目前针对能源结构优化的研究，国内多定性研究，国外则多实证研究。这种差别的主要原因在于我国的资源禀赋决定了短期没有能源能够替代煤炭成为基础能源。对于影响能源效率的因素，主要包括结构变动、技术进步、能源价格、经济制度等。其不足在于未能将能源的经济效益及环境效益纳入考虑范围，且存在"解释变量满天飞"的问题。

参考文献

[1] 韩宝华，李光. 论低碳经济与循环经济的异同及整合. 云南社会科学，2011（2）：67-72.

[2] 庄贵阳. 中国：以低碳经济应对气候变化挑战. 环境经济，2007（z1）：69-71.

[3] 冯之浚，牛文元. 低碳经济与科学发展. 中国软科学，2009（8）：13-19.

[4] 陈柳钦. 低碳能源：中国能源可持续发展的必由之路. 中国市场，2011（33）：31-38.

[5] 陈冠益，邓娜，吕学斌，等. 中国低碳能源与环境污染控制研究现状. 中国能源，2010，32（4）：9-14.

[6] 胡兆光. 中国特色的低碳经济、能源、电力之路初探. 中国能源，2009，31（11）：16-19.

[7] 鲍健强，王云峰，张祥，等. 增强低碳能源价格市场竞争力政策选择研究. 中国能源，2011，33（1）：17-21.

[8] 张玉卓. 从高碳能源到低碳能源——煤炭清洁转化的前景. 中国能源，2008，30（4）：20-22.

[9] 陈建敏，田鸿雁. 高碳能源背景下中国低碳经济发展之路. 中国经贸导刊，2011（20）：50-52.

[10] 谢克昌. 高碳能源要低碳化利用. 山西能源与节能，2010（4）：1-4.

[11] 刘炯天. 关于我国煤炭能源低碳化发展的思考. 中国矿业大学学报：社会科学版，2011（3）：5-12.

[12] 刘红光，刘卫东. 中国工业燃烧能源导致碳排放的因素分解. 地理科学进展，2009，28（2）：285-292.

[13] 朱勤，彭希哲，陆志明，等. 中国能源消费碳排放变化的因素分解与实证分析. 资源科学，2009，31（12）：2072-2079.

[14] 陈文颖，高鹏飞，何建坤. 用 MARKAL-MACRO 模型研究碳减排对中国能源系统的影响. 清华大学学报：自然科学版，2004，44（3）：342-346.

[15] 林伯强. 节能和碳排放约束下的中国结构战略调整. 中国社会科学，2010（1）：58-71.

[16] 邹璇. 能源结构优化与经济增长. 经济问题探索，2010（7）：33-39.

[17] 林琳. 基于低碳经济视角的中国能源结构分析. 开发导报，2010（5）：46-50.

[18] 王顺庆. 我国能源结构的不合理性及对策研究. 生态经济，2006（11），63-81.

[19] 周德群. 中国能源的未来结构优化与多样化战略. 中国矿业大学学报：社会科学版，2001（1），86-95.

[20] 王丽敏. 中国能源消费结构与经济发展的实证分析. 能源技术与管理，2008（1）：110-112.

[21] 刘卫东，张雷，王礼茂，等. 我国低碳经济发展框架初步研究. 地理研究，2010，29（5）：778-788.

[22] 庄贵阳. 中国经济低碳发展的途径与潜力分析. 国际技术经济研究，2005，8（3）：8-12.

[23] 陈文颖，吴宗鑫. 未来中国的 SO_2 和 CO_2 排放控制对策. 清华大学学报：自然科学版，2002，42（10）：1320-1323.

[24] 管卫华，顾朝林，林振山. 中国能源消费结构的变动规律研究. 自然资源学报，2006，21（3）：401-407.

[25] 陈彦玲，王琛. 影响中国人均碳排放的因素分析. 北京石油化工学院学报，2009，17（2）：54-58.

[26] 宋杰鲲. 我国二氧化碳排放量的影响因素及减排对策分析. 价格理论与实践，2010（1）：37-38.

[27] 蒋金荷. 提高能源效率与经济结构调整的策略分析. 数量经济技术经济研究，2004（10）：16-23.

[28] 史丹. 产业结构变动对能源消费的影响. 经济理论与经济管理，2003（8）：30-32.

[29] 史丹. 中国能源效率的地区差异与节能潜力分析. 中国工业经济，2006（10）：49-58.

[30] 史丹，吴利学，傅晓霞. 中国能源效率地区差异及其成因研究. 管理世界，2008（2）：35-43.

[31] 齐绍洲，罗威. 中国地区经济增长与能源消费强度差异分析. 经济研究，2007（7）：74-81.

[32] 王庆一. 中国的能源效率及国际比较. 节能与环保，2005（6）：10-13.

[33] 李国璋，王双. 中国能源强度变动的区域因素分解分析——基于 LMDI 分解方法. 财经研究，2008，34（8）：52-62.

[34] 张炎治. 中国能源强度的演变机理及情景模拟研究. 中国矿业大学，2009.

[35] 齐志新，陈文颖，吴宗鑫. 工业轻重结构变化对能源消费的影响. 中国工业经济，2007（2）：35-42.

[36] 吴巧生，成金华. 中国能源消耗强度变动及因素分解：1980—2004. 经济理论与经济管理，2006（10）：34-40.

[37] 李峻，张晟，邓仕杰. 能源效率研究综述. 邵阳学院学报：社会科学版，2010，9（2）：33-37.

[38] 齐志新，陈文颖. 结构调整还是技术进步？上海经济研究，2006（6）：8-16.

[39] 魏楚，沈满洪. 能源效率研究发展及趋势：一个综述. 浙江大学学报：人文社会科学版，2009，39（3）：55-63.

[40] 魏楚，沈满洪. 结构调整是否改善能源效率：基于中国省级数据的研究. 世界经济，2008（11）：77-85.

[41] U. Soytas，R. Sari，B. T. Ewing. Energy Comsumption，Income，and Carbon Emission in the United State. Ecological Economics，2007（62）：482-489.

[42] U. Soytas，R. Sari. Energy Consumption，Economic Growth，and Carbon Emissions: Challenges Faced by an EU Candidate Member. Ecological Economics，2009（68）：1667-1675.

[43] Z. Xingping，C. Xiaomei. Energy Comsumption，Carbon Emission，and Economic Growth in China. Ecological Economics，2009（68）：2706-2712.

[44] L. M. Xue，Y. B. Hou，G. He，et al. Relationship between Primary Energy Consumption and Carbon Dioxide Emissions in China. Energy Procedia，2011（13）：4353-4360.

[45] R. Ramanathan. A Multi-factor Efficiency Perspective to the Relationship among World GDP，Energy

Consumption and Carbon Dioxide Emissions. Technological Forecasting& Social Change，2006（73）：483-494.

[46] W. G. Cho，K. Nam，J. A. Pagan. Economic growth and interfactor/interfuel substitution in Korea. Energy Economics，2004（26）：31-50.

[47] R. S. Pindyck. Interfuel substitution and industrial demand for energy：an international comparison. Review of Economics and Statistic，1979（61）：167-179.

[48] A. A. Andrikopoulos，Brox，et al. Paraskevopoulos. Interfuel and interfactor substitution in Ontario manufacturing，1962-1982. Appl. Econ，1989（21）：1667-1681.

[49] P. Söderholm. Fuel choice in West European power generation since the 1960s. OPEC Review，1998，22（3）：201-232.

[50] Y. Huang，et al. The long-term forecast of Taiwan's energy supply and demand：LEAP model application. Energy Policy，2010（10）．

[51] Y. Wang，et al. Recent development of energy supply and demand in China，and energy sector prospects through 2030. Energy Policy，2010（7）．

[52] R. M. Shrestha，G. R .Timilsina. Factors Affecting CO_2 Intensities of Power Sector in Asia：A Divisia Decomposition Analysis，Energy Economics，1996，18（4），283-293.

[53] B W. Ang，F. Q. Zhang，K. Choi. Factorizing Changes in Energy and Environmental Indicators Through Decomposition，Energy，1998，23（6），489-495.

[54] L. Liu，Y. Fan，G. Wu，et al. Using LMDI Method to Analyze the Change of China's Industrial CO_2 Emissions from Final Fuel Use：An Empirical Analysis，Energy Policy，2007，35（11）：5892-5900.

[55] A. Maddison. Growth and Slowdown in Advanced Capitalist Economies：Techniques of Quantitative Assessment. Journal of Economic L i terature，1987，25（2）：649-698.

[56] R. F. Garbaccio，M. S. Ho，D. W. Jorgenson. Why Has the Energy output Ratio Fallen in China ？ Energy Journal，1999，20（3）：63-92.

[57] K. Fisher-Vanden，G. H. Jefferson，Liu，H.，Tao，Q. What is driving China's decline in energy intensity. Resource and Energy Economics，2004（6）：77-97.

[58] K. Fisher-Vanden，G. H. J efferson，M. J ingkui，et al. Technology Development and Energy Productivity in China. Energy Economics，2006，28（5-6）：690-705.

[59] J. E. Sinton，M. D. Levine，et al. Changing energy intensity in Chinese industry. Energy Policy，1994（17）：239-255.

[60] X. Lin，K. R. Polenske. Input-output anatomy of China's energy use changes in the 1980s. Economic

Systems Research，1995，7（1）：67-84.

[61] J. D. Khazzoom. Economic Implicta ions of Mandated Efficiency in Standards for Household Appliances. The Energy Journal，1980，1（4）：21-40.

[62] F. Birol，J. H. Keppler. Price，technology development and the rebound effect. Energy Policy，2000（28）：457-469.

[63] J. Cornillie，S. Fankhauser. The energy intensity of transition countries. Energy Economics，2004（26）：283-295.

低碳建筑的文献综述与研究展望

沈满洪　　王隆祥

［摘要］　　在对低碳建筑的内涵、评价体系、排放状况、影响因素、财税政策等文献进行综述、揭示其不足的基础上，提出低碳建筑发展模式创新、评价体系构建、转型机制探索以及政策框架设计等未来需要重点关注的研究方向。

［关键词］　低碳建筑　文献综述　研究展望

1　引言

在我国建筑业是仅次于工业的第二大碳源，占全社会二氧化碳排放总量的 25%以上。一方面，低碳建筑是低碳发展的重点内容之一；另一方面，低碳建筑的理论研究总体上滞后于发展实践。为了进一步推进低碳建筑的研究，本文就涉及低碳建筑的内涵、评价体系、排放状况、影响因素和财税政策的既有文献进行综述，并提出未来需要重点研究的 4 个重点方向。

［发表期刊］本文发表于《建筑经济》2012 年第 12 期。

［基金项目］教育部新世纪优秀人才支持计划（NCET-08-0487）；浙江省重点创新团队（文化创新类）——生态经济研究团队（20120303）；浙江理工大学大学生科研创新计划。

［作者简介］王隆祥（1986—　　），男，江西吉安人，浙江理工大学经济管理学院硕士研究生，主要研究方向为资源与环境经济学。

2 低碳建筑既有研究文献综述

2.1 低碳建筑的内涵

低碳经济是以二氧化碳为主的温室气体减排为基本特征，以经济低碳化和低碳经济化为主要表现[1]，以技术创新和制度创新为推动力量，以人类的可持续发展为根本目标的经济形态。2003 年英国政府在能源白皮书中首次提出低碳经济的概念，此后，低碳经济成为一个研究话题。

作为低碳经济的重要组成部分，学术界对低碳建筑的认识尚不一致。李启明等认为，低碳建筑是一种建筑模式，要求在建筑的全生命周期内，以低能耗、低污染、低排放为基础，最大限度地减少温室气体排放，为人们提供具有合理舒适度的使用空间[2]；刘军明等指出，低碳建筑是在建筑材料与设备制造、施工建造和建筑物使用的整个生命周期内，减少化石能源的使用，提高能效，降低二氧化碳排放量[3]；赵黛青等认为，低碳建筑是低碳经济理念的一种发展策略，该策略要求建筑项目在满足社会对风、光、热等人工环境的基本舒适性要求和特殊功能服务需求的同时，在全寿命周期内尽可能地节约资源和降低温室气体、固体废弃物的排放，以适应人类社会可持续发展的要求[4]。既有研究虽然没有完全把握低碳建筑的本质，也没有严格与绿色建筑区分开来，但是抓住了"一个中心"——低碳排量，"两个基本点"——能源结构和能源效率。其中，低碳排量既包括建筑全寿命周期的低碳，又包括建筑使用过程中的低碳。正如龙惟定等所言，使用过程的碳排量所占比例最大，对于实现低碳建筑是至关重要的[5]。

概括地说，低碳建筑是低碳经济在建筑领域的一种具体形态，以满足人类宜居舒适为出发点，通过制度创新和技术创新，改善能源结构，提高能源效率，降低建筑物化和运行过程中以二氧化碳为主的温室气体的排放量，以实现人类社会的可持续发展。

2.2 低碳建筑的评价体系

建筑物排放的二氧化碳在什么范围之内才能称为低碳建筑，涉及建筑的碳评价问题。从国际范围看，目前有影响力的评价体系有：英国的 BREEAM、美国的 LEED、德国的 DGNB、日本的 CASBEE 和加拿大主导多国参与的 GBTOOL 等体系[6]，但它们都只是绿色建筑评价体系，即便是零碳建筑的倡导者英国也没有单独提出低碳建筑评价体系。

在国内，一些学者做了探索。刘军明等以具体案例为研究对象，把低碳建筑评价体系划分为规划与设计、制造与施工以及后期使用运营 3 个一级指标。其中前者又划分为选址与节地、节材与材料利用、节能与能源利用、节水与水资源利用、能量补偿和能源循环 5 个二级指标[3]。作为对该领域的探求，该研究只定方向，不定权重，缺乏实质性价值。此后，学者们在权重方面作了具体研究。例如，蔡筱霜以层次分析法构建了包括前预测评价、后统计评价、碳交易额比例、低碳管理、用户低碳意识 5 大类指标的"双LCA"（全生命周期低碳评价）体系[7]。该体系鼓励碳交易、鼓励制度创新和技术创新，但是作为一种评价体系，指标难以量化导致可操作性弱。孙雪以国家绿色建筑评价标准为总体框架，构建了包括室外环境规划、建筑主体特性、能源管理、材料利用、水资源利用、低碳管理、创新与技术在内的 7 个一级指标、绿化系统固碳等 33 个二级指标以及部分三级指标[6]。与"双LCA"体系相比，该体系更加注重碳汇的吸收功能，更加注重末端资源节约与综合利用，但权重仍难以量化，以至于只能借助于专家的主观赋权。总之，既有研究无法指导低碳建筑实践，从而降低了评价体系的意义。

因此，低碳建筑评价体系的研究至少要关注以下 3 点：① 指标的明确性，以碳排放量的高低作为核心指标，不能与含义宽泛的绿色建筑的评价指标混淆；② 数据的可获得性，无论是建筑全寿命周期还是运行环节的碳排放量均可测算；③ 结果的可比较性，低碳建筑评价的结果可以进行横向或纵向比较。

2.3　建筑碳排放状况

（1）国家层面的碳排放总量。张陶新计算了我国城市建筑全生命周期碳排量。结果显示：2000—2007 年城市建筑碳排量以年均 8.22% 的速度增长，总量由 12.55 亿 t 增加到 22.78 亿 t[8]。C. S. Yao 等则对我国农村建筑运行能耗及相应的碳排量进行了计算。结果显示：2001—2008 年，碳排放总量由 1.52 亿 t 增长到 2.84 亿 t，年均增幅为 9.29%[9]。D. L. Zha 等则测算了我国 1991—2004 年农村与城市住宅建筑碳排量，发现城市建筑碳排量 1995 年之前呈下降趋势，1995—1998 年呈现倒 U 形曲线特征，1999 年之后又递增。而农村碳排量特征类似，但稍微趋于缓和。并且从绝对值上，城市增加量显著高于农村[10]。这些研究结果表明，近年来城市建筑碳排量绝对值增幅巨大，城市建筑应该成为未来建筑减碳的重点，同时农村建筑碳排量也不容小觑。

（2）区域层面的碳排放结构。李启明将建筑的碳排放结构分为建造碳排量、使用碳排量和拆除碳排量 3 个部分，并画出了其总量构成图[2]。G. Q. Chen 等建立了住宅建筑与公共建筑包括建筑材料生产与运输、建筑施工、建筑运行、建筑拆除、废弃物循环利用等 9 个环节在内的低碳建筑碳排量分析框架[11]，这些研究就建筑碳排量的构成勾画出了明晰的界限。围绕着建筑生命周期内的碳排量结构，学者们主要从北京、上海、无锡等城市某些个案的角度展开测算[7, 12-14]。通过这些研究，得到了一个广泛认同的结论：建筑运行是建筑碳排放的主要来源，绝大多数研究显示其占排放总量的 75%以上，并且正以较快的速度增长，已经成为建筑碳减排的关键一环。

综合已有研究，主要有两点局限：① 研究范围与内容方面，主要集中在区域层面的建筑碳排放结构，并且以个案分析为主，而国家层面以及区域之间的碳排放总量研究则相对薄弱，从而难以把握国家以及区域建筑碳排放情况，难以为明确减碳工作的重点提供依据；② 研究方法方面，普遍采取抽样调查法及案例分析法，由于随机性较大，所得数据未必有代表性。所以，下一步要创新方法，开展国家、区域的碳排放总量测算以及进行国际、区域之间的对比分析。

2.4　建筑碳排量的影响因素

（1）人口因素。人口对建筑碳排量影响的研究集中体现在两个方面：① 查建平等指出家庭规模化对直接生活能源碳排放起抑制作用[15]，M. Dalton 等发现人口的老龄结构也起到同样的效果，并且其对碳排量的抑制作用甚至超过技术进步的作用[16]。其中，前者反映了人口的规模效应，后者则体现了老龄人口集约的生活方式致使建筑碳排量下降。② D. L. Zha 等指出社会人口总量扩张对建筑碳排量起正向推动作用，反之则起抑制作用[10]。

（2）能源因素。能源因素对建筑碳排放影响的研究集中在能源消费、能够结构等方面。① 能源消费是碳排放的主要原因，建筑消耗的能源越多，所排放的二氧化碳越多。L. X. Zhang 等以我国农村为例，印证了这种关系[17]。② 不同的能源结构对建筑排碳量的效果也截然不同，低碳能源比例越高的能耗结构所排碳越少。在我国，由于工业化、城镇化的加速推进，商业能源的利用比例越来越高，所以能源结构对建筑碳排量的推动效应越来越显著。在查建平等的研究为其佐证的同时[15]，D. L. Zha 等的结论则更加具体，即发现从 1991—2004 年，能源结构无论对城市建筑碳排量还是对农村建筑碳排量均产生快速的推动效应，并且对农村的正向效应大于城市，这说明农村的能源结构高碳化趋势更加明显[10]。

（3）经济因素。既有研究普遍揭示经济发展水平与碳排量正相关，即经济发展水平越高，居民收入水平越高，人均建筑面积越大，对建筑能源需求量越大，由此产生的碳排量越多。如查建平、J. Li 的研究佐证了这点[15, 18]。D. L.Zha 等在验证类似观点的同时，进一步指出收入对城市建筑的碳排量助推效果大于农村[10]。而 C. S. Yao 等则有不同的认识，其以我国农村为例，指出居民收入的提高对建筑碳排放起双重效果。一方面，人均收入与建筑用能高度正相关，从而线性推动建筑碳排量递增；另一方面，能源结构呈多元化，表现为商业能源总体增加的同时煤炭减少并且更低碳的电能、石油、液化气等增加，生物质能降低的同时沼气、太阳能等新能源增加，所以建筑碳排量最终取决于两种效果的合力[9]。凤振华等则更加直接地指出，消费支出与二氧化碳排放量关联较弱，消费支出高并不意味着碳排量大[19]。

（4）居民行为因素。居民行为的不同必将导致建筑能耗水平及碳排量截然不同。如，凤振华等研究发现生活方式与碳排放的变化趋势有较大的趋同性，生活方式的不同导致二氧化碳排放量不同[19]。A. Druckman 等在指出 1990—2004 年英国家庭碳排放增长 14% 的时候，认为娱乐与休闲等方面的奢侈性消费是罪魁祸首[20]。D. Urger Vorsatz 等同样认为建筑能耗及由此产生的碳排量很大程度上取决于居住者的使用方式，并以澳大利亚 4.5 星级标准的绿色建筑为例，指出即使这种高标准的建筑也有可能因为居住者的能源低效使用行为而使其变成能效相当于 1.5 星以下的建筑[21]，居民行为的影响程度可见一斑。

综上所述，虽然目前国内外对建筑碳排量的影响因素研究涉及面较广，但定量研究依然不充分，尤其是对居民行为的辨识大都停留于经验总结和理论观察层面，有必要从研究方法与研究内容两方面深入。在研究方法上，不仅局限于因素分解法、投入产出法，而且可以采取计量分析法；在研究内容上，有必要深入开展能源结构、能源效率、收入水平、人口规模、技术进步等多种因素的综合研究。

2.5 低碳建筑的财税政策

在庇古税理论提出之后，财税手段往往成为学者们研究外部性问题内部化的热点解决方案。就发展低碳建筑而言，大多数学者认同征收碳税的政策。例如，R. G. Newell 等指出向商业建筑每公吨碳排量征税 20 美元和 100 美元时，将分别减少碳排量 8% 和 28%。这些减排量源自电力、天然气、燃油等能源、资源的低消耗。他们认为征收碳税对于促进建筑减碳是有利的[22]。J. Li 等则认为碳税作为环境税的一种，是纠正市场失灵的必要措施，是刺激碳减排的一般工具，其在抑制"搭便车"行为和降低交易成本方面比财政补贴更有效[18]。也有少数学者对此持保留意见。例如，仇保兴认为我国应该建立国家财政补贴制度，对节能达 60% 以上的高等级绿色建筑和既有建筑低碳化改造进行补助，仅此两项就可以使我国建筑在 2020 年前减排二氧化碳 6 亿 t[23]。当然，应该看到碳税固然是外部性内部化的有效解决方式，然而这种手段是否能够在我国目前的市场条件下有效运行，对我国建筑业的正面效应是否大于负面效应，都是该政策需要研究的着力点。显然，财政补贴政策对于短期内促进建筑减碳将产生明显的效果。

3 低碳建筑研究展望

3.1 低碳建筑发展模式创新

学术界对低碳建筑内涵的不同认识，既有本质把握不到位的问题，也有因国别、区域、行业或者发展阶段的差异导致建筑发展模式不同的问题。总结不同国家、区域以及行业的低碳建筑发展模式，归纳其中可能存在的某种演变规律，既有助于全面把握低碳建筑的内涵，更有助于指导各地区低碳建筑的发展实践，避免因盲目借鉴或者模仿其他地区、行业的发展模式而造成的建筑文化迷失、成本高昂而不低碳等损失。

3.2 低碳建筑评价体系构建

低碳建筑评价决定了未来低碳建筑的行业标准以及发展方向，所以，其在发展实践中的指导意义重大。因此，学术界需要继续完成科学合理的低碳建筑综合评价体系的构建工作。而构建科学合理的评价体系，除了关注指标的明确性、数据的可获得性以及结果的可比性之外，还需要考虑我国复杂的气候特征，构建反映气候差异的评价体系。当然既有研究中诸如注重碳汇的吸收以及注重末端资源节约与综合利用等思路依然值得借鉴。

3.3 低碳建筑转型机制探索

通过综述可以看到，无论是在农村还是城市，我国建筑高碳化趋势越来越明显。完成高碳建筑向低碳建筑的转型是低碳发展的重点内容之一。所以，探究高碳建筑的特征及其外部条件、低碳建筑的特征及其实现条件、如何通过外部条件的改变实现建筑最低成本的低碳转型以及转型机理等成为理论工作者们面临的又一现实课题。

3.4 低碳建筑政策体系设计

为了及时、有效地遏制我国建筑越来越严重的高碳化倾向，采取单一的财税政策是远远不够的。为此，需要设计包含碳税碳交易等权衡利弊的选择性手段、用能行为管制等别无选择的强制性手段以及低碳文化培育等道德教化的引导性手段等在内的政策体系。体系的设计，一方面要通过约束性措施遏制高碳建筑的蔓延，另一方面要通过激励性措施鼓励低碳建筑的发展。

参考文献

[1] 沈满洪，吴文博，魏楚. 近二十年低碳经济研究进展及未来趋势. 浙江大学学报：人文社会科学版，2011（5）：28-39.

[2] 李启明，欧晓星. 低碳建筑概念及其发展分析. 建筑经济，2010（2）：41-43.

[3] 刘军明，陈易. 崇明东滩农业园低碳建筑评价体系初探. 住宅科技，2010（9）：9-12.

[4] 赵黛青，张哺，蔡国田. 低碳建筑的发展路径研究. 建筑经济，2010（2）：47-49.

[5] 龙惟定，张改景，梁浩，等. 低碳建筑的评价指标初探. 暖通空调，2010（3）：6-11.

[6] 孙雪. 低碳建筑评价及对策研究. 天津财经大学，2011-05：24.

[7] 蔡筱霜. 基于 LCA 的低碳建筑评价研究. 江南大学，2011-06：7，37-43.

[8] 张陶新，周跃云，芦鹏. 中国城市低碳建筑的内涵与碳排放量的估算模型. 湖南工业大学学报，2011（1）：77-80.

[9] C. S. Yao，C. Y. Chen，M. Li. Analysis of rural residential energy consumption and corresponding carbon emissions in China. Energy Policy，2012（41）：445-450.

[10] D. L. Zha，D. Q. Zhou，P. Zhou. Driving forces of residential CO_2 emissions in urban and rural China：An index decomposition analysis. Energy Policy，2010（38）：3377-3383.

[11] G. Q. Chen，H. Chen，Z.M. Chen, et al. Low-carbon building assessment and multi-scale input-output analysis. Commun Nonlinear Sci Numer Simulat，2011（16）：583-595.

[12] 刘念雄，汪静，李嵘. 中国城市住区 CO_2 排放量计算方法. 清华大学学报：自然科学版，2009（9）：1-4.

[13] 李海峰. 上海地区住宅建筑全生命周期碳排放量计算研究. 第七届国际绿色建筑与建筑节能大会论文集，2011.

[14] 尚春静，张智慧. 建筑生命周期碳排放核算. 工程管理学报，2010（1）：7-12.

[15] 查建平，唐方方，傅浩. 中国直接生活能源碳排放因素分解模型与实证. 山西财经大学学报，2010（9）：9-15.

[16] M. Dalton，B. O'Neill，A. Prskawetz et al. Population aging and future carbon emissions in the United States. Energy Economics，2008（30）：642-675.

[17] L.X. Zhang，C.B. Wang，Z.F. Yang et al.. Carbon emissions from energy combustion in rural China. Procedia Environmental Sciences，2010（2）：980-989.

[18] J. Li，M. Colombier. Managing carbon emissions in China through building energy efficiency. Journal of Environmental Management，2009（90）：2436-2447.

[19] 凤振华，邹乐乐，魏一鸣. 中国居民生活与CO_2排放关系研究. 中国能源，2010（3）：37-40.

[20] A. Druckman，T. Jackson. The carbon footprint of UK households 1990-2004：A socio-economically disaggregated，quasi-multi-regional input-output model. Ecological Economics，2009（68）：2066-2077.

[21] D. Urge-Vorsatz，L. D. D. Harvey，et al. Mitigating CO_2 emissions from energy use in the world's buildings. Building Research & Information，2007（35）：379-398.

[22] R. G. Newell，W. A. Pizer. Carbon mitigation costs for the commercial building sector：Discrete-continuous choice analysis of multifuel energy demand. Resource and Energy Economics，2008（30）：527-539.

[23] 仇保兴. 创建低碳社会 提升国家竞争力——英国减排温室气体的经验与启示. 城市发展研究，2008（2）.

第六篇　可持续发展

《21 世纪议程》发布以后，中国政府最早作出响应，并于 1994 年发布了《中国 21 世纪议程》。《中国 21 世纪议程》对可持续发展战略作出了总体部署。在这一背景下，中国生态经济学会及其生态经济教育委员会积极作出响应，召开了一系列的学术会议。

本篇收录的 3 篇综述，是在学术会议基础上由沈满洪撰写的《全国生态环境建设与可持续发展学术研讨会述要》《全国可持续发展研讨会述要》《全国首届企业可持续发展研讨会综述》。3 篇综述均发表于《经济学动态》，也说明学术期刊对可持续发展问题的重大关注。

可持续发展是国际社会的共识，也是科学发展观、生态文明观的有机组成部分。但是，可持续发展是一个无所不包的极大的概念，而且是一种"规范性命题"，因此，做学术研究还是要倡导从小处着眼。也正因为如此，可持续发展方面的学术会议在热门了一阵子后，相应减少。这是学术发展规律使然。

全国可持续发展研讨会述要

沈满洪

由中国生态经济学会、江苏省委党校、江苏省环保局等单位共同举办的"中国生态经济学会四届二次会议暨全国可持续发展研讨会"，于1998年12月23—25日在南京举行。著名经济学家、中国生态经济学会会长刘国光向大会提交并委托代表宣读了论文——"中国生态经济协调可持续发展的理论、对策的思考"，国家环境保护总局副局长王玉庆、全国政协常委兼经济委员会副主任刘广运、中国生态经济学会副会长石山、王耕今、王松霈、何乃维、刘思华等专家学者及新闻界人士60余人与会。会议研讨的主要观点如下。

1 关于可持续发展观的基础理论研究

刘国光先生认为，为了落实可持续发展战略，要提高各级干部和广大群众的认识，完善可持续发展观的经济理论以更新观念。

（1）社会生产力理论需要完善。传统的生产力理论，常解释生产力是人们控制与征服自然的能力，将人与自然处于对立斗争的状态。其实生产力是人类利用自然、改造自然、创造财富的能力。因为对自然的改造、利用首先要认识自然规律，不认识自然规律甚至违背自然规律去征服自然必会造成严重后果。也不能认为凡是自然的都要保护不动，人类总要不断地改造、利用自然，以供自身的生存和发展。

（2）社会主义市场体制的进一步完善为解决生态环境问题带来了良机。以往的理论强调生态环境问题的根源是"市场失灵"，因而主张生态环境问题的解决应当由政府进行强干预，但对利用市场经济体制来解决生态环境问题的重要性不足。其实，只有强化

[发表期刊] 本文发表于《经济学动态》1999年第3期。

市场经济体制才能有能力开展广泛而艰巨的生态环境建设任务，况且很多生态环境问题发生的重要原因之一是自然资源和环境的市场价格被扭曲，从而造成滥用浪费资源和破坏环境的后果。所以解决环境问题完全依靠市场是行的，但背离市场也是万万不能的。

（3）现代社会的市场经济，商品与服务同等重要。传统经济学往往只重视物质生产部门，认为物质生产才创造财富，而不重视"服务"。现代社会人们的需求已从解决温饱问题的生存需求发展到物质享受需求进而又到了今天的生态需求，而保护生态环境方面大部分属于"服务"，重视"服务"是社会发展的必然需求。

中南财经大学刘思华教授在马克思的社会再生产理论的基础上，提出了"四种生产论"，即社会再生产不仅是物质资料生产的生产与再生产，而是人口生产、物质生产、精神生产和生态生产相互适应与协调发展的社会生产理论模式，这不仅是生态经济学的一条基本原理，而且是可持续发展经济的基本理论。推进单一的物质再生产模式向4种再生产模式转变，实现四种再生产相互适应与协调发展，是构建可持续经济发展模式的客观要求和基本内容。

浙江大学沈满洪副教授针对市场失灵论指出，导致环境问题或环境危机的根源，既有来自"市场失灵"（环境污染的负外部性、环境保护的正外部性、环境资源的公共属性等）方面的，又有来自"政府失灵"（环境政策失灵与环境管理失灵）方面的。因此，解决环境问题不能单靠行政管制手段，还要充分利用经济手段，既利用侧重于政府干预的"庇古手段"，又运用侧重于市场机制的"科斯手段"。科斯理论并不是彻底否定庇古理论，而是对庇古理论绝对化解释的一种批判，是对庇古理论的补充。何时采用庇古手段，何时采用科斯手段，何时组合运用，这取决于各自的成本收益比较，要具体问题具体分析。

山东省社科院经济所所长马传栋指出，可持续发展思想对传统经济学提出了一系列挑战：① 可持续发展思想对"经济人"假定理论的挑战。经济人假定只重视经济当事人和当代人的经济利益最大化，而对同一代人组成的社会利益，对在此过程中耗费自然资源和导致环境污染及生态破坏的种种问题，对子孙后代的利益基本不予考虑；② 可持续发展思想分析资源配置效率的着眼点在于各类不可再生或有限再生的自然生态资源在当代人与后多少代人之间如何进行有效分配，而"帕累托最优"理论的资源配置效率的着眼点在于同代人的不同当事人之间的资源与福利的有效分配，使得"帕累托最优"理论的难以全面适应可持续发展思想的要求；③ 可持续发展思想是对传统发展观的挑战。传统发展观以追求 GNP 的增长为国家经济发展的唯一目标和动力，带来了危害当代人和后代人利益的生态环境问题。而可持续发展思想是对传统发展观的一种扬弃，是人类发展思想史上的一种革命。

2　关于可持续发展的专题问题研究

南京农业大学土地管理学院刘书楷教授认为，人口问题的实质是人与自然的关系问题，表现为 3 个层次：① 作为主体的人与作为客体的自然的关系，即人如何配置自然资源的问题；② 人在利用自然资源的过程中所形成的人与人的关系，具体表现为经济制度和经济政策；③ 人在利用自然资源过程中产生的"地"与"地"之间的关系，如各种用地的协调和合理分配等。因此，研究人口问题，必须把人和人口视为人和人为因素的综合，把它纳入人与自然关系的二元性实质内涵的双重对应关系的整体系统，置于可持续发展的理论导向和战略目标之下。这样才能保证人口的可持续发展和人口、资源、环境与经济、社会的总体可持续发展。

江苏省委党校经济与社会发展研究所彭安玉副教授就"地大物博"之说做出了客观的分析。中国自然资源正面临着严峻的挑战：人均资源量偏低，资源质量不高；资源利用率低下，资源浪费惊人；资源枯竭已现端倪，资源压力有增无减；资源开发水平不高，在某些方面与西方发达国家的差距进一步拉大。正确的选择是切实保护生态环境，拓展资源节约之路，合理开发海洋资源，大力发展知识经济。

国家环境保护总局副局长王玉庆指出，"环境保护工作形势很好，全国环境状况非常严峻"。就全国环境质量状况而言，局部有所改善，整体还在恶化，趋势令人担忧。例如，七大江河一半以上受到严重污染，城市河段超三类水体达 54%，SO_2 超标城市北方达 52%、南方达 37.5%，酸雨已跨过长江，逼近黄河。南京农业大学邵绘春先生把我国生态环境问题概括为：① 大气污染居高不下；② 水资源持续短缺与水质污染明显加重；③ 工业废渣与日俱增，噪声污染日益扩大；④ 耕地面积锐减，土地退化严重；⑤ 森林减少，草原退化，水土流失加剧，沙化面积扩展。基于上述严峻现状，今后的环保工作要"明确目标，突出重点，健全制度"。刘书楷认为，可持续发展的首要目标和核心问题是要满足人类的基本需要，所以农业的可持续发展与经济社会的全面可持续发展是同时并存并受世人瞩目的一个焦点。可持续农业的实质在于运用可持续发展的原理和方法寻求农业生物与其环境的最适关系，建立相应的农业技术体系和农业资源综合管理战略，以提高农业的综合生产能力、稳定性和可持续性，实现农业的可持续发展。中国科学院长沙农业现代化研究所彭延柏研究员等认为，建立水土协调机制是确保农业可持续发展的基础。中南财经大学农经系严立冬教授认为，减少防灾应作为农业与农村经济可持续发展的战略重点。

原农业部副部长刘广运就森林保护提出对策：坚决停止采伐天然林；狠抓防护林工程建设，建议组建中国农业建设兵团；下决心退耕还林，加快山区综合治理；增加扶持力度，建立森林生态效益补偿基金机制。中国社科院农发所松霈研究员分析了"1998年大洪水灾的成因，指出大江是一个生态经济系统，治理大江灾害要正确处理好生态与经济的关系，森林与水的关系和上中下游的关系，而保护森林是治理大江水患之本。国家林业局经济发展研究中心的孔繁文研究员认为，减缓洪水灾害，不仅要兴修水利工程，而且要建设生物工程。发展环境林业是减缓洪水灾害的重要生物措施。福建林学院院长张建国认为，林业可持续发展的重要途径是森林的可持续经营，包括森林生态系统经营，近自然林业和综合森林经营。

中国农科院安晓宁先生说，海洋是富饶而未充分发展的资源宝库，大规模海洋开发正在形成"蓝色革命"。1970 年世界海洋开发经济产值 1 100 亿美元，1980 年 3 400 亿美元，1990 年 6 700 亿美元，预计 2000 年可能达到 15 000 亿美元，大体上 10 年左右翻一番。海洋是地球环境中极其重要的组成部分，是人类生命支持系统的一部分，是保证可持续发展的重要财富来源。因此，海洋开发必须以海洋的可持续利用为重要基础。

此外，会上关于可持续发展的实际应用研究进行了介绍。江西省山江湖开发治理委员会办公室主任吴国琛向大会介绍了江西省山江湖工程的具体做法和成功经验，湖南省农科院农经区划研究所所长段正吾分析了波罗的海地区的农业可持续发展问题，中国生态经济学会副会长石山先生向大会作了题为"从大地园林化到山川秀美——兼谈生态经济理论在我国的发展"的报告。与会代表认为，有了国内外实施可持续发展战略的经验教训可供借鉴，山川秀美和江河清澈的伟大理想一定能够实现。

全国生态环境建设与可持续发展学术研讨会述要

沈满洪

中国生态经济学会教育委员会、《中国社会科学》杂志社经济室、《生态经济》杂志社、《生态农业研究》杂志社和石河子大学经贸学院等单位，于 1999 年 8 月 16—18 日在新疆石河子市联合召开了"全国生态环境建设与可持续发展学术研讨会"。60 余名专家学者参加会议，围绕"生态建设与可持续发展"这一主题进行了认真研讨。

1　对生态环境问题的现状判断

生态经济学家、中国生态经济学会副会长兼教育委员会主任刘思华教授在主题报告中指出，20 世纪人类取得了科学技术寻梦发展和市场经济体制全面推广两大成就；同时也面临两大灾难：战争灾难（两次世界大战）和生态灾难。21 世纪中国经济发展面临的最大威胁是生态危机，生态经济矛盾已成为跨世纪中国生产力发展的主要矛盾。用"生态危机""主要矛盾"来形容世纪之交的生态环境状况，说明生态环境问题之严峻。

中国人民大学严瑞珍教授用统计数字来说明生态环境问题的严重程度，指出中国的经济增长与环境损害之间的关系已经由"经济增长数量大于经济增长对环境的损害"阶段转向"经济增长数量与经济增长对环境的损害相持"阶段，中国经济增长过程中造成的环境问题已经由"生态环境债务积累"阶段转向"加倍偿还生态环境债务"阶段。

郑州大学宋光华教授等以黄河为例来说明生态环境问题的严重性。黄河的洪水威胁、黄河流域水资源的供需缺口、黄河两岸水土的严重流失，使得黄河成为中华民族的心腹之患。同时，他肯定了小浪底水利工程对黄河下游改善生态环境和发展经济的贡献。

有不少代表认为，对生态环境问题不必过于悲观。新疆建设兵团农七师政委刘建新

[发表期刊] 本文发表于《经济学动态》1999 年第 10 期。

在介绍石河子的历史变迁时指出，解决生态环境问题是可以大有作为的。石河子曾经是一片十分荒凉的戈壁滩，经过建设兵团官兵近 50 年的奋斗，形成以"绿色"为特征的石河子市场城市形象，创造了"绿洲经济、形成了绿洲文化"凝聚了绿洲精神、锻造了绿洲人，创造出了"人进沙退"的生态奇迹。

2　导致生态环境问题的原因分析

福建农业大学林卿博士认为，导致环境问题的根源主要是由于市场机制的自发作用不能解决外部效应内部化问题。

浙江大学沈满洪副教授对外部效应问题做了深入分析，认为导致环境问题根本原因是"制度失灵"，又可分为"市场失灵"和"政府失灵"。"市场失灵"表现在环境主体的有限理性、环境资源的公共属性、环境污染的负外部效应、环境资源产权的不安全或不存在、环境冲突所致的交易费用等、"政府失灵"包括政府政策失灵和环境管理失灵，其原因是信息不足与扭曲、政策实施的时滞、公共决策的局限性、寻租活动的危害及政府目标的非利润最大化等。

有的代表从技术角度来分析环境问题的根源。部分代表认为，实现可持续发展的重要制约因素是技术落后，实现可持续发展的根本出路是技术创新。河北经贸大学赵继新指出，衡量农业是否实现可持续发展的主要标准就是科技进步对农业增长的贡献率、科技人员比重、科研教育经费占当地农村社会总产值的比重、新农业技术普及率、农业技术装备程度、科技进步对乡镇企业贡献率、有害环境的技术使用情况等一系列技术指标要达到一定标准。这种观点肯定了技术进步对经济社会发展和环境改善的积极意义。有的代表则认为，从总和的成本-收益比较来看，每一次科学技术革命都给生态环境带来灾难，因此，科学技术的总体效应是负面为主。

3　加强生态环境建设与实施可持续发展战略的思路

刘思华教授认为，传统的经济理论是"生态环境外因论"，而事实上生态环境已从经济发展的外生变量转化为内生变量。他主张"生态环境内因论"。基于此，21 世纪中国经济发展必须建立在生态良性循环的基础上，保护自然生产力、解放和发展生态生产力，是 21 世纪中国生态环境建设的根本任务。传统的经济学仅仅将资本、劳动看做经济增长的内生变量，随着经济增长理论的发展，加快了技术进步这一变量；随着新制度经济学的发展，又将制度因素进入经济增长的内生变量；随着生态经济学的进一步发展，将自然资源存量与生态环境容量看做经济增长的内生变量有其内在的合理性。

山东省社会科学院经济研究所所长马传栋研究员指出，生态环境建设与保护要求有与之配套的经济投入和制度创新条件、要求有能调动千百万农民积极参与的制度条件、要求有日益提高的科学技术条件。

石河子大学严以绥教授特别强调科技的先导作用。指出，生态是农业发展的基础，科学技术是现代农业的支柱。忽视生态的基础地位，单方面依靠科技，只会导致对生态经济系统的超负荷掠夺，使脆弱的生态系统趋于无序化；相反，撇开科技，一味追求生态效益，同样会造成农业的倒退，也满足不了人们持续增长的物质生活的需要。因此，只有坚持"生态为基础，科技为先导"的原则，才能使生态系统走向良性循环，持续正向演替的新路。

本溪市农业局副局长袁春山等代表总结本溪生态农业可持续发展的实践体会时指出，本溪市是曾经在卫星上消失的城市，经过十多年的制度创新、技术创新和生态创新，本溪市的生态环境质量得到极大的改善。树立市场观念是搞好生态农业可持续发展的根本，深化农村改革是搞好生态农业建设的保证，依靠科技教育是搞好生态农业可持续发展的重要途径，大力开展小流域综合治理是山区生态农业建设的有效形式。

全国首届企业可持续发展研讨会综述

沈满洪

由中国生态经济学会教育委员会、广西工学院等单位主办的全国首届企业可持续发展研讨会于 1997 年 8 月 26—28 日在广西柳州市召开。来自全国各地的专家、学者、企业家共 80 余人参加了会议，大会共收到学术论文 38 篇。本次会议以研究可持续发展的微观基础为主题，探讨中国企业如何实施"两个根本转变""科学兴企"和可持续发展这三大战略，以可持续发展的新面貌跨进 21 世纪。通过大会发言、小组讨论、考察企业等形式，对企业可持续发展问题作了深入的研讨。

1 关于深化企业改革与可持续发展

中国社科院经济所张卓元所长在开幕式上的书面学术报告认为，近几年中国宏观经济形势好转。在经济增长率保持 10%或接近 10%的同时，物价上涨幅度迅速下降，社会商品零售物价上涨率从 1994 年的 21.7%和 1995 年的 14.8%降为 1996 年的 6.1%和 1997 年上半年的 1.8%，相当完满地实现了政府宏观调控的目标。这主要是政府于 1993 年 6 月下旬开始加强和改善宏观经济调控，收紧货币和财政，实施适度从紧的宏观经济政策取得的成效。1993 年下半年以来的宏观经济调控，同改革开放以来的宏观经济调控或紧缩经济有几个不同的特色：① 政策的连贯性，不是迫于地方与企业的压力又放松银根，让经济起飞和重新过热；② 着重采取微调的方法，以避免经济的突然大力紧缩而大落；③ 同深化经济体制改革密切结合。那种认为"中国宏观经济形势好而微观经济状况不好"的观点是缺乏依据的：① 国有企业只是整个微观经济的一部分，国有工业企业的产值只占整个工业总产值的 1/3；② 国有企业也不是都不好，不好的只是其中一部分。所以应

[发表期刊] 本文发表于《经济学动态》1997 年第 12 期，被中国人民大学复印报刊资料《工业企业管理》(F31) 1998 年第 3 期全文转载。

当说，中国宏观经济形势好，是以总体上微观经济形势也好为基础和前提的。

对国有企业改革，张卓元认为，要对国有大中型企业进行公司制改组，按照"产权清晰、权责明确、政企分开、管理科学"的原则建立现代企业制度；继续对国有经济进行战略性改组，采取改组、联合、兼并、租赁、承包经营以及股份合作制、出售等形式进一步开放搞活国有小型企业；加强对国有企业的技术投入，加快国有企业的技术改造；建立健全公司治理结构，加强企业领导班子建设和职工队伍建设，严格管理制度，改善经营管理，特别要注意产品开发与市场销售，提高市场竞争能力。预计经过 3 年左右的努力，到 20 世纪末，我国大多数国有大中型骨干企业能够初步建立起现代企业制度，国有大中型亏损企业将走出困境。

扬州大学杨文华博士用新制度经济学的方法对国有企业改革与可持续发展做了研究。他认为国有企业制度经过 20 年的演变，寻求"存活"的空间和路径成为国有企业改革的首要任务。其结论是，国有企业可持续发展是国有企业改革的目标。寻求国有企业可持续发展之路，不仅仅要重视企业内部的制度建设，更要努力着手进行国有企业外部制度环境的改造。当前为国有企业创造一个完全意义上的竞争市场是这种制度环境变迁的正确取向。

山东省社科院刘淑琪研究员通过对日本企业的治理机制研究，提出 3 个方面的借鉴意见：① 加强企业激励与制约机制的配套性和执行力度，要进一步明确对国有企业经营者（包括董事）的监督范围；企业内部监督与企业外部监督都要在国家规定的职责范围内充分发挥作用；对经营者的奖励与惩罚要充分发挥出市场机制的作用。② 加强企业经营者选用的竞争性。对已按现代企业制度进行管理的企业，应尽快推行聘任制；对尚未推行现代企业管理制度的企业，可采取推荐与考试相结合的办法；政府应成立相应的机构，通过考试、测评等措施，客观公正地进行资格认定。把企业家产生的政府行为转变为市场行为，使企业家经过市场机制竞争产生。③ 加强市场机制检验功能的效用。强化市场经济观念，促进公平竞争机制的建立。

2 关于创建绿色企业与可持续发展

中南财经大学刘思华教授认为，我国企业尤其是国有企业改制转轨的目标，不仅是要建立与社会主义市场经济相适应的现代企业制度，而且是更好地成为发展市场经济的微观主体。创建绿色企业是 21 世纪现代企业发展的理想模式和必然选择。他提出创建绿色企业的 8 条对策：① 大力开发绿色技术与产品，开拓占领绿色市场；② 实行洁净生产，由单纯的尾端污染控制转向生产全过程的污染控制；③ 贯彻科教兴国、科技兴企战略，加快企业科技进步，建立企业可持续发展的技术体系；④ 保证一定的环境保护投资；⑤ 提高绿色标志意识，积极申请我国的环境标志认证；⑥ 推行绿色营销战略，树立良好的绿色企业形象；⑦ 大力开展资源综合利用，废物利用资源化；⑧ 开展"环保先进企业"和"花园式"企业的创建活动。

中南政法学院马瑞婧认为，创建绿色企业必须走绿色营销之路。具体措施：树立绿色营销观念；制定绿色营销计划；树立绿色企业形象；搜集绿色信息；开发绿色产品；制定适宜的绿色价格；开展绿色产品促销活动，建立企业环境管理新体系。

3　关于企业人力资源开发与可持续发展

武汉大学博导王元璋教授认为，富余人员是实现企业可持续发展的重大障碍。富余人员的存在，增加了工资总额，增大了生产成本，扩大了非生产性机构，限制了技术装备费用的投入，降低了管理水平和管理效率，造成了企业劳动生产力的低下。

代表们一致认为，无论从可持续发展的本意来看，还是从企业发展的现状来看，加强人力资源开发是实现企业可持续发展的主要环节。广西工学院赖增牧教授指出，企业的固定资产、资金和技术，都是由人所掌握和控制，企业竞争来自人，人的因素是第一位的。辽宁大学蒋志学教授认为，企业实施可持续发展，必须以充分开发人力资源为前提，必须全面提高企业的整体素质。全体劳动者素质要由体力型向文化型、科技型转变，管理人员素质要由权利型向智能型转变。而要强化人力资源开发，重点应抓好制定规划、加速培养和强化管理等环节。

4　关于规范企业行为与可持续发展

河南财政学院杜志勇论述了良好的企业行为方式与不良的企业行为方式的特征。他认为，良好的企业行为是由科学管理行为、品质保证行为、争创名牌行为、人力资源投资行为、科技开发行为、开拓市场行为和制度创新行为等组成；与之相反的便是不良的企业行为，对于不良的企业行为就要求从外部对它进行规范。

杭州大学沈满洪认为，随着市场化改革的深入，要注意从经济激励的角度规范企业行为，特别是用经济手段规范企业的环保行为。他在比较了庇古手段和科斯手段这两种环境经济手段的异同和利弊后，提出了环境经济手段的选择思路：① 在现有的经济手段中选择一种最佳手段；② 在现有的经济手段中进行优化组合；③ 在进行环境经济手段的制度创新。

广西工学院李炼副教授则从环境保护法制化的角度论述了对企业行为的规范问题，并提出了建立绿色质量管理制度、绿色会计制度、绿色审计制度等对策。

5　关于乡镇企业的可持续发展

辽宁大学蒋志学教授系统地分析了制约乡镇企业可持续发展的主要因素：农村剩余劳动力产业转移的巨大压力，人口素质低和科技水平低，企业管理粗放，企业布局分散，行业结构趋同。

同济大学彭俊副教授通过对江汉平原乡镇企业的调查与分析，提出了乡镇企业可持续发展的四大对策：① 深化改革，创造现在企业发展机制；② 规模经济，推动城镇体系的建设；③ 调整结构，开拓乡镇企业发展新途径；④ 完善服务，建设乡镇企业社会支持体系。

中国社科院技经所李京文所长指出，广西乡镇企业具有潜在的发展优势。他认为，中国在乡镇企业发展发面的经验教训是异常丰富的，从乡镇企业本身来说，有产业、技术、规模选择问题及管理制度问题；从乡镇企业的制约因素来说，有资源环境、资金筹集、市场开拓、产品流动等问题，他结合广西的实际对这些制约因素——作了分析并提出了具体对策。

本书收录文献刊载及引用情况

1. 沈满洪、何灵巧，外部性的分类及外部性理论的演化，《浙江大学学报（人文社会科学版）》，2002 年第 1 期，引用 340 次，居于《浙江大学学报（人文社会科学版）》下载排名第 9 名。

2. 沈满洪、谢慧明，公共物品问题及其解决思路，《浙江大学学报（人文社会科学版）》，2009 年第 12 期，被中国人民大学复印报刊资料《财政与税务》2010 年第 2 期全文转载，引用 63 次，居于《浙江大学学报（人文社会科学版）》下载排名第 17 名。

3. 沈满洪、张兵兵，交易费用理论综述，《浙江大学学报（人文社会科学版）》，2013 年第 2 期，被中国人民大学复印报刊资料《理论经济学》2013 年第 5 期全文转载。

4. 魏楚、沈满洪，能源效率研究发展及趋势：一个综述，《浙江大学学报（人文社会科学版）》，2009 年第 3 期，引用 34 次，居于《浙江大学学报（人文社会科学版）》下载排名第 2 名。

5. 郭立伟、沈满洪，新能源产业发展文献述评，《经济问题探索》，2012 年第 7 期，引用 1 次。

6. 沈满洪、陈锋，我国水权理论研究述评，《浙江社会科学》，2002 年第 5 期，被中国人民大学复印报刊资料《生态环境与保护》2002 年第 12 期摘要转载，引用 106 次。

7. 沈满洪，水资源经济学的发展与展望，《湖北民族学院学报》，2008 年第 6 期，引用 3 次。

8. 魏楚、黄文若、沈满洪，环境敏感性生产率研究综述，《世界经济》，2011 年第 5 期，引用 5 次。

9. 沈满洪、张少华，2011 年中国环境经济与政策国际研讨会综述，《经济学动态》，2012 年第 4 期。

10. 沈满洪，我国环境经济学研究述评，《浙江社会科学》，1996 年第 2 期，被中国人民大学复印报刊资料《新兴学科》1996 年第 2 期全文转载，引用 13 次。

11. 沈满洪，生态经济学的发展与创新，《内蒙古财经学院学报》，2006 年第 6 期，引用 1 次。

12. 沈满洪，2004 年全国生态经济建设理论与实践学术研讨会综述，《内蒙古财经学院学报》，2004 年第 3 期，引用 1 次。

13. 沈满洪，全国生态经济建设理论与实践研讨会综述，《经济学动态》，2003 年第 4 期，引用 8 次。

14. 沈满洪、吴文博、魏楚，近二十年低碳经济研究进展及未来趋势，《浙江大学学报（人文社会科学版）》，2011 年第 3 期，一级刊物，被《高等学校文科学术文摘》2011 年第 4 期 "学术述评" 转载，引用 13 次。

15. 沈满洪、苏小龙，能源低碳化研究文献述评，《低碳经济》，2013 年第 2 期。

16. 沈满洪、王隆祥，低碳建筑研究综述与展望，《建筑经济》，2012 年第 12 期。

17. 沈满洪，全国生态环境建设与可持续发展学术研讨会述要，《经济学动态》，1999 年第 10 期。

18. 沈满洪，全国可持续发展研讨会述要，《经济学动态》，1999 年第 3 期，引用 1 次。

19. 沈满洪，全国首届企业可持续发展研讨会综述，《经济学动态》，1997 年第 12 期，被中国人民大学复印报刊资料《工业企业管理》1998 年第 3 期全文转载，引用 2 次。

信息来源说明：

1. 引用次数是 2013 年 10 月 27 日从浙江大学图书馆 "中国知网" 查询得到的结果，19 篇综述被引总次数达到 591 次。

2. 《浙江大学学报（人文社会科学版）》下载排行版是 2013 年 10 月 27 日从《浙江大学学报（人文社会科学版）》在线网检索的结果。

3. 中国人大复印报刊资料转载情况是 2013 年 10 月 27 日根据中国人民大学复印报刊资料网站检索得到的结果，共有 6 篇综述被转载。

后　记

文献综述是学术研究的基础。只有做好文献综述，才能知道未来的研究领域和方向，才能在知识存量基础上创新知识增量。我攻读硕士研究生时，导师张旭昆教授是这么指导我的；我攻读博士研究生时，导师史晋川教授还是这么指导我的。我担任硕士生导师后是这样指导硕士研究生的；我担任博士生导师后也是这样指导博士研究生的。正因为这样，在20多年的经济学学术生涯中，我和我指导的研究生完成了一系列的文献综述，并且被学者们广泛引用。

会议综述是另外一种形式的综述。参加学术组织和学术会议是学者的偏好，也是学者的责任。阅读一部专著，其知识创新往往发生在五年前、八年前甚至十年前；阅读期刊论文，其学术创新往往发生在一年前、两年前甚至三年前，而学术会议上交流的学术观点则是当下的。如何把学术会议的信息及时传递出去便是会议综述的使命。我在参加中国生态经济学会和中国环境经济学会以来参加了一系列的学术会议，也撰写了一系列的会议综述，多篇综述在《经济学动态》上发表。

学科综述则是比较少见的一种综述。我在撰写《中国环境经济学学科发展报告》《环境经济研究进展（第三卷）》以及主编《资源与环境经济学》《生态经济学》《水资源经济学》等教材前均做了学科综述。这类综述的概括性要求极高，把握学科发展的动态和趋势的难度也很大。但是，一篇好的学科综述对于初学者把握学科的概貌和要领具有极大的帮助。

我和我指导的研究生完成的文献综述、会议综述和学科综述，均受到学者们的普遍好评。因此，我选择其中 19 篇比较有代表性的综述集合在一起，形成一部综述集，定名为《环境经济学：回顾与展望》。其中，文献综述 11 篇，会议综述 6 篇，学科综述 2 篇。19 篇综述被引数量达到 591 次。这是一个相当不错的绩效。

在汇编这些综述时，归纳成基础理论、资源经济、环境经济、生态经济、低碳经济、可持续发展等六篇。在每篇"篇引部分"对本篇的综述做了简要概述和评述，既有肯定性的，也有批评性的。为了让读者尽快掌握文献综述的要领，我还专门撰写了《论文献综述》一文，作为本书的代序。为了保持综述的原貌，各篇文章的参考文献的体例还是基本保持原有状态。

本书适合于环境经济学、生态经济学等学科研究生及其导师的参考用书，也适合于广大学者的参考用书。如果能够在帮助读者做综述方面少走弯路，并且尽快适应学术研究的基本套路，那是我和其他作者的莫大荣幸！书中收录的综述的时间跨度长达 18 年，缺点和错误在所难免，敬请各位读者批评指正！

宁波大学　沈满洪

2014 年 9 月 7 日